"十二五"普通高等教育本科国家级规划教材

国家级一流本科课程配套教材

国家级一流本科专业配套教材

管理科学名家精品系列教材

灰色系统理论及其应用

（第十版）

刘思峰 等／编著

国家级领军人才项目

欧盟玛丽·居里国际学者计划项目

"大型飞机"国家科技重大专项

国家自然科学基金重大研究计划项目

国家自然科学基金面上项目和国际（地区）合作交流项目　资助研究

国家社会科学基金重大项目招标选题、重点项目

科技部高端外国专家引进计划项目

中国科学技术协会全国学会开放合作示范专项

国家级教学团队和国家级一流本科课程建设项目

科学出版社

北　京

内 容 简 介

本书是针对教师教学和学生学习需要编写的普及版,被遴选为普通高等教育"十一五"国家级规划教材、"十二五"普通高等教育本科国家级规划教材,国家级一流本科课程配套教材,国家级精品课程配套教材. 本书系统地论述了灰色系统的基本理论、基本方法和应用技术,是作者 40 年致力灰色系统理论探索、实际应用和教学工作的结晶,同时吸收了国内外同行近年来取得的理论和应用研究新成果,精辟地向读者展示出灰色系统理论这一新学科的概貌及其前沿发展动态.

本书可作为高等学校理工农医类及经济管理类各专业本科生和研究生的教材,也可作为政府部门、科研机构和企事业单位的科技工作者、管理干部以及系统分析、市场预测、金融决策、资产评估、企业策划人员的参考书.

图书在版编目(CIP)数据

灰色系统理论及其应用 / 刘思峰等编著. —10 版. —北京：科学出版社,2024.6

"十二五"普通高等教育本科国家级规划教材

国家级一流本科课程配套教材　国家级一流本科专业配套教材

管理科学名家精品系列教材

ISBN 978-7-03-077075-2

Ⅰ. ①灰…　Ⅱ. ①刘…　Ⅲ. ①灰色系统理论–高等学校–教材
Ⅳ. ①N941.5

中国国家版本馆 CIP 数据核字(2023)第 225110 号

责任编辑：方小丽 / 责任校对：张亚丹
责任印制：吴兆东 / 封面设计：蓝正设计

科 学 出 版 社 出版
北京东黄城根北街 16 号
邮政编码：100717
http://www.sciencep.com
天津市新科印刷有限公司印刷
科学出版社发行　各地新华书店经销
*
1991 年 2 月第　一　版　　开本：787×1092　1/16
2024 年 6 月第　十　版　　印张：13 3/4
2025 年 1 月第三十七次印刷　字数：326 000

定价：49.00 元
(如有印装质量问题,我社负责调换)

作者简介

刘思峰, 男, 先后就读于河南大学（基础数学）、山东大学（应用数学, 进修）、华中科技大学（数量经济学、系统工程）, 工学博士. 入选国家级领军人才和欧盟玛丽·居里国际学者计划. 现任西北工业大学管理学院教授、博士生导师. 曾在南京航空航天大学、英国德蒙福特大学、河南农业大学任教职. 1994 年破格晋升教授, 是南京航空航天大学管理科学与工程一级学科博士点和博士后科研流动站申报与建设的首席学科带头人. 曾赴美国宾夕法尼亚州立大学滑石分校、纽约理工大学、英国德蒙福特大学和澳大利亚悉尼大学任访问教授.

主要从事"灰色系统理论""复杂装备研制管理"等领域的教学与研究工作. 主持国家重大、重点课题和国际合作项目多项; 在中文重要期刊和 JCR（*Journal Citation Reports*, 《期刊引用报告》）一区期刊发表论文 360 余篇. 出版著作 32 种, 在美国、英国、德国、罗马尼亚、新加坡等国出版不同语种的外文著作 12 种; 多次入选斯坦福大学全球 Top 2%科学家榜单; 2020 年入选百度学术首期引文报告系统科学领域高被引作者榜第一名. 文献被引 50878 次, H 指数 95. 2024 年荣获 Scholar GPS 全球前 0.05%终身顶级学者称号. 以第一完成人身份获省部级科技成果奖 21 项, 其中, 一等奖 7 项, 二等奖 12 项. 主持完成国家级精品课程、国家级一流本科课程、国家精品教材、普通高等教育"十一五"国家级规划教材、"十二五"普通高等教育本科国家级规划教材 16 项. 2018 年获高等教育国家级教学成果二等奖.

担任灰色系统与不确定性分析国际联合会主席, IEEE（Institute of Electrical and Electronics Engineers, 电气与电子工程师学会）SMC（Systems, Man and Cybernetics, 系统、人与控制论学会）灰色系统技术委员会主席, 中国优选法统筹法与经济数学研究会副监事长兼复杂装备研制管理专业委员会理事长, 灰色系统专业委员会名誉理事长, 中国科学技术协会决策咨询专家, 以及南京市人民政府决策咨询委员等职务. 曾任中国优选法统筹法与经济数学研究会副理事长（2005—2014 年）, 国家自然科学基金委员会第十二届、十三届专家评审组成员, 教育部高等学校管理科学与工程类专业教学指导委员会委员（2001—2014 年）. 兼任灰色系统领域两个国际 SCI（Science Citation Index, 科学引文索引）期刊主编、"灰色系统丛书"中文版（科学出版社出版）和英文版（Springer-Nature 集团出版）主编.

曾被评为"全国优秀科技工作者""全国优秀教师""全国留学回国人员先进个人""国务院政府特殊津贴专家""国家有突出贡献中青年专家""国家级教学名师"等. 2008 年当选系统与控制世界组织荣誉会士. 2017 年被评为欧盟玛丽·居里国际学者计划前 10 位"Promising Scientists", 是该计划 1986 年实施以来中国学者获得的最高评价.

序

首先, 祝贺灰色系统理论创立 40 周年纪念展隆重开幕, 祝贺由我国科学家所创立的灰色系统理论在世界范围内产生了重要影响.

在自然科学、社会科学、工程技术研究中, 由于人们认知能力局限和研究对象受到内外扰动, 所获得的信息总具有不确定性. 20 世纪后半叶, 随着对系统不确定性认识的深化, 人们从不同视角提出了描述不确定性系统的多种理论和方法, 如模糊数学、粗糙集理论、灰色系统理论等. 其中, 模糊数学研究认知不确定性, 关注"内涵明确, 外延不明确"的对象; 粗糙集理论基于等价关系分析数据, 运用上、下近似集来刻画不确定概念外延的边界区域; 而灰色系统理论主要研究"外延明确, 内涵不明确"的对象和分布未知的贫信息不确定性系统.

灰色系统理论主要通过对"部分"已知信息的挖掘, 提取有价值的信息, 实现对系统运行行为、演化规律的正确描述, 使人们能够运用数学模型实现对贫信息不确定性系统的分析、评价、预测、决策和优化控制. 现实世界中普遍存在的贫信息不确定性系统, 为灰色系统理论提供了丰富的研究资源和广阔的发展空间.

刘思峰教授在灰色系统理论创立之初就投身于该研究领域. 40 年来, 他带领一批又一批青年学者, 秉持"一群人, 一辈子, 一件事"的坚定信念, 对灰色系统的理论、方法、模型进行系统创新, 并把灰色系统研究的火种撒向全世界.

我与刘思峰教授相识于新世纪初, 并在南京航空航天大学共事多年. 我见证了他作为学科带头人成功创建南航的管理科学与工程博士授权学科, 领导经济与管理学院成功跨上新台阶. 我奉调北京理工大学工作之后, 继续关注他的学术研究, 欣喜地看到他长期坚持研究真问题、追求真贡献、创造真价值, 取得了一系列重要的理论和应用研究成果.

最近, 刘思峰教授通过对航空航天重大装备可靠性增长数据的深入分析, 发现其具有随机、模糊、灰色、粗糙数据并存的特性, 由此总结出了一般不确定性数据和一般不确定性变量等新概念, 开辟了可靠性增长研究的新途径. 他年近古稀仍保持学术之树长青, 激励着青年学子不懈努力, 勇攀高峰. 我相信, 南航的明天会更美好, 灰色系统理论的明天会更美好!

　　最后, 祝愿我国科学家不断取得新发现, 提出新概念, 创建新理论, 早日实现科技强国的梦想!

中国科学院院士　　　

北京理工大学前校长

2022 年 11 月 29 日

　　(注:　本文为胡海岩院士在灰色系统理论创立 40 周年纪念展开幕式上的讲话, 经本人同意, 作为《灰色系统理论及其应用 (第十版)》的序)

前　言

1982 年, 华中科技大学邓聚龙教授在国际期刊 *Systems & Control Letters*（《系统与控制通讯》）发表首篇灰色系统理论论文, 标志着一门中国原创新学说的问世.

党的二十大报告强调, 要"加快实施创新驱动发展战略""加快实现高水平科技自立自强", 明确提出要"加强基础研究, 突出原创". 这对于致力于中国原创学说研究、学习的广大学者, 无疑是巨大的鼓舞和鞭策.

回顾灰色系统理论创立、发展历程, 筚路蓝缕, 充满艰辛和曲折. 40 年来, 在得到学术界积极关注和大力支持的同时, 作为一门新学说, 不可避免地受到非议和质疑. 尤其是早期, 深陷"论文发表难、项目申请难、成果评奖难"的困境, 至今记忆犹新. 在庆祝中国共产党成立 95 周年大会上, 习近平发表重要讲话, 特别提出"文化自信"[①], 将原来的"三个自信"(道路自信、理论自信、制度自信)拓展、完善为"四个自信". 党的二十大报告再次强调"四个自信". 许多灰色系统研究者学习、领会"四个自信"重要论述, 心潮澎湃, 激动不已. 我们理解, "文化自信"既包括对中国特色社会主义文化、社会主义核心价值观和中华优秀传统文化的自信, 也包括对本土原创学说科学性的坚定自信. 长期以来, 我国的科学研究, 深受"不自信"之害. 比如, 发端于西方发达国家的概念和想法, 易于被认可, 追随者众多. 对于本土原创学说, 则避之唯恐不及. 再如, 学术评价, 发表在西方"Top"期刊的论文, 被认为是"高、大、上". 发表在普通期刊的研究成果, 即使产生了世界影响, 解决了千百万人的吃饭问题, 拯救了无数的生命, 或创造了巨大的社会、经济价值, 仍然难以得到应有的认可, "这种风气对于我国科学技术的发展危害很大."[②]

2023 年 7 月 7 日, 习近平在江苏考察时勉励年轻研发人员: "要立志高远、脚踏实地, 一步一步往前走, 以十年磨一剑的韧劲, 以'一辈子办成一件事'的执着, 攻关高精尖技术, 成就有价值的人生."[③]诚望广大从事灰色系统理论研究的同仁, 切实践行"四个自

---

①《在庆祝中国共产党成立 95 周年大会上的讲话》, http://www.cppcc.gov.cn/zxww/2021/04/15/ARTI1618471694974449.shtml[2016-04-15].

② 林群. 《灰色系统理论及其应用（第五版）》序.

③《习近平在江苏考察时强调 在推进中国式现代化中走在前做示范 谱写"强富美高"新江苏现代化建设新篇章》, http://jhsjk.people.cn/article/40030781[2023-07-08].

信",秉持坚定的文化自信和"甘坐冷板凳"的科学精神:一群人,一辈子,一件事,只求耕耘,不问收获,把中国原创灰色系统理论的火种撒向全世界.

本书第十版以第八版为基础,吸收近年来灰色系统研究的最新成果,根据读者反馈的意见和建议精心选材,着重讲解灰色系统基本理论和最常用的模型技术方法,尽量减少烦琐的数学推导;在理论阐述上力求简明扼要、深入浅出、通俗易懂;运用大量的实例说明常用灰色系统模型技术的应用过程,突出实际应用;同时注重数学基础的构筑、公理系统的建立和数学推证的严谨、精练、准确,以更符合经典教科书的要求;精选复习思考题和课程实验,以更适合教学需要;力求用较少的篇幅较为系统地向读者展示灰色系统理论这一新学科的概貌及其前沿发展动态.

本书内容由作者及课题组 40 年的研究成果凝练而成.谢乃明(第 7 章)、陶良彦(第 8 章)、董文杰(第 9 章)、曾波(第 10 章)曾参与有关章节的讨论与写作.郭天榜、杨岭、李秀丽、刘斌、党耀国、方志耕、杨英杰、林益、吴利丰、李炳军、张可、郭晓君、李晔、李鹏、张维亮以及本书各版编辑程庆、李树兰、林建、马长芳等都为本书不同版本的出版做出过重要贡献.

与本书相关的研究工作在 20 世纪 80—90 年代曾得到河南省教育厅和河南省科学技术委员会多项自然科学基金、软科学基金和首批杰出青年科学基金项目的资助.21 世纪初期,得到江苏省教育厅和江苏省科学技术厅多项软科学基金、自然科学基金重点项目和首批优秀科技创新团队项目及国家自然科学基金面上项目、国家自然科学基金重大研究计划项目、国家社会科学基金重点项目、国家社会科学基金重大项目招标选题、科技部软科学研究计划项目等资助.近年来,得到联合国教科文组织、联合国开发计划署、欧盟玛丽·居里国际学者计划项目、Leverhulme Trust(利华休姆信托)基金会国际研究合作网络项目、国家自然科学基金与英国皇家学会国际合作交流项目、科学技术部高端引智计划项目、中国科学技术协会全国学会开放合作示范专项和陕西省三秦英才特殊支持计划创新团队项目等资助.

著名科学家钱学森,灰色系统理论创始人邓聚龙,模糊数学创始人、美国国家工程院院士 L. A. Zadeh,协同学创始人 H. Haken,IEEE 总会前学术主席、美国国家工程院院士 J. Tien,系统与控制世界组织前主席、法兰西工程院院士 R. Vallee,法兰西工程院院士 A. Bernard,加拿大皇家科学院前院长 K.W. Hipel,立陶宛国家科学院院士 E. K. Zavadskas,中国科学院院士杨叔子、熊有论、林群、陈达、胡海岩、赵淳生、黄维,中国工程院院士许国志、王众托、杨善林、陈晓红、陈志杰、周志成、单忠德,国际宇航科学院院士郭宝柱、宋征宇等多位著名专家、学者和灰色系统研究同仁都曾对我们的工作给予热情鼓励和鼎力支持,在此,作者一并表示衷心感谢!

2018 年 12 月,中国科学技术协会党组书记、常务副主席怀进鹏院士通过中国优选法统筹法与经济数学研究会致信作者,称赞"灰色系统相关工作是落实习近平主席提出的'构建人类命运共同体'[①]理念的重要体现,有利于提升中国科技的国际话语权".2019 年 9 月 7 日,德国总理默克尔在华中科技大学演讲时特别称赞中国原创的灰色系统理论,称灰色系统理论创始人邓聚龙教授和本书作者的工作"深刻地影响着世界".

---

① 《习近平:推动全球治理体制更加公正更加合理 为我国发展和世界和平创造有利条件》,http://jhsjk.people.cn/article/27694665[2015-10-14].

　　本书是国家级精品课程、国家级一流本科课程、国家级精品资源共享课、国家精品在线开放课程主干教材,先后入选普通高等教育"十一五"国家级规划教材、"十二五"普通高等教育本科国家级规划教材和科学出版社管理科学名家精品系列教材,2017 年入选中国知网 1949—2009 年自然科学总论高被引图书第一名.

　　国内外的认可对于作者和出版工作者无疑是一枚无形的奖牌,对于有志于投身灰色系统理论研究的青年学者将是一种强大的动力.

　　限于作者水平,书中的缺点和疏漏在所难免,殷切期望有关专家和广大读者批评指正.

作　者

2024 年 3 月

目　录

第 1 章

导　论

■ 1.1　灰色系统理论的产生与发展

1.1.1　灰色系统理论产生的科学背景

现代科学技术在高度分化的基础上出现了高度综合的大趋势,导致了具有方法论意义的系统科学学科群的涌现.系统科学揭示了事物之间更为深刻、更具本质性的内在联系,大大促进了科学技术的整体化进程;许多科学领域中长期难以解决的复杂问题随着系统科学新学科的出现迎刃而解;人们对自然界和客观事物演化规律的认识也由于系统科学新学科的出现而逐步深化. 20 世纪 40 年代末期诞生的系统论、信息论、控制论, 20 世纪 60 年代末、70 年代初产生的耗散结构理论、协同学、突变论、分形理论以及 20 世纪 70 年代中后期相继出现的超循环理论、动力系统理论、混沌理论等都是具有横向性、交叉性的系统科学学科.

在系统研究过程中,由于系统内外扰动的存在和人类认识能力的局限,人们所获得的信息往往带有某种不确定性.随着科学技术的发展和人类社会的进步,人们对各类系统不确定性的认识逐步深化,对不确定性系统的研究也日益深入. 20 世纪 60 年代以来,多种不确定性系统理论和方法被相继提出,其中,扎德(L. A. Zadeh)教授创立的模糊数学(fuzzy mathematics)(Zadeh, 1965),邓聚龙教授创立的灰色系统理论(grey system theory)(Deng, 1982),帕夫拉克(Z. Pawlak)教授创立的粗糙集理论(rough sets theory)(Pawlak, 1991)等都是产生了广泛国际影响的不确定性系统研究的重要成果.这些成果从不同视角、不同侧面论述了描述和处理各类不确定性信息的理论和方法.

中国学者邓聚龙教授于 1982 年创立的灰色系统理论,是一种研究贫信息不确定性问题的新方法.灰色系统理论以"部分信息已知,部分信息未知"的贫信息不确定性系统为研究对象,主要通过对"部分"已知信息的挖掘,提取有价值的信息,实现对系统运行行为、演化规律的正确描述, 从而使人们能够运用数学模型实现对贫信息不确定性系统的分析、评价、预测、决策和优化控制. 现实世界中普遍存在的贫信息不确定性系统, 为灰色系统理论提供了丰富的研究资源和广阔的发展空间.

1.1.2 邓聚龙教授首创灰色系统理论

按照辩证唯物主义的科学技术发展观, 任何一种新理论、新学说的产生都有必然性和偶然性两个方面. 科学技术发展规律决定了在一定历史时期、一定发展阶段, 必然会有某种新理论、新学说应运而生; 而在科学发展的分支点上, 扬弃已有理论, 创立新理论、新学说的工作则需要具有超人胆略和非凡智慧的科学家来完成, 具备这种特质的科学家的出现又是偶然的. 纵观自然科学发展史可以看出, 不少著名科学家处在科学发展的关键分支点上, 几乎就要踏上新理论的门槛, 却由于思想为传统观念和业已形成的思维定式所禁锢, 长期徘徊歧路, 最终未能跨出那决定性的一步!

灰色系统理论作为一门新兴的横断学科, 它的产生首先是社会需要和科学发展的必然结果; 同时也是其创始人邓聚龙教授数十年锲而不舍、不懈求索的结晶. 邓聚龙教授是一位富于开拓进取精神, 并具有非凡智慧和胆略的科学家. 因此他能够顺应社会需要和科学发展规律, 在科学发展的分支点上创立新学说并获得巨大成功.

1933 年, 邓聚龙出生于湖南省涟源县(今湖南省涟源市). 1955 年, 毕业于华中工学院电机专业, 留校到自动控制工程系任教. 读书期间, 他十分重视数学课程的学习, 并注意跟踪数学及相关科学领域的新思想、新发现, 这无疑为他后来从事多变量系统控制问题的研究奠定了坚实的基础. 1965 年, 邓聚龙基于对国产 T615 K 重型机床进给系统控制的科学实验, 提出了“多变量系统去余控制”方法. 他撰写的题为《多变量线性系统并联校正装置的一种综合方法》的学术论文在《自动化学报》上发表后, 当时的苏联科学院对他的研究成果作了摘要介绍. 20 世纪 70 年代初期, 在美国召开的控制理论国际会议上, “多变量系统去余控制”方法作为一种具有代表性的方法得到肯定.

1965 年, 美国加利福尼亚大学伯克利分校的扎德教授提出了模糊集理论. 邓聚龙开始积极关注扎德教授的工作, 后来应邀担任过多种模糊数学期刊的编委. 20 世纪 70 年代中后期, 我国改革开放的大潮风起云涌, 为服务改革发展大计, 邓聚龙教授在“经济系统预测、控制问题”研究方面投入了较多的精力. 面对“部分信息已知, 部分信息未知”的一类不确定性系统, 如何找到一种有效的方法来描述其运行行为和演化机制? 邓聚龙教授和他的同事进行了十分艰辛而又卓有成效的探索.

1982 年, 北荷兰出版公司出版的《系统与控制通讯》(*Systems & Control Letters*)刊载了邓聚龙教授的第一篇灰色系统论文——《灰色系统的控制问题》(The control problems of grey systems)(Deng, 1982); 同年, 《华中工学院学报》刊载了邓聚龙教授的第一篇中文灰色系统论文——《灰色控制系统》(邓聚龙, 1982). 这两篇开创性论文的公开发表, 标志着灰色系统理论这一新学说的问世. 《系统与控制通讯》主编、哈佛大学著名学者布洛基(R. W. Brockett)教授转给邓聚龙教授一份一位匿名审稿人对《灰色系统的控制问题》的审稿意见: “这篇文章所有内容都是新的, 灰色系统一词属于首创.” 这一评价充分肯定了邓聚龙教授的创造性工作.

灰色系统理论诞生后, 立即受到国内外学术界和广大实际工作者的积极关注, 不少著名学者和专家给予其充分肯定与大力支持, 许多中青年学者纷纷加入灰色系统理论研究行列, 以极大的热情开展理论探索, 或针对不同领域中的实际问题开展应用研究工作. 灰色系统理论在众多科学领域中的成功应用, 尤其是 20 世纪 80 年代在全国各地经济区划和区域发展战略规划研究与制定过程中的大量应用, 使其影响迅速扩大, 很快奠定了这门新学说的学术地位. 灰色系统理论的蓬勃生机和广阔发展前景也日益被社会各界所认识.

2007 年, 在首届 IEEE 灰色系统与智能服务国际会议上, 邓聚龙教授荣获灰色系统理论创始人奖; 2011 年, 在系统与控制世界组织(World Organisation of Systems and Cybernetics, WOSC)第 15 届年会上, 邓聚龙教授当选系统与控制世界组织荣誉会士(Honorary Fellow).

1.1.3 本土原创学说的国际化之路

贫信息系统建模、分析的强大需求为灰色系统理论注入了蓬勃生机. 习近平指出: "科学技术是世界性、时代性的, 发展科学技术必须具有全球视野."[①]自 1982 年问世之后, 经过几代人 40 余年的辛勤耕耘、精心呵护, 灰色系统理论这棵科学园地中的幼苗日益成长, 一门本土原创学说开始一步一步走上国际学术舞台.

1. 高层次专业人才的培养

正像任何一种新生事物一样, 一门新学说的成长也充满艰辛和曲折. 灰色系统理论在创立之初得到了学术界的积极关注和大力支持, 同时也不可避免地受到一些非议和质疑. 在早期加入灰色系统理论研究队伍的学者中, 一些人面对非议和质疑, 由于担心自己的工作不被社会认可而中断了研究. 培养一批具有创新潜质的青年人才, 建设一支相对稳定的基本队伍成为一项重要任务.

20 世纪 90 年代初期, 邓聚龙教授开始在华中科技大学系统工程学科招收、培养灰色系统方向的博士研究生. 他先后招收、培养了 10 名博士研究生, 其中多位是入学前已从事灰色系统理论研究多年的青年学者. 这些学者自然成为灰色系统理论新学说的第一代传人, 他们主动投身灰色系统理论研究, 自觉承担起发展、传播灰色系统理论的责任, 坚定不移地把研究、传承灰色系统理论作为自己毕生的事业.

此后, 华中科技大学陈绵云教授招收、培养了多名灰色系统方向的博士研究生, 他们都为灰色系统理论的发展做出了重要贡献.

2000 年, 刘思峰教授作为南京航空航天大学引进的第一位特聘教授加盟这所具有航空航天特色的大学. 同年, 他作为首席学科带头人向国务院学位委员会提交设立管理科学与工程一级学科博士学位授权点的申请, 并成功获得批准. 灰色系统理论自然成为南京航空航天大学管理科学与工程学科博士点的特色主导方向, 同时成立的灰色系统研究所也成为灰色系统学者集聚的中心. 一批优秀青年学者通过人才引进、攻读博士学位、进站开展博士后研究等途径汇聚于南京航空航天大学, 形成灰色系统研究高地. 南京航空航天大学灰色系统研究所的 12 位博士生导师（其中全职 6 人）20 年来招收、培养灰色系统领域的博士研究生、博士后和国内外访问学者 200 多人.

---

① 《习近平: 为建设世界科技强国而奋斗》, http://jhsjk.people.cn/article/28399667[2016-05-31].

同出于邓聚龙教授门下的福州大学张岐山、武汉理工大学肖新平、东南大学王文平、汕头大学谭学瑞成为博士生导师后,都开始培养从事灰色系统理论和应用研究的高层次人才.

有人说,一个人若要真正地进入一个研究领域,成为该领域专门人才,需要在此领域学习、研究一万个钟头以上. 这一要求与完成博士学位所需的时间大体相当. 经过3—5 年的持续投入和探索,许多青年学者形成了深厚的知识积累,认识上产生了质的飞跃,最初的犹豫、彷徨一扫而光,坚定了毕生从事灰色系统理论研究的志向和决心. 2023 年 7 月 7 日,习近平主席在江苏考察时勉励年轻研发人员:"要立志高远、脚踏实地,一步一步往前走,以十年磨一剑的韧劲,以'一辈子办成一件事'的执着,攻关高精尖技术,成就有价值的人生."[①]习近平主席的嘱托对于从事灰色系统理论研究的学者,无疑也是巨大的鼓舞和鞭策. 灰色系统研究者大都秉持一个坚定的信念:一群人,一辈子,一件事. 正是这样一群坚守信念的人,只求耕耘,不问收获,把灰色系统的火种撒向了全世界.

一大批青年学者迅速成长,成为知名高校的教授、研究生导师. 100 多位灰色系统学者获得国家级和省部级人才称号,担负起学术带头人的重任.

2. 原创课程与教学资源建设

正如中国工程院院士王众托先生在本书第四版序言中所说:"科学普及的意义与创新同样重要."(刘思峰和谢乃明,2008). 灰色系统原创课程与教学资源建设在促进这一新学说推广普及的过程中发挥了重要作用.

1985 年,国防工业出版社出版了邓聚龙教授的灰色系统专著《灰色系统:社会•经济》(邓聚龙,1985a).同年,当时的华中工学院出版社推出了邓聚龙教授的《灰色控制系统》(邓聚龙,1985b).这两部著作将灰色系统理论这门新学说的框架结构完整地展示在世人面前. 与此同时,邓聚龙教授开始为华中工学院的研究生开设灰色系统理论课程.

1986 年秋,刘思峰为河南农业大学农业系统工程及管理工程学科的研究生和部分教师讲授了灰色系统理论.刘思峰和郭天榜(1991)合作撰写的《灰色系统理论及其应用》一书,以课程讲稿为基础,融入了刘思峰参与河南省科技发展战略规划、产业结构分析与优化研究,以及许昌市长葛县、焦作市武陟县、郑州市中原区等地发展规划编制取得的应用研究成果,受到读者欢迎,被灰色系统理论创始人邓聚龙教授在序言中誉为"一本有理论、有实际,有研究、有应用,有背景、有升华,有继承、有开拓的著作".

此后,国内外许多著名大学开设了灰色系统理论课程. 南京航空航天大学不仅为博士和硕士研究生开设了灰色系统理论课程,还将灰色系统理论作为全校各专业的核心通识教育课程,受到同学们的欢迎. 2008 年,南京航空航天大学灰色系统理论课程入选国家级精品课程; 2013 年,被遴选为国家级精品资源共享课,并成为向所有灰色系统爱好者免费开放的学习资源; 2018 年,被认定为国家精品在线开放课程; 2020 年,被评为国家级一流本科课程,同时,由中国、英国、美国、法国、加拿大、罗马尼亚等国学者合作录制的英文版在线开放课程开始上线运行,为世界各地有兴趣学习灰色系统理论的学生和研究人员提供了一个平台.

---

① 《习近平在江苏考察时强调 在推进中国式现代化中走在前做示范 谱写"强富美高"新江苏现代化建设新篇章》,http://jhsjk.people.cn/article/40030781[2023-07-08].

国内外许多出版机构, 如国内的科学出版社、国防工业出版社、华中科技大学出版社、江苏科学技术出版社、山东人民出版社、科学技术文献出版社、石油工业出版社; 国外的日本理工出版社、美国 IIGSS 学术出版社、英国 Taylor & Francis 出版集团, 以及国际著名学术著作出版集团 Springer-Verlag 所属的英国、德国、新加坡分支机构等陆续出版了不同语种的灰色系统学术著作 100 余部, 包括简体中文、繁体中文、英文、日文、韩文、罗马尼亚文、波斯文和土耳其文等.

2012 年, 科学出版社理科分社和经管分社联合推出刘思峰教授主编的"灰色系统丛书", 至今已出版 33 册.

2021 年, Springer-Nature 集团推出英文版"灰色系统丛书", 刘思峰教授担任丛书主编. 目前已出版 6 册.

据中国科学引文数据库 (Chinese Science Citation Database, CSCD) 发布的报道, 邓聚龙教授的论著被引频次多次居于全国首位.

《灰色系统理论及其应用》自第二版起, 改由科学出版社出版, 深受读者喜爱, 被国内外众多高校选为教科书, 该书曾获国家科学出版基金资助, 至今已第十版, 共印刷近 40 次, 2017 年被中国知网评为 1949—2009 年自然科学总论高被引图书第一名.

方便实用的灰色系统建模软件为推动灰色系统理论的大规模应用发挥了重要作用. 1986 年, 王学萌和罗建军运用 BASIC 语言编写了灰色系统建模软件, 并出版了《灰色系统预测决策建模程序集》; 1991 年, 李秀丽、杨岭分别应用 GW-BASIC 和 Turbo C 开发了灰色建模软件; 2001 年, 王学萌、张继忠、王荣出版了《灰色系统分析及实用计算程序》, 该书列出了灰色建模的软件结构及程序代码. 2003 年, 刘斌应用 Visual Basic 6.0 开发了第一套基于 Windows 视窗界面的灰色系统建模软件, 该软件一经问世就得到了灰色系统学者的广泛好评, 成为灰色系统建模的首选软件.

随着信息技术的迅速发展, 高级编程语言的日趋成熟, 灰色系统建模软件也在不断升级. 2009 年, 曾波基于 Visual C#编写了一套新的模块化灰色系统建模软件. 这套软件系统界面友好, 操作简便, 易于应用, 并能为用户提供运算过程和阶段性结果. 随着《灰色系统理论及其应用》的更新, 这套软件不断改版, 响应用户需求, 及时补充新的模型和算法, 深受灰色系统理论学习人员、研究人员和实际工作者的欢迎.

3. 学术组织的建设和发展

1985 年, 武汉市科学技术协会批准成立了武汉 (全国性) 灰色系统研究会, 会员来自全国各省区市. 1997 年, 我国台湾地区成立了台湾灰色系统学会. 2005 年, 经中国科学技术协会和民政部批准, 中国优选法统筹法与经济数学研究会成立了灰色系统专业委员会. 2007 年, IEEE SMC 灰色系统技术委员会 (IEEE SMC Technical Committee on Grey Systems) 正式成立. 2012 年, 英国 de Montfort 大学资助并组织召开了欧洲灰色系统研究协作网第一届会议. 2014 年, 英国 de Montfort 大学杨英杰教授与中国、北美、欧洲学者合作申报的灰色系统研究协作网项目获得 Leverhulme Trust 基金会资助. 2015 年, 由中国、英国、美国、加拿大、西班牙、罗马尼亚等国家知名学者共同发起, 成立了灰色系统与不确定性分析国际联合会. 近年来, 波兰、巴基斯坦和土耳其等国家相继成立了灰色系统学术组织,伊朗、斯里兰卡等国家成立了灰色系统学会筹备委员会.

专门学术组织的建设和发展在推动灰色系统新学说发展的过程中发挥了重要作用.

2018 年 12 月,中国科学技术协会党组书记、常务副主席怀进鹏院士通过中国优选法统筹法与经济数学研究会致信作者,称赞"灰色系统相关工作是落实习近平主席提出的'构建人类命运共同体'①理念的重要体现,有利于提升中国科技的国际话语权".

4. 组织召开国内和国际学术会议

1984 年 12 月 20—24 日,在山西省农业科学院和山西省农业区划委员会的支持下,第一届全国灰色系统学术会议"灰色系统与农业"在山西太原召开.来自全国 16 个省区市的高等院校,以及中国科学院、中国农业科学院等单位的近百名专家、学者出席了这次会议.灰色系统理论创始人邓聚龙教授出席会议并作了大会学术报告.

自 1985 年起,武汉(全国性)灰色系统研究会在武汉组织召开了 6 次全国灰色系统学术会议,支持浙江农业大学和河南农业大学举办了灰色系统学术会议.

1996 年,来自台湾高校的 20 多位学者出席了在华中科技大学举办的第九届全国灰色系统学术会议.1997 年,台湾灰色系统学会成立,并每年举办一次学术会议.

自 2002 年起,南京航空航天大学灰色系统研究所的师生主动肩负起组织灰色系统学术会议的职责,至今共召开了 26 次(第 11—36 届)全国灰色系统学术会议.从 2006 年开始,灰色系统学术会议连续十多年受到中国高等科学技术中心(诺贝尔奖获得者李政道先生任中心主任,中国科学院原院长周光召院士和路甬祥院士任副主任)资助.灰色系统学术活动还多次得到国家自然科学基金委员会、中国科学技术协会、Leverhulme Trust 基金会和江苏省教育厅资助.南京航空航天大学将灰色系统理论视为学校的特色领域并给予持续支持.上海浦东教育学会和武汉理工大学都曾主动承办灰色系统学术活动.

一批致力于灰色系统理论研究且有重要建树的青年学者也自发地组织起来,定期举办青年学者论坛活动,交流思想,相互启迪.

20 世纪 90 年代以来,我国灰色系统学者积极参加国际会议,并在重要国际会议上组织灰色系统专题会议,向国际学术界推介灰色系统理论.灰色系统理论成为许多重要国际会议关注、讨论的热点,对于国际同行进一步了解灰色系统理论起到了积极作用.

2007 年之后,由 IEEE SMC 灰色系统技术委员会承办的 IEEE 灰色系统与智能服务国际会议和由灰色系统与不确定性分析国际联合会主办的灰色系统与不确定性分析国际会议在中国的南京、澳门,以及英国莱斯特、瑞典斯德哥尔摩和泰国曼谷召开,每次会议都会收到来自中国、美国、英国、德国、法国、西班牙、瑞士、匈牙利、波兰、日本、南非、俄罗斯、土耳其、罗马尼亚、荷兰、马来西亚、伊朗、乌克兰、哈萨克斯坦、巴基斯坦、伊朗、哥伦比亚、中国台湾、中国澳门、中国香港等国家和地区学者的大量投稿,会议录用的 1000 多篇论文均被美国工程索引(The Engineering

---

① 《习近平:推动全球治理体制更加公正更加合理 为我国发展和世界和平创造有利条件》,http://jhsjk.people.cn/article/27694665[2015-10-14].

Index, EI）数据库收录，其中 300 多篇优秀论文由 *Kybernetes*（《控制论》）、*Grey Systems: Theory and Application*（《灰色系统: 理论与应用》）、*The Journal of Grey System*（《灰色系统学报》）、南京航空航天大学学报（英文版）和 Springer-Verlag 出版.

5. 创办学术刊物

学术刊物是展示成果、交流思想、启迪创新的重要载体，也是倡导学术规范、发现优秀人才、提供社会服务的平台. 优秀的学术期刊更是培育新兴学说健康成长的苗圃和园地.

1989 年，在灰色系统理论问世之后的第 8 个年头，英国出版公司 Research Information Ltd 创办了 *The Journal of Grey System*（《灰色系统学报》），邓聚龙教授担任主编. 在灰色系统理论问世之初，由于其尚未得到学术界公认，灰色系统研究者面临研究成果发表难的困扰，*The Journal of Grey System* 极大地缓解了灰色系统学者研究成果发表难的问题，同时也向世界打开了一个了解、认识中国本土原创灰色系统理论新学说的窗口. 该刊于 2007 年被 SCI-E（Science Citation Index Expanded, 科学引文索引扩展版）收录，2013 年刘思峰教授继任该刊主编（在线投稿网站: http://jgrey.nuaa.edu.cn），2023 年影响因子为 1.6.

2010 年 2 月，经刘思峰教授申请，国际著名期刊出版集团 Emerald 董事会决定，全额支持南京航空航天大学灰色系统研究所创办新的国际期刊 *Grey Systems: Theory and Application*（在线投稿网站: https://www.emeraldgrouppublishing.com/journal/gs）. 该刊于 2011 年首发，2017 年被 ESCI（Emerging Source Citation Index, 新兴来源引文索引）收录，2019 年被 SCI-E 收录，2023 年影响因子为 2.9，属于本领域顶级国际期刊.

1997 年，台湾灰色系统学会创办了《灰色系统学刊》，2004 年《灰色系统学刊》改为英文版，刊名为 *Journal of Grey System*，主要刊登台湾学者的文章.

目前，全世界有数千种学术期刊接受、刊登灰色系统理论相关论文，其中包括各个领域的中文重要期刊和国际顶级期刊.

专业学术期刊的创办和成长极大地促进了灰色系统理论研究的繁荣与发展.

6. 研究者遍布全球

据 Web of Science 数据库检索，世界上有 120 多个国家和地区的学者开展了灰色系统理论及其应用研究，发表了大量灰色系统方面的学术论文（图 1.1.1）. 众多高校和研究机构招收、培养灰色系统理论和应用研究方面的博士研究生及研究人员，世界各国有数十万名硕士、博士研究生运用灰色系统的思想方法开展科学研究，完成学位论文.

据中国知网数据库检索，40 多年来，灰色系统模型方法及应用研究论文快速增长. 近年来，每年发表的论文均在 1.5 万篇以上（图 1.1.2）. 1982—2022 年累计发表论文超过 24 万篇. 我国包括清华大学、北京大学、华中科技大学、西北工业大学、南京航空航天大学等在内的双一流高校，以及中国科学院等重要研究院所和众多企事业单位，均发表了大量应用灰色系统模型、方法的学术成果. 中国知网数据库收录的灰色系统论文数居前 20 的高校见图 1.1.3.

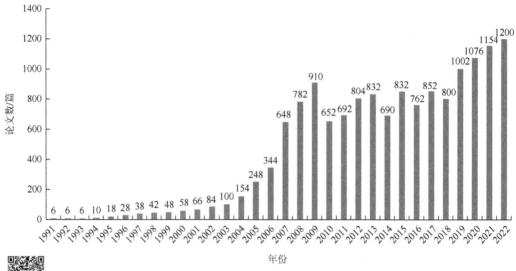

图 1.1.1　Web of Science 数据库收录的灰色系统论文数

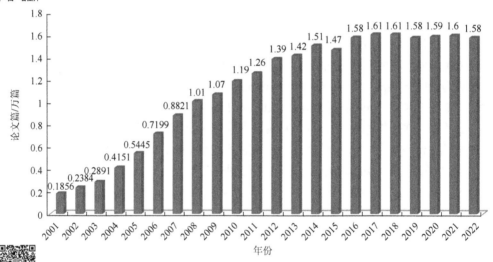

图 1.1.2　中国知网数据库收录的灰色系统论文数（2001—2022 年）

承担国家重点研发计划、国家自然科学基金重点和重大项目、国家高技术研究发展计划（863 计划）、国家重点基础研究发展计划（973 计划）、国家科技重大专项和国家科技支撑计划等国家重要科技计划项目的课题组发表了大量应用灰色系统模型、方法, 解决关键科学问题的论文（图 1.1.4）.

1986 年, 国务院批准成立国家自然科学基金委员会. 国家自然科学基金委员会支持科学家按照项目指南自主选题开展基础研究. 邓聚龙教授等灰色系统学者曾获得国家自然科学基金资助. 随着项目申请数量的不断增加, 国家自然科学基金委员会管理科学部在 G0106 预测理论与方法下设立了灰色预测模型（grey forecasting model, GFM）科目. 据不完全统计, 国家自然科学基金委员会各科学部资助的灰色系统理论相关研究项目已超过 100 项.

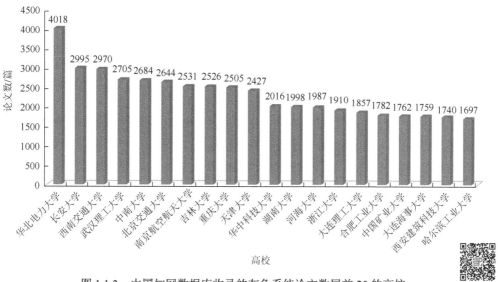

图 1.1.3　中国知网数据库收录的灰色系统论文数居前 20 的高校

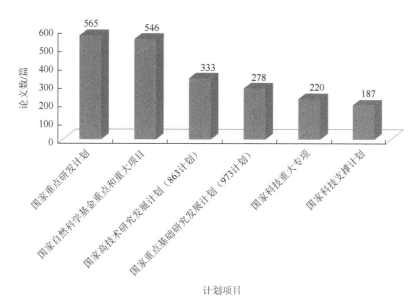

图 1.1.4　国家重要科技计划项目应用情况

　　联合国教科文组织、联合国开发计划署、欧盟委员会、英国皇家学会、英国 Leverhulme Trust 基金会以及美国、加拿大、西班牙、波兰、罗马尼亚等国家均对灰色系统理论及其应用研究项目给予过资助.

　　2013 年, 刘思峰教授与英国 de Montfort 大学杨英杰教授合作申请的欧盟玛丽·居里国际学者计划项目"Grey Systems and Its Application to Data Mining and Decision Support"（PIIF-GA-2013-629051）获得资助.

　　著名科学家钱学森、模糊数学创始人 L. A. Zadeh（美国）、协同学创始人 H. Haken（德国）、BWM 方法（best-worst method, 最好最坏法）提出者 J. Rezaei（荷兰）、Type-2

模糊集提出者 R. John（英国）以及 100 多位中外院士高度评价或正面引用过灰色系统理论研究成果.

2018 年 12 月 3 日，在新奥尔良洛约拉大学（Loyola University New Orleans）召开的第 20 届灰色文献国际会议上，联合国国际原子能机构核信息部主任萨维奇在大会报告中一再向灰色文献研究领域学者倾力推荐灰色系统理论.

2019 年 9 月 7 日，德国总理默克尔在华中科技大学演讲时特别称赞中国原创的灰色系统理论，称灰色系统理论创始人邓聚龙教授和本书作者的工作"深刻地影响着世界".

灰色系统理论作为一门中国原创的新学说已以其强大的生命力自立于科学之林.

1.2 灰色系统的概念与基本原理

1.2.1 灰色系统的基本概念

社会、经济、农业、工业、生态、生物等许多系统，是根据研究对象所属的领域和范围命名的，而灰色系统却是按颜色命名的. 在控制论中，人们常用颜色的深浅形容信息的明确程度，如艾什比（Ashby）将内部信息未知的对象称为黑箱（black box）. 这种称谓已为人们普遍接受. 再如，在政治生活中，人民群众希望了解决策及其形成过程的有关信息，就提出要增加"透明度". 我们用"黑"表示信息未知，用"白"表示信息完全明确，用"灰"表示部分信息明确、部分信息不明确. 相应地，信息完全明确的系统称为白色系统，信息未知的系统称为黑色系统，部分信息明确、部分信息不明确的系统称为灰色系统.

请注意"系统"与"箱"这两个概念的区别. 通常地，"箱"侧重于对象的外部特征而不重视其内部信息的开发利用，往往通过输入输出关系或因果关系研究对象的功能和特性. "系统"则通过对象、要素、环境三者之间的有机联系和变化规律研究其结构、功能、特性.

灰色系统理论的研究对象是"部分信息已知、部分信息未知"的小数据、贫信息不确定性系统，运用灰色系统方法和模型技术，通过对"部分"已知信息的生成，人们能够开发、挖掘蕴含在系统观测数据中的重要信息，实现对现实世界的正确描述和认识.

"信息不完全"是"灰"的基本含义. 从不同场合、不同角度看，还可以将"灰"的含义加以引申（表 1.2.1）（邓聚龙，1990）.

表 1.2.1 "灰"概念引申

场合	概念		
	黑	灰	白
从信息上看	未知	不完全	已知
从表象上看	暗	若明若暗	明朗
在过程上	新	新旧交替	旧
在性质上	混沌	多种成分	纯
在方法上	否定	扬弃	肯定
在态度上	放纵	宽容	严厉
从结果看	无解	非唯一解	唯一解

1.2.2 灰色系统的基本原理

在灰色系统理论创立和发展过程中, 邓聚龙教授提炼了灰色系统所必须满足的几条基本原理. 读者不难看出, 这些基本原理具有十分深刻的哲学内涵.

公理 1.2.1(差异信息原理) "差异"是信息, 凡信息必有差异(邓聚龙, 1985b).

我们说"事物 A 不同于事物 B", 即事物 A 含有相对于事物 B 的特殊性的有关信息. 客观世界中万事万物之间的"差异"为我们提供了认识世界的基本信息.

信息 I 改变了我们对某一复杂事物的看法或认识, 与人们对该事物的原认识信息有差异. 科学研究中的重大突破为人们提供了认识世界、改造世界的重要信息, 这类信息与原来的信息必有差异. 信息 I 的信息含量越大, 与原信息的差异就越大.

公理 1.2.2(解的非唯一性原理) 信息不完全、不确定情况下的解是非唯一的(邓聚龙, 1985b).

解的非唯一性原理在决策上的体现是灰靶思想. 灰靶是目标非唯一与目标可约束的统一. 比如, 升学填报志愿, 一个认定了"非某校不上"的考生, 如果考分不具有绝对优势, 其愿望就很可能落空. 相同条件对于愿意退而求其"次"、多目标、多选择的考生, 其升学的机会更多.

解的非唯一性原理也是目标可接近、信息可补充、方案可完善、关系可协调、思维可多向、认识可深化、途径可优化的具体体现. 在面对多种可能的解时, 能够通过定性分析、补充信息, 确定出一个或几个满意解. 因此, "非唯一性"的求解途径是定性分析与定量分析相结合的求解途径.

公理 1.2.3(最少信息原理) 灰色系统理论的特点是充分开发利用已占有的"最少信息"(邓聚龙, 1985b).

最少信息原理是"少"与"多"的辩证统一, 灰色系统理论的特色是研究小数据、贫信息不确定性问题. 其立足点是"有限信息空间", "最少信息"是灰色系统的基本准则. 所能获得的信息"量"是判别"灰"与"非灰"的分水岭, 充分开发利用已占有的"最少信息"是灰色系统理论解决问题的基本思路.

公理 1.2.4(认知根据原理) 信息是认知的根据(邓聚龙, 1985b).

认知必须以信息为根据, 没有信息, 无以认知. 以完全、确定的信息为根据, 可以获得完全确定的认知, 以不完全、不确定的信息为根据, 只能得到不完全、不确定的灰认知.

公理 1.2.5(新信息优先原理) 新信息对认知的作用大于老信息(邓聚龙, 1985b).

新信息优先原理是灰色系统理论的信息观, 赋予新信息较大的权重可以提高灰色建模、灰色预测、灰色分析、灰色评估、灰色决策等的功效."新陈代谢"模型体现了新信息优先原理. 新信息的补充为灰元白化提供了科学依据. 新信息优先原理是信息时效性的具体体现.

公理 1.2.6(灰性不灭原理) "信息不完全"(灰)是绝对的(邓聚龙, 1985b).

信息不完全、不确定具有普遍性. 信息完全是相对的、暂时的. 原有的不确定性消失, 新的不确定性很快出现. 人类对客观世界的认识, 通过信息的不断补充而一次又一次地升华. 信息无穷尽, 认知无穷尽, 灰性永不灭.

1.3 不确定性系统的特征与几种不确定性方法的比较

1.3.1 不确定性系统的特征与科学的简单性原则

信息不完全、数据不准确是不确定性系统的基本特征. 系统演化的动态特性、人类认识能力的局限性和经济、技术条件的制约, 导致不确定性系统的普遍存在.

1. 信息不完全

信息不完全是不确定性系统的基本特征之一. 系统信息不完全的情况可以分为以下四种:

(1) 元素 (参数) 信息不完全;

(2) 结构信息不完全;

(3) 边界信息不完全;

(4) 运行行为信息不完全.

在人们的社会、经济活动或科研活动中, 会经常遇到信息不完全的情况. 例如, 在农业生产中, 即使是播种面积、种子、化肥、灌溉等信息完全明确, 但由于劳动力技术水平、自然环境、气候条件、市场行情等信息不明确, 仍难以准确地预测出产量、产值; 在生物防治系统中, 虽然害虫与其天敌之间的关系十分明确, 但却往往由于人们对害虫与饵料、天敌与饵料、某一天敌与别的天敌、某一害虫与别的害虫之间的关联信息了解不够, 生物防治难以收到预期效果; 价格体系的调整或改革, 常常因为缺乏民众心理承受力的信息, 以及某些商品价格变动对其他商品价格影响的确切信息而举步维艰; 在证券市场上, 即使是最高明的系统分析人员也会因为测不准金融政策、利率政策、企业改革、政治风云和国际市场变化及某些板块价格波动对其他板块影响的确切信息而难以稳操胜券; 一般的社会经济系统, 由于其没有明确的"内""外"关系, 系统本身与系统环境、系统内部与系统外部的边界若明若暗, 难以分析输入 (投入) 对输出 (产出) 的影响.

信息不完全是绝对的, 信息完全则是相对的. 人们以其有限的认识能力观测无限的时空, 不可能得到所谓的"完全信息". 概率统计中的"大样本"实际上表达了人们对不完全的容忍程度. 通常情况下, 样本量超过 30 个即可视为"大样本", 但有时候即使收集到数千甚至几万个样本也未必能找到潜在的统计规律.

2. 数据不准确

不确定性系统的另外一个基本特征是数据不准确. 数据不准确与数据不精确的含义基本相同, 表达的都是与实际数值存在误差或偏差. 从产生的本质来划分, 数据不准确又可以分为概念型、层次型和预测型 (估计型) 三类.

1) 概念型

概念型不准确源于人们对某种事物、观念或意愿的表达. 例如, 人们通常所说的"大""小""多""少""高""低""胖""瘦""好""差", 以及"年轻""漂亮""一堆""一片""一群"等, 都是没有明确标准的不准确概念, 难以用准确的数据表达. 再如, 一位获得了 MBA 学位的求职者, 希望年薪不低于 15 万元; 某工厂希望废品率不超过 0.01%, 表达的都是不精确意愿.

2) 层次型

由研究或观测的层次改变形成的数据不准确. 有的数据, 从系统的高层次, 即宏观层次、整体层次或认识的概括层次上看是准确的, 而到更低的层次上, 即到系统的微观层次、分部层次或认识的深化层次就不准确了. 例如, 一个人的身高, 以厘米或毫米为单位度量可以得到准确的结果, 若要求精确到万分之一微米则很难用普通工具精确度量.

3) 预测型(估计型)

由于难以完全把握系统的演化规律, 人们对未来的预测往往不准确. 例如, 预计某年某地区生产总值将超过 100 亿元; 估计某年末某储蓄所居民储蓄存款余额可能在 7000 万元到 9000 万元之间; 预计未来几年内南京地区 10 月最高气温不超过 30℃等. 这些都是预测型不确定数. 统计学中通常采用抽样调查数据对总体进行估计, 因此, 很多统计数据都是不准确的. 事实上, 无论采取什么样的办法, 人们也很难获得绝对准确的预测(估计)结果. 我们定计划、作决策往往要参考不完全准确的预测(估计)数据.

3. 科学的简单性原则

在科学发展史上, 简单性几乎是所有科学家的共同信仰. 早在公元前 6 世纪, 自然哲学家在认识物质世界方面就有一个共同的愿望: 把物质世界归结为几个共同的简单元素. 古希腊数学家和哲学家毕达哥拉斯(Pythagoras)在公元前 500 年前后提出四元素(土、水、火、气)学说, 认为物质是由简单的四元素构成的. 我国古代也有五行说, 认为万事万物的根本是五样东西, 即水、火、木、金、土. 这是科学史上最朴素、最原始的简单性思想.

科学的简单性原则源于人类在认识自然过程中的简单性思想, 随着自然科学的不断成熟, 简单性成为人类认识世界的基础, 也是科学研究的指导原则.《周易·系辞·上》中提到: "易则易知, 简则易从, 易知则有亲, 易从则有功."

牛顿的力学定律以简单的形式统一了宏观的运动现象. 在《自然哲学的数学原理》中, 牛顿指出: "自然界不做无用之事, 只要少做一点就成了, 多做了却是无用; 因为自然喜欢简单化, 而不爱用什么多余的原因以夸耀自己." 在相对论时代, 爱因斯坦提出了检验理论的两个标准: 一是"外部的确认", 二是"内在的完美"(即"逻辑简单性"). 他认为, 从科学理论反映自然界的和谐与秩序的角度看, 真的科学理论一定是符合简单性原则的.

19 世纪 70 年代, 安培、韦伯、莱曼、格拉斯曼和麦克斯韦等从不同的假设出发, 相继建立了解释电磁现象的理论. 由于麦克斯韦的理论最符合简单性原则, 因此广为流传. 再比如, 著名的开普勒行星运动第三定律: $T^2 = D^3$, 亦因形式上十分简洁而影响深远.

按照协同学的支配原理, 我们可以通过消去描述系统演化进程的高维非线性微分方程中的快弛豫变量, 将原来的高维方程转化为低维的序参量演化方程. 由于序参量支配着系统在临界点附近的动力学特性, 通过求解序参量演化方程, 即可得到系统的时间结构、空间结构或时空结构, 进而实现对系统运行行为的有效控制.

科学模型的简单性主要依赖于模型表征形式的简洁和对系统次要因素的删减来实现. 在经济学领域, 用基尼系数描述居民收入差距的方法和运用柯布-道格拉斯(Cobb-Douglas, C-D)生产函数测度技术进步在经济增长中贡献份额的方法, 都是基于对实际系统的简化而提出来的. 莫迪里亚尼(Modigliani)用来描述平均消费倾向(average propensity to consume, APC)的模型

$$\frac{C_t}{y_t} = a + b\frac{y_0}{y_t}, \quad a > 0, \quad b > 0$$

以及菲利普斯(Phillips)用来描述通货膨胀率 $\frac{\Delta p}{p}$ 与失业率 x 之间关系的曲线:

$$\frac{\Delta p}{p} = a + b\frac{1}{x}$$

和著名的资本资产定价模型(capital asset pricing model, CAPM)

$$E[r_i] = r_f + \beta_i(E[r_m] - r_f)$$

实质上稍作变换都可以化为最简单的一元线性回归模型.

4. 精细化模型遭遇不精确

在信息不完全、数据不准确的情况下追求精细化模型的道路走不通. 在两千多年前, 老子就有十分精辟的论述:"视之不见, 名曰夷; 听之不闻, 名曰希; 搏之不得, 名曰微. 此三者不可致诘, 故混而为一." 模糊数学创始人扎德教授的互克性原理对此也有明确表述:"当系统的复杂性日益增长时, 我们对系统特性进行精确而有意义的描述的能力将相应降低, 直至达到这样一个阈值, 一旦超过它, 精确性与有意义性将变成两个互相排斥的特性." 互克性原理揭示了片面追求精细化将导致认识结果的可行性和有意义性的降低, 精细化模型不是处理复杂事物的有效手段.

岳建平和华锡生(1994)采用某大型水利枢纽工程大坝变形、渗流数据, 分别建立了理论上更为精细的统计模型和相对粗略的灰色模型, 结果表明, 灰色模型的拟合效果优于统计回归模型. 对比两种模型预报值与实际观测数据之间的误差, 发现相对粗略的灰色模型的预测精度普遍高于统计模型, 详见表 1.3.1.

表 1.3.1 统计模型与灰色模型预测误差比较

序号	预测类型	平均误差	
		统计模型	灰色模型
1	水平位移	0.862	0.809
2	水平位移	0.446	0.232
3	垂直位移	1.024	1.029
4	垂直位移	0.465	0.449
5	测压孔水位	6.297	3.842
6	测压孔水位	0.204	0.023

2001 年, 郭海庆博士和吴中如院士等根据某大型黏土斜墙堆石坝竖向位移观测数据, 分别建立统计回归模型和灰色时序组合模型, 并比较两种模型模拟值、预报值与实际观测数据, 发现灰色组合模型拟合效果明显优于统计模型(郭海庆等, 2001).

李晓斌等（2009）采用模糊预测函数对阳极焙烧燃油供给温度进行动态跟踪和精确

控制, 控制效果明显优于传统的比例–积分–微分（proportional-integral-derivative，PID）控制方法.

孙才新院士及其研究团队分别采用灰色关联分析、灰色聚类和新型灰色预测模型等对电力变压器绝缘故障进行诊断、预测, 大量的研究结果表明, 这些相对粗略的方法和模型更为有效、可行(孙才新等, 2002, 2003；孙才新, 2005).

1.3.2　几种不确定性方法的比较

概率统计、模糊数学、灰色系统理论和粗糙集理论是四种最常用的不确定性系统研究方法. 其研究对象都具有某种不确定性, 这是它们的共同点. 正是研究对象在不确定性上的区别, 派生出四种各具特色的不确定性学科.

概率统计研究的是"随机不确定"现象, 着重于考察"随机不确定"现象的历史统计规律, 考察具有多种可能发生的结果之"随机不确定"现象中每一种结果发生的可能性大小. 其出发点是大样本, 并要求"随机不确定"变量服从某种典型分布. 概率统计运用概率分布密度函数或分布表描述"随机变量"取不同值的可能性大小.

模糊数学着重研究"认知不确定"问题, 其研究对象具有"内涵明确, 外延不明确"的特点. 比如, "年轻人"就是一个模糊概念. 因为每一个人都十分清楚"年轻人"的内涵. 但是要让你划定一个确切的范围, 要求在这个范围之内的是年轻人, 范围之外的都不是年轻人, 则很难办到. 因为年轻人这个概念外延不明确. 对于这类内涵明确, 外延不明确的"认知不确定"问题, 模糊数学主要是凭经验借助于隶属度函数进行处理.

灰色系统理论着重研究概率统计、模糊数学所难以解决的小数据、贫信息不确定性问题, 并依据信息覆盖, 通过序列算子的作用探索事物运动的现实规律. 其特点是"小数据建模". 与模糊数学不同的是, 灰色系统理论着重研究"外延明确, 内涵不明确"的对象. 比如, 到 2050 年, 中国要将总人口控制在 15 亿到 16 亿之间, "15 亿到 16 亿之间"就是一个灰概念, 其外延是很清楚的, 但如果要进一步问到底是 15 亿到 16 亿之间的哪个具体数值, 则不清楚. 灰色系统理论运用可能度函数刻画一个灰数取某一数值的可能性.

粗糙集理论采用精确的数学方法研究不确定性系统, 其主要思想是利用已知的知识库, 近似刻画和处理不精确或不确定的知识. Pawlark 把那些无法确认的个体都归于边界区域, 他将边界区域定义为上近似集与下近似集之间的差集, 并通过上近似集与下近似集逼近描述边界区域.

综上所述, 我们可以把四种常用不确定性方法之间的区别归纳如表 1.3.2 所示.

表 1.3.2　四种不确定性方法的比较

项目	概率统计	模糊数学	灰色系统理论	粗糙集理论
研究对象	随机不确定	认知不确定	贫信息不确定	边界不清晰
基础集合	康托尔集	模糊集	灰数集	近似集
方法依据	映射	映射	信息覆盖	划分
途径手段	频率统计	截集	灰序列算子	上、下近似
数据要求	典型分布	隶属度可知	任意分布	等价关系

项目	概率统计	模糊数学	灰色系统理论	粗糙集理论
侧重	内涵	外延	内涵	内涵
目标	历史统计规律	认知表达	现实规律	概念逼近
特色	大样本	凭经验	贫信息数据	信息表

1.4 灰色系统理论的主要内容

灰色系统理论经过 40 多年的发展,现已基本建立起一门新兴学科的结构体系. 其主要内容包括: 灰数运算与灰色代数系统、灰色方程、灰色矩阵等灰色系统的基础理论; 序列算子与灰色信息挖掘方法; 用于系统诊断、分析的系列灰色关联分析模型; 用于解决系统要素和对象分类问题的多种灰色聚类评估模型; 灰色预测系列模型和灰色系统预测方法与技术; 主要用于方案评价和选择的灰靶决策模型及多目标加权智能灰靶决策模型等灰色决策模型, 以及以多方法融合创新为特色的灰色组合模型, 如灰色规划模型、灰色投入产出模型、灰色博弈模型、灰色控制模型等.

灰数及其运算是灰色系统理论的基础, 从学科体系自我完善出发, 有许多问题值得进一步深入研究, 尤其是在灰色代数系统、灰色方程、灰色矩阵等方面还有较大研究空间.

序列算子与灰色信息挖掘主要包括缓冲算子(弱化缓冲算子、强化算子)、均值算子、级比算子、累加算子、累减算子和序列算子频谱分析等内容.

灰色关联分析模型包括灰色关联公理、邓氏灰色关联度、灰色绝对关联度、灰色相对关联度、灰色综合关联度、基于相似性视角的灰色关联度、基于接近性视角的灰色关联度、三维灰色关联度等内容.

灰色聚类评估模型包括灰色关联聚类评估模型、灰色变权聚类模型、灰色定权聚类模型, 以及基于混合可能度函数(中心点混合可能度函数、端点混合可能度函数)的灰色聚类评估模型和两阶段灰色综合测度决策模型等内容.

灰色预测系列模型包括均值 GM (1, 1) 模型、原始差分 GM(1,1)模型、均值差分 GM(1,1)模型、离散灰色模型、分数阶灰色模型、自记忆性灰色预测模型、灰色 Verhulst 模型和 GM (r, h) 等.

灰色组合模型包括灰色经济计量学(grey-econometrics, G-E)组合模型、灰色生产函数模型(grey Cobb-Douglas model)、灰色线性回归组合模型、灰色–周期外延组合模型、灰色马尔可夫(grey-Markov, G-M)模型、灰色人工神经网络模型和灰色聚类与优势粗糙集组合模型等.

灰色系统预测是基于灰色预测模型做出的定量预测, 按照其功能和特征可分成数列预测、区间预测、畸变预测、波形预测和系统预测等.

灰色决策模型包括灰靶决策和多目标加权智能灰靶决策模型等.

灰色规划模型包括灰参数线性规划、灰色预测型线性规划、灰色漂移型线性规划、灰色 0-1 规划、灰色多目标规划和灰色非线性规划等模型.

　　灰色投入产出模型包括灰色投入产出的基本概念和灰色投入产出优化模型、灰色动态投入产出模型等.

　　灰色博弈模型包括基于有限理性和有限知识的双寡头战略定产博弈模型、一种新的局势顺推归纳法模型和产业集聚的灰色进化博弈链模型等.

　　灰色控制模型包括灰色系统的可控性和可观测性、灰色系统的传递函数、灰色系统的鲁棒稳定性和几种典型的灰色控制等模型.

　　本书将重点介绍最为常用的灰色系统方法和模型技术, 书后附有最新的 10.0 版灰色系统建模软件下载链接.

➤复习思考题

简答题

1. 不确定性系统的基本特征有哪些?

2. 简要说明信息不完全的几种情况.

3. 试述数据不准确的主要类型.

4. 试述互克性原理的大意.

5. 简述灰色系统的概念.

6. 试述概率统计、模糊数学、灰色系统理论和粗糙集理论等几种常用不确定性系统方法的区别.

7. 试述差异信息原理和解的非唯一性原理.

8. 试述灰色系统理论的主要内容.

第 2 章

灰数及其运算

2.1 灰数

灰色系统用灰数、灰色方程、灰色矩阵、灰色函数等来描述, 其中灰数是灰色系统的基本"单元"或"细胞".

在系统研究中, 人的认知能力的局限和理解偏差, 以及数据观测、采集、记录、甄别、清洗和存储过程中的信息损失, 导致对反映系统运行行为的信息难以完全认知, 造成人们只知道或仅能判断系统元素或参数的取值范围, 通常我们把这种只知取值范围而不知其确切值的数称为灰数. 在应用中, 灰数实际上指的是在某个区间或某个一般的数集内取值的不确定数. 通常用记号"⊗"表示灰数.

灰数有以下几类.

1) 仅有下界的灰数

有下界而无上界的灰数记为 $\otimes \in [\underline{a}, \infty)$, 其中, $\underline{a}$ 为灰数 $\otimes$ 的下确界, 它是一个确定的数. 我们称 $\otimes \in [\underline{a}, \infty)$ 为 $\otimes$ 的信息覆盖或取数域, 简称 $\otimes$ 的覆盖或灰域.

一个遥远的天体, 其质量便是有下界的灰数, 因为天体的质量必大于零, 但不可能用一般手段知道其质量的确切值, 若用 $\otimes$ 表示天体的质量, 便有 $\otimes \in [0, \infty)$.

2) 仅有上界的灰数

有上界而无下界的灰数记为 $\otimes \in (-\infty, \overline{a}]$, 其中, $\overline{a}$ 是灰数 $\otimes$ 的上确界, 是一个确定的数.

有上界而无下界的灰数是一类取负数但其绝对值难以限量的灰数, 是有下界而无上界的灰数的相反数. 例如, 前述天体质量的相反数就是一个仅有上界的灰数. 若用 $\otimes$ 表示该天体质量的相反数, 便有 $\otimes \in (-\infty, 0]$.

3）区间灰数

既有下界 $\underline{a}$ 又有上界 $\overline{a}$ 的灰数称为区间灰数, 记为 $\otimes \in [\underline{a}, \overline{a}], \underline{a} < \overline{a}$.

如海豹的质量 60～85 kg, 某人的身高 1.8～1.9 m, 可分别记为

$$\otimes_1 \in [60, 85], \quad \otimes_2 \in [1.8, 1.9]$$

一项投资工程, 要有明确的最高投资限额, 一件电气设备要标明其能够承受的电压或通过电流的最高临界值. 同时工程投资、电气设备的电压、电流容许值都是大于零的数, 因此都是区间灰数.

4）连续灰数与离散灰数

在某一区间内取有限个值或可数个值的灰数称为离散灰数, 取值连续地充满某一区间的灰数称为连续灰数.

某人的年龄为 30～35 岁, 此人的年龄可能是 30, 31, 32, 33, 34, 35 这几个数中的某个, 因此年龄是离散灰数. 人的身高、体重的估计值是连续灰数.

5）黑数与白数

当 $\otimes \in (-\infty, +\infty)$ 时, 即当 $\otimes$ 的上、下界皆为无穷时, 称 $\otimes$ 为黑数.

当 $\otimes \in [\underline{a}, \overline{a}]$ 且 $\underline{a} = \overline{a}$ 时, 称 $\otimes$ 为白数.

为讨论方便, 我们将黑数和白数看成特殊的灰数.

6）本征灰数与非本征灰数

本征灰数是指不能或暂时还难以找到一个白数作为其"代表"的灰数, 如一般的事前预测值以及前述的天体质量、海豹质量、某人身高、年龄估计值等都是本征灰数.

非本征灰数是指凭先验信息或某种手段, 可以找到一个白数作为其"代表"的灰数. 我们称此白数为相应灰数的白化值, 记为 $\tilde{\otimes}$, 并用 $\otimes(a)$ 表示以 a 为白化值的灰数. 例如, 估计某位企业高管的年薪可能在 600 万元左右, 可将 600 万元作为该高管实际年薪 $\otimes(600)$ 的白化数, 记为 $\tilde{\otimes}(600) = 600$.

灰数是指在某一范围内取值的不确定数, 相应的取值范围可以视为灰数的一个覆盖. 因此前述的区间灰数 $\otimes \in [\underline{a}, \overline{a}], \underline{a} < \overline{a}$ 与通常意义上的区间数 $[\underline{a}, \overline{a}], \underline{a} < \overline{a}$ 有着本质的区别. 区间灰数 $\otimes \in [\underline{a}, \overline{a}], \underline{a} < \overline{a}$ 表达的是在区间 $[\underline{a}, \overline{a}], \underline{a} < \overline{a}$ 内取值的一个数, 而区间数 $[\underline{a}, \overline{a}], \underline{a} < \overline{a}$ 则表达的是整个区间 $[\underline{a}, \overline{a}], \underline{a} < \overline{a}$.

2.2　灰数白化与灰度

前述的非本征灰数属于在某个基本值附近变动的灰数. 在系统分析过程中, 为便于处理, 我们通常以此基本值代替灰数. 以 a 为基本值的灰数还可以用双数的形式表达, 记为 $\otimes(a) = a + \delta_a$, 其中, δ_a 为扰动灰元, 此灰数的白化值 $\tilde{\otimes}(a) = a$. 例如, 预计 2026 年某高校科研经费到款额在 150 亿元左右, 可表示为 $\otimes(150) = 150 + \delta$, 或 $\otimes(150) = (-, 150, +)$, 它的白化值为 150.

对于一般的区间灰数 $\otimes \in [a, b]$, 根据对其取值信息的判断, 可以将其白化值 $\tilde{\otimes}$ 取为

$$\tilde{\otimes} = \alpha a + (1-\alpha)b, \quad \alpha \in [0,1] \tag{2.2.1}$$

其中, α 称为灰数的定位系数 (Liu, 1989).

定义 2.2.1 对于区间灰数 $\otimes \in [a,b]$, 形如 $\tilde{\otimes} = \alpha a + (1-\alpha)b, \alpha \in [0,1]$ 的白化称为定位系数为 α 的白化.

定义 2.2.2 取 $\alpha = \dfrac{1}{2}$ 而得到的白化值称为均值白化.

当区间灰数取值的分布信息缺乏时, 常采用均值白化.

定义 2.2.3 设区间灰数 $\otimes_1 \in [a,b]$, $\otimes_2 \in [a,b]$, $\tilde{\otimes}_1 = \alpha a + (1-\alpha)b, \alpha \in [0,1]$, $\tilde{\otimes}_2 = \beta a + (1-\beta)b$, $\beta \in [0,1]$, 当定位系数 $\alpha = \beta$ 时, 我们称 $\otimes_1$ 与 $\otimes_2$ 同步 (synchronous); 当 $\alpha \neq \beta$ 时, 我们称 $\otimes_1$ 与 $\otimes_2$ 非同步 (non-synchronous).

对于在同一个区间 $[a,b]$ 内取值的区间灰数 $\otimes_1$ 与 $\otimes_2$, 仅当 $\otimes_1$ 与 $\otimes_2$ 同步时, 才有 $\otimes_1 = \otimes_2$.

当灰数取值的分布信息已知时, 往往不采取均值白化. 例如, 2025 年, 某人的年龄可能是 40～55 岁, $\otimes \in [40,55]$ 是一个灰数. 根据了解, 此人接受初、中级教育共 12 年, 并且是在 20 世纪 90 年代中期考入大学的, 故此人年龄到 2025 年为 48 岁左右的可能性较大, 或者说在 46～50 岁的可能性较大. 对于这样的灰数, 如果再作均值白化, 显然是不合理的.

在掌握了一定取值信息的情况下, 可以用可能度函数 (possibility function) 来描述一个灰数取不同数值的"可能性"大小.

可能度函数与模糊数学的隶属度函数 (membership function) 不同. 隶属度函数描述的是一种事物属于某一特定集合的程度, 而可能度函数刻画的是一个灰数取某一数值的可能性, 或某一具体数值为灰数真值 (truth value) 的可能性. 灰类的可能度函数则与模糊数学的隶属度函数具有相同的内涵. 灰类的可能度函数用于描述一种事物属于某一灰类 (特定集合) 的可能性. 可能度函数的含义虽然与随机变量的概率分布密度函数相似, 但二者也有本质区别. 需要借助于可能度函数描述的灰数, 是一类所掌握的取值信息不完全的灰数. 一旦一个灰数的取值分布信息被完全掌握, 它实质上已不再是一个具有贫信息特征的灰数, 而可以将其视为一个具有某种概率分布的随机变量.

对概念型数据不准确这一类灰数中表示意愿的灰数, 其可能度函数一般可以设计为单调增函数. 图 2.2.1 中可能度函数 $f(x)$ 表示了某位创业者对风险投资资金 (x) 这一灰数不同取值的"偏爱"程度. 其中, 直线用来表示"正常愿望", 即"偏爱"程度与资金 (万元) 成比例提高. 不同的斜率表示欲望的强烈程度不同, $f_1(x)$ 表示对资金需求的愿望较为平缓, 认为对于一个小型的风险投资项目, 投资 100 万元以下不行, 投资 200 万元就比较满意, 投入 300 万元就足够了; $f_2(x)$ 表示资金需求很大, 愿望强烈, 投资 300 万元也只有 30% 的满意程度, 似乎是多多益善; $f_3(x)$ 表示有相对明确的需求概算, 额度为 700 万元, 几乎没有减少的余地. 即使投资 400 万元, 满意程度才达到 10%, 但投资 700 万元就行了, 即非要 700 万元不可.

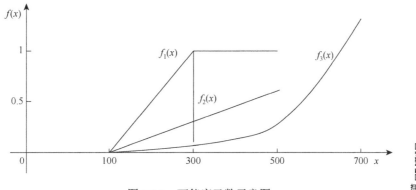

图 2.2.1　可能度函数示意图

一般说来, 一个灰数的可能度函数是研究者根据已知信息设计的, 没有固定的程式. 函数曲线的起点和终点取值应根据实际情况确定. 例如, 在某复杂产品研制过程中, 主制造商就某一组件与供应商进行谈判的过程就是一个由灰变白的过程. 开始谈判时, 供应商根据主制造商对该组件的设计和研发要求提出至少单件产品要 5000 万美元, 主制造商则提出不能高于 3000 万美元. 一般地, 双方在开始时所报的数目都有一定的回旋余地, 因此, 最终成交额这一灰数将在 3000 万美元与 5000 万美元之间, 其可能度函数可将起点定为 3000 万美元, 终点定为 5000 万美元.

定义 2.2.4　起点、终点确定的左升、右降连续函数称为典型可能度函数.

典型可能度函数一般如图 2.2.2 (a) 所示 (邓聚龙, 1985b).

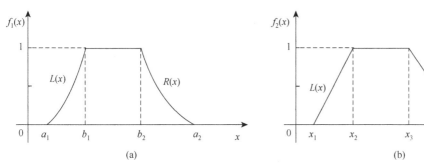
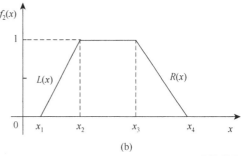

图 2.2.2　典型可能度函数

$$f_1(x) = \begin{cases} L(x), & x \in [a_1, b_1] \\ 1, & x \in [b_1, b_2] \\ R(x), & x \in (b_2, a_2] \end{cases}$$

我们称 $L(x)$ 为左增函数, $R(x)$ 为右降函数, $[b_1, b_2]$ 为峰区, a_1 为起点, a_2 为终点, b_1, b_2 为转折点.

在实际应用中, 为了便于编程和计算, $L(x)$ 和 $R(x)$ 常简化为直线, 如图 2.2.2 (b) 所示.

$$f_2(x) = \begin{cases} L(x) = \dfrac{x - x_1}{x_2 - x_1}, & x \in [x_1, x_2) \\ 1, & x \in [x_2, x_3] \\ R(x) = \dfrac{x_4 - x}{x_4 - x_3}, & x \in (x_3, x_4] \end{cases}$$

定义 2.2.5 对图 2.2.2(a)所示的可能度函数, 称

$$g^\circ = \frac{2|b_1 - b_2|}{b_1 + b_2} + \max\left\{\frac{|a_1 - b_1|}{b_1}, \frac{|a_2 - b_2|}{b_2}\right\} \tag{2.2.2}$$

为 $\otimes$ 的灰度(邓聚龙, 1985b).

g° 的表达式是两部分的和, 其中, 第一部分代表峰区长度相对值对灰度的影响, 第二部分代表 $L(x)$ 和 $R(x)$ 底边长度相对值对灰度的影响, 一般来说, 峰区长度相对值越大, $L(x)$ 和 $R(x)$ 底边长度相对值越大, g° 就越大.

当 $\max\left\{\dfrac{|a_1 - b_1|}{b_1}, \dfrac{|a_2 - b_2|}{b_2}\right\} = 0$ 时, $g^\circ = \dfrac{2|b_1 - b_2|}{b_1 + b_2}$, 此时可能度函数为一条水平线. 当 $\dfrac{2|b_1 - b_2|}{b_1 + b_2} = 0$ 时, 灰数 $\otimes$ 为有基本值的灰数, 其基本值就是 $b = b_1 = b_2$.

当 $g^\circ = 0$ 时, $\otimes$ 是白数.

■ 2.3 灰数灰度的公理化定义

如 2.2 节所述, 对于可能度函数 $f[a_1, b_1, b_2, a_2]$ [图 2.2.2(a)] 已知的灰数 $\otimes \in [a_1, a_2]$, $a_1 < a_2$, 邓聚龙教授将其灰度定义为式(2.2.2)(邓聚龙, 1985b).

1996 年, 基于灰区间长度 $l(\otimes)$ 和灰数的均值白化数 $\hat{\otimes}$, 刘思峰等给出了灰度的一种公理化定义(Liu and Zhu, 1996)

$$g^\circ(\otimes) = \frac{l(\otimes)}{\hat{\otimes}} \tag{2.3.1}$$

这里, 在非负性公理、零灰度公理、无穷灰度公理和数乘公理的基础上, 灰度被定义为灰区间长度 $l(\otimes)$ 与其相应均值白化数 $\hat{\otimes}$ 的商.

式(2.2.2)和式(2.3.1)给出的灰度定义皆存在以下问题.

1) 不满足规范性

显然, 当灰区间长度 $l(\otimes)$ 趋于无穷大时, 由式(2.2.2)和式(2.3.1)定义的灰度皆有可能取得较大的数值.

2) 零心灰数的灰度没有定义

对于零心灰数, 式(2.2.2)中为 $b_1 = b_2 = 0$ 的情形, 式(2.3.1)中为 $\hat{\otimes} = 0$ 的情形, 这时, 式(2.2.2)和式(2.3.1)所给出的灰度皆没有定义.

灰数是灰色系统之行为特征的一种表现形式(邓聚龙, 1990). 灰数的灰度反映了人们对灰色系统认识的不确定程度. 因此, 一个灰数的灰度大小应与该灰数产生的背景或论域有着不可分割的联系. 如果对一个灰数产生的背景或论域及其表征的灰色系统不加说明, 就无法讨论该灰数的灰度. 例如, 对于灰数 $\otimes \in [160,200]$, 如果不说明其产生的背景或论域及其表征的灰色系统, 就很难说清楚它的灰度到底有多大. 当它表达的是一名中国成年男子的身高(单位: cm)时, 我们会觉得这一灰数的灰度很大. 因为[160, 200]几乎与中国成年男子身高的背景或论域重合. 假若公安机关搜捕一名犯罪嫌疑人, 有人提供信息说该犯罪嫌疑人身高为 160~200cm, 这样的信息几乎没有任何价值. 如果灰数 $\otimes \in [160,200]$ 表示的是一个人的血压(收缩压, 单位: mmHg), 那么一般人们会认为这一灰数的灰度不是很大, 因为它的确能为医生提供十分有用的信息.

设 Ω 为灰数 $\otimes$ 产生的背景或论域, $\mu(\otimes)$ 为灰数 $\otimes$ 之取数域的测度, 则灰数 $\otimes$ 的灰度 $g^{\circ}(\otimes)$ 符合以下公理(刘思峰和林益, 2004):

公理 2.3.1　$0 \leqslant g^{\circ}(\otimes) \leqslant 1$.

公理 2.3.2　$\otimes \in [\underline{a},\overline{a}]$, $\underline{a} \leqslant \overline{a}$, 当 $\underline{a} = \overline{a}$ 时, $g^{\circ}(\otimes) = 0$.

公理 2.3.3　$g^{\circ}(\Omega) = 1$.

公理 2.3.4　$g^{\circ}(\otimes)$ 与 $\mu(\otimes)$ 成正比, 与 $\mu(\Omega)$ 成反比.

公理 2.3.1 将灰数的灰度取值范围限定在[0, 1]区间内. 公理 2.3.2 规定白数的灰度为零. 白数是完全确定的数, 没有任何不确定的成分. 公理 2.3.3 规定灰数产生的背景或论域 Ω 的灰度为 1, 为灰度的最大值. 因为灰数产生的背景 Ω 一般为人所共知或覆盖了灰数的论域, 故不含任何有用的信息, 其不确定性最大. 公理 2.3.4 表明当灰数 $\otimes$ 产生的背景或论域一定时, 灰数 $\otimes$ 之取数域的测度 $\mu(\otimes)$ 越大, 灰数 $\otimes$ 的灰度 $g^{\circ}(\otimes)$ 越大. 例如, 估计某一实数真值得到灰数 $\otimes$, 在估计的可靠程度一定时, $\otimes$ 的测度越大, 这种估计的意义越小, 不确定性越大; 相反, $\otimes$ 的测度越小, 这种估计的意义越大, 不确定性越小.

定义 2.3.1　设灰数 $\otimes$ 产生的背景或论域为 Ω, $\mu(\otimes)$ 为 Ω 上的测度, 则称

$$g^{\circ}(\otimes) = \mu(\otimes)/\mu(\Omega) \tag{2.3.2}$$

为灰数 $\otimes$ 的灰度(刘思峰和林益, 2004).

定理 2.3.1　由式(2.3.2)给出的灰数灰度定义满足灰度定义的 4 个公理.

证明　公理 2.3.1, 由 $\otimes \subset \Omega$ 及测度的性质, 有

$$0 \leqslant \mu(\otimes) \leqslant \mu(\Omega)$$

从而

$$0 \leqslant g^{\circ}(\otimes) \leqslant 1$$

公理 2.3.2, 当 $\underline{a} = \overline{a}$ 时, $\mu(\otimes) = 0$, 因此, $g^{\circ}(\otimes) = \mu(\otimes)/\mu(\Omega) = 0$.

公理 2.3.3 和公理 2.3.4 显然.

定理 2.3.2　若 $\otimes_1 \subset \otimes_2$, 则 $g^{\circ}(\otimes_1) \leqslant g^{\circ}(\otimes_2)$.

证明　由 $\otimes_1 \subset \otimes_2$ 及测度的性质, 有 $\mu(\otimes_1) \leqslant \mu(\otimes_2)$, 再由式(2.3.2)易知

$$g^{\circ}(\otimes_1) \leqslant g^{\circ}(\otimes_2)$$

灰数具有可构造性,因此,我们有必要进一步研究"合成"灰数的灰度.

定义 2.3.2　设 $\otimes_1 \in [a,b]$, $a < b$; $\otimes_2 \in [c,d]$, $c < d$, 则称

$$\otimes_1 \cup \otimes_2 = \left\{ \xi \mid \xi \in [a,b] \text{或} \xi \in [c,d] \right\} \tag{2.3.3}$$

为灰数 $\otimes_1$ 与 $\otimes_2$ 的并.

灰数的并相当于对若干个灰数进行"堆积"或"归并",其结果自然是灰度增大.

定理 2.3.3　$g^\circ(\otimes_1 \cup \otimes_2) \geqslant g^\circ(\otimes_k)$, $k = 1,2$.

定义 2.3.2 和定理 2.3.3 皆可以推广到有限个灰数求并的情形.

定义 2.3.3　设 $\otimes_1 \in [a,b]$, $a < b$; $\otimes_2 \in [c,d]$, $c < d$, 则称

$$\otimes_1 \cap \otimes_2 = \left\{ \xi \mid \xi \in [a,b] \text{且} \xi \in [c,d] \right\} \tag{2.3.4}$$

为灰数 $\otimes_1$ 与 $\otimes_2$ 的交.

灰数的交相当于对若干个灰数进行综合"加工""提炼",能够使人们对灰色系统的认识逐步深化,其结果自然是灰度减小.

定理 2.3.4　$g^\circ(\otimes_1 \cap \otimes_2) \leqslant g^\circ(\otimes_k)$, $k = 1,2$.

定义 2.3.3 和定理 2.3.4 皆可以推广到有限个灰数求交的情形.

定理 2.3.5　设 $\otimes_1 \subset \otimes_2$, 则有

$$g^\circ(\otimes_1 \cup \otimes_2) = g^\circ(\otimes_2), \quad g^\circ(\otimes_1 \cap \otimes_2) = g^\circ(\otimes_1)$$

当灰数 $\otimes_1, \otimes_2$ 关于测度 μ 独立时,还可以得到更为有趣的结果.

定理 2.3.6　设 $\mu(\Omega) = 1$, 灰数 $\otimes_1, \otimes_2$ 关于测度 μ 独立, 则有

(1) $g^\circ(\otimes_1 \cap \otimes_2) = g^\circ(\otimes_1) \cdot g^\circ(\otimes_2)$;

(2) $g^\circ(\otimes_1 \cup \otimes_2) = g^\circ(\otimes_1) + g^\circ(\otimes_2) - g^\circ(\otimes_1) \cdot g^\circ(\otimes_2)$.

例 2.3.1　考虑掷一个均匀六面体骰子所得的点数,此时背景或论域为

$$\Omega = \{1,2,3,4,5,6\}$$

设灰数 $\otimes_1 \in \{1,2\}$, $\otimes_2 \in \{2,3,4\}$, μ 为概率测度, 则

$$\mu(\otimes_1) = \frac{1}{3}, \quad \mu(\otimes_2) = \frac{1}{2}, \quad \mu(\otimes_1 \cap \otimes_2) = \frac{1}{6}$$

满足独立性条件, 显然,

$$g^\circ(\otimes_1) = \mu(\otimes_1) = \frac{1}{3}, \quad g^\circ(\otimes_2) = \mu(\otimes_2) = \frac{1}{2}$$

$$g^\circ(\otimes_1 \cap \otimes_2) = \mu(\otimes_1 \cap \otimes_2) = \frac{1}{6} = g^\circ(\otimes_1) \cdot g^\circ(\otimes_2)$$

$$g^\circ(\otimes_1 \cup \otimes_2) = \mu(\otimes_1 \cup \otimes_2) = \frac{2}{3} = g^\circ(\otimes_1) + g^\circ(\otimes_2) - g^\circ(\otimes_1) \cdot g^\circ(\otimes_2)$$

与定理 2.3.6 中的结论一致.

灰数的"合成"方式将对合成灰数的灰度及相应灰信息的可靠程度产生一定的影响. 一般地, 灰数求"并"后灰度增大, 而合成信息的可靠程度会有所提高; 灰数求"交"后灰度减小, 而合成信息的可靠程度往往会降低. 在解决实际问题的过程中, 当需要对大量灰数进行筛选、加工、合成时, 可以考虑在若干个不同的层次上进行合成, 逐层提取信

息. 在合成过程中, 采用间层交叉进行"并""交"合成, 以保证最后筛选出的信息的可靠程度和灰度都能满足一定的要求.

2.4　区间灰数的运算

定义 2.4.1（灰数的运算范式）　设有灰数 $\otimes_1 \in [a,b]$, $a < b$；$\otimes_2 \in [c,d]$, $c < d$, 用符号 $*$ 表示 $\otimes_1$ 与 $\otimes_2$ 间的运算, 若 $\otimes_3 = \otimes_1 * \otimes_2$, 则 $\otimes_3$ 亦应为区间灰数, 因此应有 $\otimes_3 \in [e,f]$, $e < f$, 且对任意的 $\tilde{\otimes}_1, \tilde{\otimes}_2$, $\tilde{\otimes}_1 * \tilde{\otimes}_2 \in [e,f]$.

法则 2.4.1（加法运算）　设 $\otimes_1 \in [a,b]$, $a < b$；$\otimes_2 \in [c,d]$, $c < d$, 则称

$$\otimes_1 + \otimes_2 \in [a+c, b+d] \tag{2.4.1}$$

为 $\otimes_1$ 与 $\otimes_2$ 的和（邓聚龙, 2002）.

例 2.4.1　设 $\otimes_1 \in [3,4]$, $\otimes_2 \in [5,8]$, 则 $\otimes_1 + \otimes_2 \in [8,12]$.

法则 2.4.2（灰数的负元）　设 $\otimes \in [a,b]$, $a < b$, 则称

$$-\otimes \in [-b, -a] \tag{2.4.2}$$

为 $\otimes$ 的负元（邓聚龙, 2002）.

例 2.4.2　设 $\otimes \in [3,4]$, 则 $-\otimes \in [-4, -3]$.

法则 2.4.3（减法运算）　设 $\otimes_1 \in [a,b]$, $a < b$；$\otimes_2 \in [c,d]$, $c < d$, 则称

$$\otimes_1 - \otimes_2 = \otimes_1 + (-\otimes_2) \in [a-d, b-c] \tag{2.4.3}$$

为 $\otimes_1$ 与 $\otimes_2$ 的差（邓聚龙, 2002）.

例 2.4.3　设 $\otimes_1 \in [3,4]$, $\otimes_2 \in [1,2]$, 则

$$\otimes_1 - \otimes_2 \in [3-2, 4-1] = [1,3], \quad \otimes_2 - \otimes_1 \in [1-4, 2-3] = [-3, -1]$$

法则 2.4.4（乘法运算）　设 $\otimes_1 \in [a,b]$, $a < b$；$\otimes_2 \in [c,d]$, $c < d$, 则称

$$\otimes_1 \cdot \otimes_2 \in [\min\{ac, ad, bc, bd\}, \max\{ac, ad, bc, bd\}] \tag{2.4.4}$$

为 $\otimes_1$ 与 $\otimes_2$ 的积（邓聚龙, 2002）.

例 2.4.4　设 $\otimes_1 \in [3,4]$, $\otimes_2 \in [5,10]$, 则

$$\otimes_1 \cdot \otimes_2 \in [\min\{15, 30, 20, 40\}, \max\{15, 30, 20, 40\}] = [15, 40]$$

法则 2.4.5（灰数的倒数）　设 $\otimes \in [a,b]$, $a < b$, $a \neq 0, b \neq 0$, $ab > 0$, 则称

$$\otimes^{-1} \in \left[\frac{1}{b}, \frac{1}{a}\right] \tag{2.4.5}$$

为 $\otimes$ 的倒数（邓聚龙, 2002）.

例 2.4.5　设 $\otimes \in [2,4]$, 则 $\otimes^{-1} \in [0.25, 0.5]$.

法则 2.4.6（除法运算）　设 $\otimes_1 \in [a,b]$, $a < b$；$\otimes_2 \in [c,d]$, $c < d$, 且 $c \neq 0, d \neq 0$, $cd > 0$, 则称

$$\otimes_1 / \otimes_2 = \otimes_1 \times \otimes_2^{-1} \in \left[\min\left\{\frac{a}{c}, \frac{a}{d}, \frac{b}{c}, \frac{b}{d}\right\}, \max\left\{\frac{a}{c}, \frac{a}{d}, \frac{b}{c}, \frac{b}{d}\right\}\right] \tag{2.4.6}$$

为 $\otimes_1$ 与 $\otimes_2$ 的商(邓聚龙, 2002).

例 2.4.6 $\otimes_1 \in [3,4]$, $\otimes_2 \in [5,10]$, 则

$$\otimes_1 / \otimes_2 \in \left[\min\left\{ \frac{3}{5}, \frac{3}{10}, \frac{4}{5}, \frac{4}{10} \right\}, \max\left\{ \frac{3}{5}, \frac{3}{10}, \frac{4}{5}, \frac{4}{10} \right\} \right] = \left[\frac{3}{10}, \frac{4}{5} \right]$$

法则 2.4.7(数乘运算) 设 $\otimes \in [a,b]$, $a < b$, k 为正实数, 则称

$$k \cdot \otimes \in [ka, kb] \tag{2.4.7}$$

为数 k 与灰数 $\otimes$ 的积, 亦称数乘运算(邓聚龙, 2002).

例 2.4.7 设 $\otimes \in [2,4]$, $k = 5$, 则 $5 \times \otimes \in [10,20]$.

法则 2.4.8(乘方运算) 设 $\otimes \in [a,b]$, $a < b$, k 为正实数, 则称

$$\otimes^k \in [a^k, b^k] \tag{2.4.8}$$

为灰数 $\otimes$ 的 k 次方幂, 亦称乘方运算(邓聚龙, 2002).

例 2.4.8 设 $\otimes \in [2,4]$, $k = 5$, 则 $\otimes^5 \in [32,1024]$.

2.5 一般灰数及其运算

2.5.1 区间灰数的简化形式

长期以来, 灰色系统理论中关于灰数运算与灰代数系统的研究一直备受学者的重视, 新的研究进展和成果不断涌现. 20 世纪 80 年代, 作者曾提出灰数均值白化数的概念, 当时亦曾试图以此为基础构建新的灰数运算体系, 但由于难以处理令人棘手的扰动灰元而无果. 本节给出灰数"核"的定义, 基于"核"和灰数灰度建立灰数运算公理和灰代数系统, 并对运算的性质进行研究. 在这里, 灰数运算被化为实数运算, 灰数运算与灰代数系统构建的难题在一定程度上得到解决.

定义 2.5.1 设区间灰数 $\otimes \in [\underline{a}, \overline{a}]$, $\underline{a} < \overline{a}$, 在缺乏灰数 $\otimes$ 取值之分布信息的情况下:

1° 若 $\otimes$ 为连续灰数, 则称 $\hat{\otimes} = \frac{1}{2}(\underline{a} + \overline{a})$ 为灰数 $\otimes$ 的核;

2° 若 $\otimes$ 为离散灰数, $a_i \in [\underline{a}, \overline{a}](i = 1, 2, \cdots, n)$ 为灰数 $\otimes$ 的所有可能取值, 则称 $\hat{\otimes} = \frac{1}{n}\sum_{i=1}^{n} a_i$

为灰数 $\otimes$ 的核.

注: 若某 $a_k(\otimes)$ 为灰元, $a_k(\otimes) \in [\underline{a}_k, \overline{a}_k]$, $\underline{a}_k < \overline{a}_k$, 则取 $a_k = \hat{a}_k$(刘思峰等, 2010a).

灰数 $\otimes$ 的核 $\hat{\otimes}$ 作为灰数 $\otimes$ 的代表, 在灰数运算转化为实数运算的过程中具有不可替代的作用. 事实上, 灰数 $\otimes$ 的核 $\hat{\otimes}$ 作为实数, 可以完全按照实数的运算规则进行加、减、乘、除、乘方、开方等一系列运算, 而且我们将核的运算结果作为灰数运算结果的核是顺理成章的.

定义 2.5.2 设 $\hat{\otimes}$ 为灰数 $\otimes$ 的核, $g°$ 为灰数 $\otimes$ 的灰度, 称 $\otimes_{(g°)}$ 为灰数的简化形式(刘思峰等, 2010a).

按照 2.3 节中给出的灰数灰度定义, 对于区间灰数 $\otimes \in [\underline{a}, \overline{a}]$, $\underline{a} < \overline{a}$, 灰数的简化形式 $\hat{\otimes}_{(g°)}$ 包含了其取值的重要信息.

例 2.5.1 已知论域 $\Omega \in [-2, 20]$ 上的区间灰数 $\otimes_1 = [-2, -1]$, $\otimes_2 = [8, 18]$, $\otimes_3 = [-2, 18]$, 若以灰区间长度作为灰数的测度, 试分别求出这三个灰数的简化形式.

解 根据已知条件, 可得论域 $\Omega, \otimes_1, \otimes_2, \otimes_3$ 的测度分别为

$$\mu(\Omega) = 20 - (-2) = 22, \quad \mu(\otimes_1) = 1, \quad \mu(\otimes_2) = 10, \quad \mu(\otimes_3) = 20$$

三个灰数的核与灰度分别为

$$\hat{\otimes}_1 = -1.5, \quad \hat{\otimes}_2 = 13, \quad \hat{\otimes}_3 = 8$$

$$g_1°(\otimes_1) = 0.045, \quad g_2°(\otimes_2) = 0.45, \quad g_3°(\otimes_3) = 0.91$$

它们的简化形式分别为

$$\otimes_1 = -1.5_{(0.045)}, \quad \otimes_2 = 13_{(0.45)}, \quad \otimes_3 = 8_{(0.91)}$$

定义 2.5.3 设 Ω 为灰数 $\otimes$ 的论域, 当 $\mu(\Omega) = 1$ 时, 对应的灰数称为标准灰数; 标准灰数的简化形式称为灰数的标准形式.

命题 2.5.1 设 $\otimes$ 为标准灰数, 则 $g°(\otimes) = \mu(\otimes)$.

对于标准灰数而言, 其灰度与灰数的测度完全一致. 如果我们进一步将论域 Ω 限定为区间 [0, 1], 则 $\mu(\otimes)$ 就是 [0, 1] 上的小区间的长度. 这样, 灰数的标准形式还原到一般形式十分方便.

以下我们将讨论更具一般性的灰数, 为此需要首先给出灰数"基元"的定义.

2.5.2 一般灰数的定义及其简化形式

定义 2.5.4 区间灰数和实 (白) 数统称为灰数的基元.

定义 2.5.5 设

$$g^{\pm} \in \bigcup_{i=1}^{n} [\underline{a}_i, \overline{a}_i], \tag{2.5.1}$$

则称 $g^{\pm}$ 为一般灰数.

其中, 任一区间灰数 $\otimes_i \in [\underline{a}_i, \overline{a}_i] \subset \bigcup_{i=1}^{n} [\underline{a}_i, \overline{a}_i]$, 满足 $\underline{a}_i, \overline{a}_i \in \mathbf{R}$ 且 $\overline{a}_{i-1} \leqslant \underline{a}_i \leqslant \overline{a}_i \leqslant \underline{a}_{i+1}$,

$$g^- = \inf_{\underline{a}_i \in g^{\pm}} \underline{a}_i, \quad g^+ = \sup_{\overline{a}_i \in g^{\pm}} \overline{a}_i$$

分别称为 $g^{\pm}$ 的下界和上界 (Liu et al., 2012a).

定义 2.5.6 (1) 设 $g^{\pm} \in \bigcup_{i=1}^{n} [\underline{a}_i, \overline{a}_i]$ 为一般灰数, 称

$$\hat{g} = \frac{1}{n} \sum_{i=1}^{n} \hat{a}_i \tag{2.5.2}$$

为 $g^{\pm}$ 的核.

(2) 设 $g^{\pm}$ 为概率分布已知的一般灰数, $g^{\pm} \in [\underline{a}_i, \overline{a}_i]$ $(i = 1, 2, \cdots, n)$ 的概率为 p_i, 且满足

$$\sum_{i=1}^{n} p_i = 1, \quad p_i > 0, \quad i = 1, 2, \cdots, n$$

则称

$$\hat{g} = \sum_{i=1}^{n} p_i \hat{a}_i \tag{2.5.3}$$

为 $g^{\pm}$ 的核 (Liu et al., 2012a).

定义 2.5.7　设一般灰数 $g^{\pm} \in \bigcup_{i=1}^{n} [\underline{a}_i, \overline{a}_i]$ 的背景或论域为 Ω, $\mu(\otimes)$ 为 Ω 上的测度, 则称

$$g^{\circ}(g^{\pm}) = \frac{1}{\hat{g}} \sum_{i=1}^{n} \hat{a}_i \mu(\otimes_i) / \mu(\Omega) \tag{2.5.4}$$

为一般灰数 $g^{\pm}$ 的灰度. 一般灰数 $g^{\pm}$ 的灰度亦简记为 g°.

例 2.5.2　设一般灰数

$$g^{\pm} = \otimes_1 \bigcup \otimes_2 \bigcup 2 \bigcup \otimes_4 \bigcup 6$$

其中, $\otimes_1 \in [1,3], \otimes_2 \in [2,4], \otimes_4 \in [5,9], \Omega = [0,32]$, 以区间长度作为 Ω 上的测度, 试求 $g^{\pm}$ 的简化形式.

解　由题设易得, $\hat{\otimes}_1 = 2, \hat{\otimes}_2 = 3, \hat{\otimes}_4 = 7$, 因此 $g^{\pm}$ 的核

$$\hat{g} = \frac{1}{5}(\hat{\otimes}_1 + \hat{\otimes}_2 + 2 + \hat{\otimes}_4 + 6) = \frac{1}{5}(2 + 3 + 2 + 7 + 6) = 4$$

再由 $\mu(\otimes_1) = 2, \mu(\otimes_2) = 2, \mu(\otimes_4) = 4, \mu(2) = \mu(6) = 0$, 可得

$$g^{\circ}(g^{\pm}) = \frac{1}{\hat{g}} \sum_{i=1}^{5} \hat{\otimes}_i \mu(\otimes_i) / \mu(\Omega) = \frac{1}{4}(2 \times 2 + 3 \times 2 + 2 \times 0 + 7 \times 4 + 6 \times 0) / 32 = 0.297$$

故得 $g^{\pm}$ 的简化形式为 $4_{(0.297)}$.

如果 $g^{\pm}$ 的概率分布已知, 如

$$p_1 = 0.1, \quad p_2 = 0.2, \quad p_3 = 0.3, \quad p_4 = 0.3, \quad p_5 = 0.1$$

则有

$$\hat{g} = \sum_{i=1}^{n} p_i \cdot \hat{\otimes}_i = 0.1 \times 2 + 0.2 \times 3 + 0.3 \times 2 + 0.3 \times 7 + 0.1 \times 6 = 4.1$$

$$g^{\circ}(g^{\pm}) = \frac{1}{\hat{g}} \sum_{i=1}^{5} \hat{\otimes}_i \mu(\otimes_i) / \mu(\Omega) = \frac{1}{4.1}(2 \times 2 + 3 \times 2 + 2 \times 0 + 7 \times 4 + 6 \times 0) / 32 = 0.290$$

这时 $g^{\pm}$ 的简化形式为 $4.1_{(0.290)}$.

2.5.3　灰度合成公理

公理 2.5.1(灰度合成公理)　当 n 个一般灰数 $g_1^{\pm}, g_2^{\pm}, \cdots, g_n^{\pm}$ 进行加法(或减法)运算时, 其代数和灰数 $g^{\pm}$ 的灰度 g° 为

$$g^{\circ} = \frac{1}{\sum_{i=1}^{n} \hat{g}_i} \sum_{i=1}^{n} g_i^{\circ} \hat{g}_i = \sum_{i=1}^{n} w_i g_i^{\circ} \tag{2.5.5}$$

其中, w_i 为 g_i° 的权重, $w_i = \dfrac{\hat{g}_i}{\sum\limits_{i=1}^{n} \hat{g}_i}$, $i = 1, 2, \cdots, n$ (Liu et al., 2012a).

命题 2.5.2 设 $g^\pm$ 为 $g_1^\pm, g_2^\pm, \cdots, g_n^\pm$ 的代数和, g° 为灰数 $g^\pm$ 的灰度, 令 $g_m^\circ = \min\limits_{1 \leqslant i \leqslant n}\{g_i^\circ\}$, $g_M^\circ = \max\limits_{1 \leqslant i \leqslant n}\{g_i^\circ\}$, 则

$$g_m^\circ \leqslant g^\circ \leqslant g_M^\circ \tag{2.5.6}$$

公理 2.5.2(灰度不减公理) 当 n 个一般灰数 $g_1^\pm$, $g_2^\pm$, $\cdots$, $g_n^\pm$ 进行乘法(或除法)运算时, 运算结果的灰度不小于其中灰度最大的灰数的灰度(刘思峰等, 2010a).

为方便计, 我们通常可将运算结果的灰度取为 n 个一般灰数 $g_1^\pm$, $g_2^\pm$, $\cdots$, $g_n^\pm$ 中灰度最大的灰数的灰度 $g_M^\circ = \max\limits_{1 \leqslant i \leqslant n}\{g_i^\circ\}$.

由式(2.5.5)和公理 2.5.2 不难得到如下推论.

推论 2.5.1 灰数加、减、乘、除运算过程中的白数不影响运算结果的灰度.

由公理 2.5.1 和公理 2.5.2, 基于灰数的简化形式 $\hat{g}_{(g_1^\circ)}$, 我们可以得到如下的灰数运算法则 (Liu et al., 2012a).

法则 2.5.1(灰数相等) $\hat{g}_{1(g_1^\circ)} = \hat{g}_{2(g_2^\circ)} \Leftrightarrow \hat{g}_1 = \hat{g}_2$ 且 $g_1^\circ = g_2^\circ$. $\tag{2.5.7}$

法则 2.5.2(加法运算) $\hat{g}_{1(g_1^\circ)} + \hat{g}_{2(g_2^\circ)} = (\hat{g}_1 + \hat{g}_2)_{(w_1 g_1^\circ + w_2 g_2^\circ)}$. $\tag{2.5.8}$

法则 2.5.3(灰数的负元) $-\hat{g}_{1(g_1^\circ)} = (-\hat{g}_1)_{(g_1^\circ)}$. $\tag{2.5.9}$

法则 2.5.4(减法运算) $\hat{g}_{1(g_1^\circ)} - \hat{g}_{2(g_2^\circ)} = (\hat{g}_1 - \hat{g}_2)_{(w_1 g_1^\circ + w_2 g_2^\circ)}$. $\tag{2.5.10}$

法则 2.5.5(乘法运算) $\hat{g}_{1(g_1^\circ)} \times \hat{g}_{2(g_2^\circ)} = (\hat{g}_1 \times \hat{g}_2)_{(g_1^\circ \vee g_2^\circ)}$. $\tag{2.5.11}$

法则 2.5.6(灰数的倒数) 设 $\hat{g}_1 \neq 0$, 则 $1/\hat{g}_{1(g_1^\circ)} = (1/\hat{g}_1)_{(g_1^\circ)}$. $\tag{2.5.12}$

法则 2.5.7(除法运算) 设 $\hat{g}_2 \neq 0$, 则 $\hat{g}_{1(g_1^\circ)} \div \hat{g}_{2(g_2^\circ)} = (\hat{g}_1 \div \hat{g}_2)_{(g_1^\circ \vee g_2^\circ)}$. $\tag{2.5.13}$

法则 2.5.8(数乘运算) 设 k 为实数, $k \cdot \hat{g}_{(g^\circ)} = (k \cdot \hat{g})_{(g^\circ)}$. $\tag{2.5.14}$

法则 2.5.9(乘方运算) 设 k 为实数, $(\hat{g}_{(g^\circ)})^k = (\hat{g})^k_{(g^\circ)}$. $\tag{2.5.15}$

因为当 $g_1^\circ = g_2^\circ = g^\circ$ 时, $g_1^\circ \vee g_2^\circ = g^\circ$, 所以, 对于灰度相等的灰数, 其加、减、乘、除运算是法则 2.5.2、法则 2.5.4、法则 2.5.5、法则 2.5.7 的特例, 此处不再一一列出.

灰数的运算法则可以推广到有限个灰数进行加、减、乘、除运算的情形.

定义 2.5.8 设 $F(g^\pm)$ 为一般灰数构成的集合, 若对任意的 $g_i^\pm, g_j^\pm \in F(g^\pm)$, 有 $g_i^\pm + g_j^\pm$, $g_i^\pm - g_j^\pm$, $g_i^\pm \cdot g_j^\pm$ 和 $g_i^\pm \div g_j^\pm$ 均属于 $F(g^\pm)$ (除法运算时要满足法则 2.5.7 的条件), 则称 $F(g^\pm)$ 为一灰数域.

定理 2.5.1 一般灰数全体构成灰数域.

定义 2.5.9 设 $R(g^\pm)$ 为一般灰数构成的集合, 若对于任意 $g_i^\pm, g_j^\pm, g_k^\pm \in R(g^\pm)$ 有

(1) $g_i^\pm + g_j^\pm = g_j^\pm + g_i^\pm$;

(2) $(g_i^\pm + g_j^\pm) + g_k^\pm = g_i^\pm + (g_j^\pm + g_k^\pm)$;

(3) 存在零元素 $0 \in R(g^{\pm})$，使 $g_i^{\pm} + 0 = g_i^{\pm}$；

(4) 对任意 $g_i^{\pm} \in R(g^{\pm})$，有 $-g_i^{\pm} \in R(g^{\pm})$，且使得 $g_i^{\pm} + (-g_i^{\pm}) = 0$；

(5) $(g_i^{\pm} \cdot g_j^{\pm}) \cdot g_k^{\pm} = g_i^{\pm} \cdot (g_j^{\pm} \cdot g_k^{\pm})$；

(6) 存在单位元 $1 \in R(g^{\pm})$，使 $1 \cdot g_i^{\pm} = g_i^{\pm} \cdot 1 = g_i^{\pm}$；

(7) $(g_i^{\pm} + g_j^{\pm}) \cdot g_k^{\pm} = g_i^{\pm} \cdot g_k^{\pm} + g_j^{\pm} \cdot g_k^{\pm}$；

(8) $g_i^{\pm} \cdot (g_j^{\pm} + g_k^{\pm}) = g_i^{\pm} \cdot g_j^{\pm} + g_i^{\pm} \cdot g_k^{\pm}$，

则称 $R(g^{\pm})$ 为灰色线性空间.

定理 2.5.2　一般灰数全体构成灰色线性空间.

例 2.5.3　对于两个混合一般灰数

$$g_1^{\pm} = \otimes_1 \cup \otimes_2 \cup 2 \cup \otimes_4 \cup 6 \quad \text{和} \quad g_2^{\pm} = \otimes_6 \cup 20 \cup \otimes_8 \cup \otimes_9$$

试计算

$$g_3^{\pm} = g_1^{\pm} + g_2^{\pm}, \quad g_4^{\pm} = g_1^{\pm} - g_2^{\pm}, \quad g_5^{\pm} = g_1^{\pm} \times g_2^{\pm} \quad \text{和} \quad g_6^{\pm} = g_1^{\pm} \div g_2^{\pm}$$

其中，$\otimes_1 \in [1,3], \otimes_2 \in [2,4], \otimes_4 \in [5,9], \otimes_6 \in [12,16], \otimes_8 \in [11,15], \otimes_9 \in [15,19]$，且假设 $g_1^{\pm}$ 的论域 $\Omega = [0,32]$，$g_2^{\pm}$ 的论域 $\Omega = [10,60]$.

解　首先计算 $g_1^{\pm}$ 和 $g_2^{\pm}$ 的简化形式，由例 2.5.2，$g_1^{\pm} = 4_{(0.297)}$，再由

$$\hat{\otimes}_6 = 14, \quad \hat{\otimes}_8 = 13, \quad \hat{\otimes}_9 = 17, \quad \mu(\otimes_6) = 4, \quad \mu(20) = 0, \quad \mu(\otimes_8) = 4, \quad \mu(\otimes_9) = 4$$

可得

$$\hat{g}_2 = \frac{1}{4}(\hat{\otimes}_6 + 20 + \hat{\otimes}_8 + \hat{\otimes}_9) = \frac{1}{4}(14 + 20 + 13 + 17) = 16$$

$$g_2^{\circ}(g^{\pm}) = \frac{1}{\hat{g}_2} \sum_{i=1}^{4} \hat{\otimes}_i \mu(\otimes_i) / \mu(\Omega_2) = \frac{1}{16}(14 \times 4 + 20 \times 0 + 13 \times 4 + 17 \times 4) / 50 = 0.22$$

因此 $g_2^{\pm}$ 的简化形式为 $16_{(0.22)}$.

又 $w_1 = \dfrac{4}{20} = 0.2, w_2 = \dfrac{16}{20} = 0.8$，所以有

$$g_3^{\pm} = g_1^{\pm} + g_2^{\pm} = (\hat{g}_1 + \hat{g}_2)_{(w_1 g_1^{\circ} + w_2 g_2^{\circ})} = (4 + 16)_{(0.2 \times 0.297 + 0.8 \times 0.22)} = 20_{(0.235)}$$

$$g_4^{\pm} = g_1^{\pm} - g_2^{\pm} = (\hat{g}_1 - \hat{g}_2)_{(w_1 g_1^{\circ} + w_2 g_2^{\circ})} = (4 - 16)_{(0.2 \times 0.297 + 0.8 \times 0.22)} = (-12)_{(0.235)}$$

$$g_5^{\pm} = g_1^{\pm} \times g_2^{\pm} = (\hat{g}_1 \times \hat{g}_2)_{(g_1^{\circ} \vee g_2^{\circ})} = (4 \times 16)_{(0.297 \vee 0.22)} = 64_{(0.297)}$$

$$g_6^{\pm} = g_1^{\pm} \div g_2^{\pm} = (\hat{g}_1 \div \hat{g}_2)_{(g_1^{\circ} \vee g_2^{\circ})} = (4 \div 16)_{(0.297 \vee 0.22)} = \left(\frac{1}{4}\right)_{(0.297)}$$

　　灰数是灰色系统理论的最基本要素，是研究灰色系统数量关系的基础. 灰数的运算是灰色数学研究的起点，在灰色系统理论发展中具有十分重要的地位. 本节基于对灰数"核"的作用和意义的强化，借助于规范化灰度这样一座桥梁，将灰数运算转化为实数运算. 这里定义的灰数运算便于向灰色代数方程、灰色微分方程、灰色矩阵运算推广. 对于由于受到灰数运算困难的制约一直进展缓慢的灰色投入产出和灰色规划模型研究等，亦具有积极意义.

规范化灰度的计算与灰数的论域 Ω 有关, 因此从灰数的简化形式还原到一般形式绕不开论域 Ω 这道坎. 人们往往只关心如何对灰数进行运算, 而对运算结果的论域重视不够, 这自然会对灰数还原造成一定困难. 但简化形式这种灰数的表征方式提供了核和灰度等十分重要的信息, 使我们能够做到胸中有"数". 这正像随机变量的数学期望和方差等数字特征能够帮助人们认识和把握随机变量的分布信息一样, 简化形式给出的核和灰度对于我们了解灰数的取值信息十分重要.

➤复习思考题

一、简答题

1. 何谓灰数?

2. 灰数有几种不同的类型?

3. 试述区间灰数与区间数概念的区别.

4. 何谓灰数的定位系数?

5. 何谓典型可能度函数?

6. 何谓灰数的简化形式?

7. 何谓一般灰数?

二、讨论题

1. 试述灰数的可能度函数与模糊数学的隶属度函数及概率分布密度函数的区别和联系.

2. 试讨论灰数灰度的几种定义.

3. 本章介绍了基于灰信息覆盖和基于简化形式的两种灰数运算法则, 试对两种不同的运算法则进行比较分析.

三、计算题

1. 设 $\otimes_1 = [-2, -1]$, $\otimes_2 = [8, 18]$, $\otimes_3 = [-2, 18]$, 试按区间灰数的运算法则计算

$$\otimes_4 = \otimes_1 + \otimes_2 + \otimes_3, \quad \otimes_5 = \otimes_1 \cdot \otimes_2, \quad \otimes_6 = \otimes_1 / \otimes_2$$

2. 对于上题中的 $\otimes_1$, $\otimes_2$, $\otimes_3$, 若已知 $\otimes_1$, $\otimes_2$, $\otimes_3$ 均为论域 $\Omega \in [-2, 20]$ 上的区间灰数, 若以灰区间长度作为灰数测度, 试分别求出这三个灰数的简化形式, 并计算

$$\otimes_4 = \otimes_1 + \otimes_2 + \otimes_3, \quad \otimes_5 = \otimes_1 \cdot \otimes_2, \quad \otimes_6 = \otimes_1 / \otimes_2$$

3. 设混合一般灰数

$$g_1^{\pm} = \otimes_1 \cup \otimes_2 2 \cup \otimes_4 6 \quad \text{和} \quad g_2^{\pm} = \otimes_6 20 \cup \otimes_8 \cup \otimes_9$$

其中, $\otimes_1 \in [2,3], \otimes_2 \in [1,2], \otimes_4 \in [3,8]$, $\otimes_6 \in [11,13], \otimes_8 \in [12,16], \otimes_9 \in [14,17]$, 试求 $g_1^{\pm}$, $g_2^{\pm}$ 的简化形式, 并计算 $g_3^{\pm} = g_1^{\pm} + g_2^{\pm}$, $g_4^{\pm} = g_1^{\pm} - g_2^{\pm}$, $g_5^{\pm} = g_1^{\pm} \times g_2^{\pm}$ 和 $g_6^{\pm} = g_1^{\pm} \div g_2^{\pm}$ (假设 $g_1^{\pm}$ 的论域 $\Omega = [0, 32]$, $g_2^{\pm}$ 的论域 $\Omega = [10, 60]$).

第3章

序列算子与灰色信息挖掘

灰色系统理论认为, 尽管客观世界表象复杂, 数据离乱, 但作为现实系统, 总具有特定的整体功能, 因此看似离乱的数据中必然蕴含某种内在规律. 关键在于如何选择适当的方式去挖掘和利用它. 一切灰色序列都能通过某种算子的作用弱化其不确定性, 显现其规律性. 本章主要讨论基于序列算子的作用挖掘灰色信息中蕴含规律的方法和技术.

■ 3.1 引言

灰色系统理论的主要任务之一, 就是根据社会、经济、生态等系统的行为特征数据, 寻找不同系统变量之间的数学关系或某些系统变量自身的演化规律. 灰色系统理论将具有贫信息特征的数据序列视为特定时区中在一定幅值范围内变化的灰色数据, 并基于序列算子挖掘灰色数据中隐含的变化规律.

事实上, 研究系统的行为特征, 得到的数据往往是一串确定的白数. 如果数据量足够大, 且能够确定其概率分布, 我们可以把它看成某个随机过程的一条轨道或现实, 运用随机分析方法或模型研究其统计规律.

随机分析方法建立在大量数据的基础上. 但有时候, 即使有了大量的数据也未必能找到统计规律. 例如, 人类的祖先敬畏大自然的神秘力量, 很早就十分重视气象和气候变化的影响, 对许多观测指标, 也积累了海量数据, 但仍然难以准确把握气象和气候变化规律. 概率论或随机过程中研究了一些具有典型分布(如二项分布、泊松分布、几何分布、均匀分布、指数分布、正态分布)的随机变量以及平稳过程、高斯过程、马尔可夫过程或白噪声过程等随机过程, 随着研究的逐步深入, 对这些随机变量和随机过程的认识也在逐步深化. 但面对纷繁复杂的实际系统, 采集到的数据究竟服从什么分布或能够归入哪一类典型的随机过程, 以及相关特征参数的具体取值, 往往不易确定.

灰色系统理论基于序列算子挖掘原始数据的变化规律, 提供了一种从数据出发寻找数据的现实规律的途径, 我们称之为灰色信息挖掘. 例如, 对于给定的原始数据序列

$$X^{(0)} = (1, 2, 1.5, 3)$$

看上去其似乎没有明显的规律性. 将上述数据作图, 如图 3.1.1 所示.

由图 3.1.1 可以看出, $X^{(0)}$ 的对应曲线是摆动的, 起伏变化幅度较大. 对原始数据 $X^{(0)}$ 施以一阶累加算子, 将所得新序列记为 $X^{(1)}$, 则

$$X^{(1)} = (1, 3, 4.5, 7.5)$$

$X^{(1)}$ 已呈现出明显的增长规律性, 如图 3.1.2 所示.

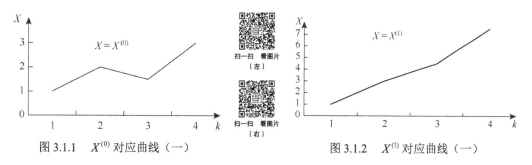

图 3.1.1　$X^{(0)}$ 对应曲线 (一)　　　　　　图 3.1.2　$X^{(1)}$ 对应曲线 (一)

3.2　冲击扰动系统与缓冲算子

3.2.1　冲击扰动系统预测陷阱

在预测科学领域, 冲击扰动系统 (shock disturbed system) 预测是一大难题. 对于冲击扰动系统, 模型选择理论也将失去其应有的功效. 因为问题的症结不在模型的优劣, 而是系统行为数据因系统本身受到某种冲击波的干扰而失真. 这时, 系统行为数据已不能正确地反映系统的真实变化规律, 因此难以用来对系统的未来变化进行预测.

定义 3.2.1　设

$$X^{(0)} = (x^{(0)}(1), x^{(0)}(2), \cdots, x^{(0)}(n))$$

为系统真实行为序列, 而观测到的系统行为数据序列为

$$
\begin{aligned}
X &= (x(1), x(2), \cdots, x(n)) \\
&= (x^{(0)}(1) + \varepsilon_1, x^{(0)}(2) + \varepsilon_2, \cdots, x^{(0)}(n) + \varepsilon_n) = X^{(0)} + \varepsilon
\end{aligned}
$$

其中, $\varepsilon = (\varepsilon_1, \varepsilon_2, \cdots, \varepsilon_n)$ 为冲击扰动项, 则称 X 为冲击扰动序列 (Liu, 1991).

要从冲击扰动序列 X 出发实现对真实行为序列为 $X^{(0)}$ 的系统之变化规律的正确把握和认识, 必须首先跨越障碍 ε. 如果不事先排除干扰, 采用失真的数据 X 直接建模、预测, 则可能导致预测失败. 因模型所描述的是失真数据的规律, 而不是系统的真实变化规律.

冲击扰动系统的大量存在导致了定量预测结果与人们直观的定性分析结论大相径庭的现象经常发生. 因此, 寻求定量预测与定性分析的结合点, 设法排除系统行为数据所

受到的冲击干扰, 还数据以本来面目, 从而提高预测的命中率, 乃是摆在每一位预测工作者面前的一个首要问题.

本节的讨论围绕一个总目标: 由 $X \to X^{(0)}$ 展开.

3.2.2 缓冲算子公理

定义 3.2.2 设系统行为数据序列为 $X = (x(1), x(2), \cdots, x(n))$,

(1) 若 $\forall k = 2, 3, \cdots, n, x(k) - x(k-1) > 0$, 则称 X 为单调增长序列.

(2) 若 (1) 中不等号反过来成立, 则称 X 为单调衰减序列.

单调增长序列和单调衰减序列统称单调序列.

(3) 若存在 $k, k' \in \{2, 3, \cdots, n\}$, 有

$$x(k) - x(k-1) > 0, \quad x(k') - x(k'-1) < 0$$

则称 X 为振荡序列. 设

$$M = \max\{x(k) \,|\, k = 1, 2, \cdots, n\}, \quad m = \min\{x(k) \,|\, k = 1, 2, \cdots, n\}$$

称 $M - m$ 为序列 X 的振幅.

定义 3.2.3 设 X 为系统行为数据系列, D 为作用于 X 的算子, X 经过算子 D 作用后所得序列记为

$$XD = (x(1)d, x(2)d, \cdots, x(n)d)$$

称 D 为序列算子, 称 XD 为一阶算子作用序列 (Liu, 1991).

序列算子的作用可以进行多次, 相应地, 若 D_1, D_2 皆为序列算子, 我们称 $D_1 D_2$ 为二阶算子, 并称

$$XD_1 D_2 = (x(1)d_1 d_2, x(2)d_1 d_2, \cdots, x(n)d_1 d_2)$$

为二阶算子作用序列. 同理, 称 $D_1 D_2 D_3$ 为三阶序列算子, 并称

$$XD_1 D_2 D_3 = (x(1)d_1 d_2 d_3, x(2)d_1 d_2 d_3, \cdots, x(n)d_1 d_2 d_3)$$

为三阶算子作用序列, 以此类推.

公理 3.2.1 (不动点公理) 设 $X = (x(1), x(2), \cdots, x(n))$ 为系统行为数据序列, D 为序列算子, 则 D 满足

$$x(n)d = x(n)$$

不动点公理限定在序列算子作用下, 系统行为数据序列中的数据 $x(n)$ 保持不变, 即运用序列算子对系统行为数据进行调整, 不改变 $x(n)$ 这一既成事实.

根据定性分析的结论, 亦可使靠近 $x(n)$ 的若干个数据在序列算子作用下保持不变. 例如, 令

$$x(j)d \neq x(j) \quad 且 \quad x(i)d = x(i)$$

其中, $j = 1, 2, \cdots, k-1; i = k, k+1, \cdots, n$ (Liu, 1991).

公理 3.2.2 (信息依据公理) 算子作用要以现有系统行为数据序列 X 为依据, 系统行为数据序列 X 中的每一个数据 $x(k), k = 1, 2, \cdots, n$ 都应充分参与算子作用的全过程.

信息依据公理强调任何序列算子都应以给定系统行为数据序列 X 中的数据为基础和依据进行定义, 不允许抛开原始数据另搞一套 (Liu, 1991).

公理 3.2.3(解析表达公理) 任意的 $x(k)d, k=1,2,\cdots,n$, 皆可由一个统一的 $x(1),x(2),\cdots,$ $x(n)$ 的初等解析式表达.

解析表达公理要求由系统行为数据序列得到算子作用序列的程序清晰、规范、统一且尽可能简化, 以便于计算出算子作用序列并使计算易于在计算机上实现(Liu, 1991).

定义 3.2.4 称上述三个公理为缓冲算子三公理, 满足缓冲算子三公理的序列算子称为缓冲算子, 一阶, 二阶, 三阶……缓冲算子作用序列称为一阶, 二阶, 三阶……缓冲序列.

定义 3.2.5 设 X 为原始数据序列, D 为缓冲算子, 当 X 分别为增长序列、衰减序列或振荡序列时:

(1)若缓冲序列 XD 比原始序列 X 的增长速度(或衰减速度)减缓或振幅减小, 我们称缓冲算子 D 为弱化算子;

(2)若缓冲序列 XD 比原始序列 X 的增长速度(或衰减速度)加快或振幅增大, 则称缓冲算子 D 为强化算子(Liu, 1991).

3.2.3 缓冲算子的性质

定理 3.2.1 设 X 为单调增长序列, XD 为其缓冲序列, 则有

(1) D 为弱化算子 $\Leftrightarrow x(k) \leqslant x(k)d, k=1,2,\cdots,n$;

(2) D 为强化算子 $\Leftrightarrow x(k) \geqslant x(k)d, k=1,2,\cdots,n$,

即单调增长序列在弱化算子作用下数据膨胀, 在强化算子作用下数据萎缩(Liu, 1991).

证明 设

$$r(k) = \frac{x(n)-x(k)}{n-k+1}, \quad k=1,2,3,\cdots$$

为原始数据序列 X 中 $x(k)$ 到 $x(n)$ 的增长率.

$$r(k)d = \frac{x(n)d - x(k)d}{n-k+1}, \quad k=1,2,3,\cdots$$

为缓冲序列 XD 中 $x(k)d$ 到 $x(n)d$ 的增长率.

$$r(k) - r(k)d = \frac{[x(n)-x(k)]-[x(n)d-x(k)d]}{n-k+1} = \frac{x(k)d-x(k)}{n-k+1}$$

若 D 为弱化算子, 则 $r(k) \geqslant r(k)d$, 即 $r(k)-r(k)d \geqslant 0$, 于是 $x(k)d-x(k) \geqslant 0$, 即 $x(k) \leqslant x(k)d$, 反之亦然. 若 D 为强化算子, 则 $r(k) \leqslant r(k)d$, 即 $r(k)-r(k)d \leqslant 0$, 于是 $x(k)d-x(k) \leqslant 0$, 即 $x(k) \geqslant x(k)d$, 反之亦然.

定理 3.2.2 设 X 为单调衰减序列, XD 为其缓冲序列, 则有

(1) D 为弱化算子 $\Leftrightarrow x(k) \geqslant x(k)d, k=1,2,\cdots,n$;

(2) D 为强化算子 $\Leftrightarrow x(k) \leqslant x(k)d, k=1,2,\cdots,n$,

即单调衰减序列在弱化算子作用下数据萎缩, 在强化算子作用下数据膨胀(Liu, 1991).

定理 3.2.2 的证明与定理 3.2.1 类似, 从略.

定理 3.2.3 设 X 为振荡序列, XD 为其缓冲序列, 则有

(1)若 D 为弱化算子, 则

$$\max_{1\leq k\leq n}\{x(k)\}\geqslant \max_{1\leq k\leq n}\{x(k)d\}$$

$$\min_{1\leq k\leq n}\{x(k)\}\leqslant \min_{1\leq k\leq n}\{x(k)d\}$$

(2) 若 D 为强化算子, 则

$$\max_{1\leq k\leq n}\{x(k)\}\leqslant \max_{1\leq k\leq n}\{x(k)d\}$$

$$\min_{1\leq k\leq n}\{x(k)\}\geqslant \min_{1\leq k\leq n}\{x(k)d\}$$

3.3　实用缓冲算子的构造

3.3.1　弱化缓冲算子

定理 3.3.1　设原始数据序列

$$X = (x(1), x(2), \cdots, x(n))$$

令

$$XD = (x(1)d, x(2)d, \cdots, x(n)d)$$

其中

$$x(k)d = \frac{1}{n-k+1}[x(k)+x(k+1)+\cdots+x(n)], \quad k=1,2,\cdots,n \tag{3.3.1}$$

则当 X 为单调增长序列、单调衰减序列或振荡序列时, D 皆为弱化算子, 并称 D 为平均弱化缓冲算子 (average weakening buffer operator, AWBO) (Liu, 1991).

推论 3.3.1　对于定理 3.3.1 中定义的弱化算子 D, 令

$$XD^2 = XDD = (x(1)d^2, x(2)d^2, \cdots, x(n)d^2)$$

$$x(k)d^2 = \frac{1}{n-k+1}[x(k)d+x(k+1)d+\cdots+x(n)d], \quad k=1,2,\cdots,n \tag{3.3.2}$$

则 D^2 对于单调增长、单调衰减或振荡序列, 皆为二阶弱化算子.

例 3.3.1　设有数据序列 $X = (36.5, 54.3, 80.1, 109.8, 143.2)$, 试分别根据式 (3.3.1) 和式 (3.3.2) 计算其一阶和二阶缓冲序列.

(1) 求一阶缓冲序列. 由式 (3.3.1), 注意到此处 $n=5$, 故有

$$x(1)d = \frac{1}{n-k+1}[x(k)+x(k+1)+\cdots+x(n)]$$

$$= \frac{1}{5-1+1}[x(1)+x(2)+\cdots+x(5)]$$

$$= \frac{1}{5-1+1}(36.5+54.3+80.1+109.8+143.2) = 84.78$$

$$x(2)d = \frac{1}{n-k+1}[x(k)+x(k+1)+\cdots+x(n)]$$

$$= \frac{1}{5-2+1}[x(2)+\cdots+x(5)]$$

$$= \frac{1}{4}(54.3+80.1+109.8+143.2) = 96.85$$

$$x(3)d = \frac{1}{5-3+1}[x(3)+x(4)+x(5)]$$

$$= \frac{1}{3}(80.1+109.8+143.2) = 111.03$$

$$x(4)d = \frac{1}{5-4+1}[x(4)+x(5)] = \frac{1}{2}(109.8+143.2) = 126.5$$

$$x(5)d = 143.2$$

(2)求二阶缓冲序列. 以(1)中计算结果 $x(k)d, k=1,2,\cdots,5$ 为基础, 由式(3.3.2)可求得二阶缓冲序列.

计算结果见表 3.3.1.

表 3.3.1　缓冲序列计算结果

缓冲序列	数据 1	数据 2	数据 3	数据 4	数据 5
原始数据序列	36.5	54.3	80.1	109.8	143.2
一阶缓冲序列	84.78	96.85	111.03	126.5	143.2
二阶缓冲序列	112.47	119.4	126.91	134.85	143.2

定理 3.3.2　设 $X = (x(1),x(2),\cdots,x(n))$ 为系统行为数据序列, $\omega = (\omega_1,\omega_2,\cdots,\omega_n)$ 为对应的权重向量, $\omega_i > 0, i = 1,2,\cdots,n$, 令

$$XD = (x(1)d,x(2)d,\cdots,x(n)d)$$

其中

$$x(k)d = \frac{\omega_k x(k)+\omega_{k+1}x(k+1)+\cdots+\omega_n x(n)}{\omega_k+\omega_{k+1}+\cdots+\omega_n} = \frac{1}{\sum\limits_{i=k}^{n}\omega_i}\sum\limits_{i=k}^{n}\omega_i x(i), \quad k=1,2,\cdots,n \quad (3.3.3)$$

则当 X 为单调增长序列、单调衰减序列或振荡序列时, D 皆为弱化缓冲算子(党耀国等, 2004).

称 D 为加权平均弱化缓冲算子(weighted average weakening buffer operator, WAWBO).

推论 3.3.2　设 $\omega = (1,1,\cdots,1)$, 即 $\forall i = 1,2,\cdots,n, \omega_i = 1$, 则

$$\frac{1}{\sum\limits_{i=k}^{n}\omega_i}\sum\limits_{i=k}^{n}\omega_i x(i) = \frac{1}{n-k+1}\sum\limits_{i=k}^{n}x(i)$$

即平均弱化缓冲算子是加权平均弱化缓冲算子的特例.

定理 3.3.3　设 $X = (x(1),x(2),\cdots,x(n))$ 为非负的系统行为数据序列, $\omega = (\omega_1,\omega_2,\cdots,\omega_n)$ 为对应的权重向量, $\omega_k > 0, i = 1,2,\cdots,n$, 令

$$XD = (x(1)d,x(2)d,\cdots,x(n)d)$$

其中

$$x(k)d = \left[x(k)^{\omega_k} x(k+1)^{\omega_{k+1}} \cdots x(n)^{\omega_n} \right]^{\frac{1}{\omega_k + \omega_{k+1} + \cdots + \omega_n}}$$

$$= \left[\prod_{i=k}^{n} x(i)^{\omega_i} \right]^{\frac{1}{\sum\limits_{i=k}^{n} \omega_i}}, \quad k = 1, 2, \cdots, n \tag{3.3.4}$$

则当 X 为单调增长序列、单调衰减序列或振荡序列时, D 皆为弱化缓冲算子(党耀国 等, 2004).

称 D 为加权几何平均弱化缓冲算子.

例 3.3.2 某省第三产业增加值数据(2020—2023 年, 单位: 万元)为

$$X = (10155, 12588, 23480, 35388)$$

其增长势头很猛, 2020—2023 年每年平均递增 51.6%, 尤其是 2020—2022 年, 每年平均递增 67.7%, 参与该省发展规划编制工作的各界人士(包括领导层、专家层、群众层)普遍认为该省第三产业增加值今后不可能一直保持如此高的增长速度. 用现有数据直接建模预测, 人们根本无法接受预测结果. 经过认真分析和讨论, 大家认识到增长速度高主要是由于基数低, 而基数低的原因则是过去对有利于第三产业发展的政策没有用足、用活、用好. 要弱化序列增长趋势, 就需要将对第三产业发展比较有利的现行政策因素附加到过去的年份中, 为此引入式(3.2.2)所示的二阶弱化算子, 得到二阶缓冲序列

$$XD^2 = (27260, 29547, 32411, 35388)$$

以 XD^2 作为建模的基础数据, 根据所建立的 GM(1, 1)模型对 2024—2030 年该省第三产业增加值进行预测, 所得的预测值每年平均递增 9.4%. 这一预测结果得到人们认可.

例 3.3.3 某产品进口数据(2016—2023 年, 单位: 万 t)为

$$X = (110.7, 279, 320, 431.9, 1042, 1394, 1132, 2074)$$

如果对原始数据序列直接应用 GM(1, 1)模型, 一阶累加数据光滑性差, 而且准指数规律不明显, 对原始数据拟合平均相对误差达到 22.69%. 经分析原始数据序列发现, 序列 X 中有三个异常数据: 2017 年进口量是 2016 年进口量的 2.52 倍, 2020 年进口量是 2019 年进口量的 2.41 倍, 2022 年则出现负增长: 增速–18.8%. 异常值的出现是政策调整和国内外局势以及经济环境变化的结果. 此处引入如式(3.3.1)所示的一阶弱化算子

$$x(k)d = \frac{1}{8-k+1}[x(k) + x(k+1) + \cdots + x(8)], \quad k = 1, 2, \cdots, 8$$

经一阶弱化算子作用后可得

$$XD = (847.95, 953.27, 1065.65, 1214.78, 1410.5, 1533.33, 1603, 2074)$$

以 XD 作为基础数据建立 GM(1, 1)模型, 可得时间响应式

$$\hat{X}^{(1)}(k+1) = 7164.4912e^{0.1234k} - 6316.4912$$

计算出模拟值与 XD 的平均相对误差为 1.88%, 模拟精度较高. 利用此模型对 2024—2028 年的进口量进行预测, 结果为

$$(2364.49, 2652.34, 2975.23, 3337.44, 3743.74)$$

预测结果显示 2024—2028 年的平均增长率为 12.17%, 与实际数据对比, 结果比采用原始数据直接建立 GM(1, 1) 模型更优.

3.3.2　强化缓冲算子

定理 3.3.4　设 $X = (x(1), x(2), \cdots, x(n))$, 令
$$XD_i = (x(1)d_i, x(2)d_i, \cdots, x(n)d_i)$$

其中
$$x(k)d_i = \frac{x(k-1) + x(k)}{2}, \quad k = 2, 3, \cdots, n; \quad i = 1, 2$$
$$x(1)d_1 = \alpha x(1), \quad \alpha \in [0, 1]$$
$$x(1)d_2 = (1 + \alpha) x(1), \quad \alpha \in [0, 1]$$
$$(3.3.5)$$

则 D_1 对单调增长序列为强化算子, D_2 对单调衰减序列为强化算子(Liu, 1991).

称 D_1 , D_2 为均值强化缓冲算子(even strengthening buffer operator, ESBO).

推论 3.3.3　对于定理 3.3.4 中定义的 D_1 , D_2 , 则 D_1^2 对单调增长序列为二阶强化算子, D_2^2 对单调衰减序列为二阶强化算子.

定理 3.3.5　设原始数据序列
$$X = (x(1), x(2), \cdots, x(n))$$

令
$$XD = (x(1)d, x(2)d, \cdots, x(n)d)$$

其中
$$x(k)d = \frac{(n - k + 1)\left[x(k)\right]^2}{x(k) + x(k+1) + \cdots + x(n)}, \quad k = 1, 2, \cdots, n \tag{3.3.6}$$

当 X 为单调增长序列和单调衰减序列时, D 皆为强化缓冲算子.

称 D 为平均强化缓冲算子(average strengthening buffer operator, ASBO).

定理 3.3.6　设 $X = (x(1), x(2), \cdots, x(n))$ 为系统行为数据序列, $\omega = (\omega_1, \omega_2, \cdots, \omega_n)$ 为对应的权重向量, $\omega_i > 0, i = 1, 2, \cdots, n$, 令
$$XD = (x(1)d, x(2)d, \cdots, x(n)d)$$

其中
$$x(k)d = \frac{(\omega_k + \omega_{k+1} + \cdots + \omega_n)(x(k))^2}{\omega_k x(k) + \omega_{k+1} x(k+1) + \cdots + \omega_n x(n)} = \frac{\sum_{i=k}^{n} \omega_i (x(k))^2}{\sum_{i=k}^{n} \omega_i x(i)}, \quad k = 1, 2, \cdots, n \tag{3.3.7}$$

则当 X 为单调增长序列、单调衰减序列或振荡序列时, D 皆为强化缓冲算子(党耀国等, 2005c).

称 D 为加权平均强化缓冲算子(weighted average strengthening buffer operator, WASBO).

3.3.3 缓冲算子的一般形式

定理 3.3.7 设 $X = (x(1), x(2), \cdots, x(n))$ 为系统行为数据序列，$\omega = (\omega_1, \omega_2, \cdots, \omega_n)$ 为对应的权重向量，$\omega_i > 0, i = 1, 2, \cdots, n$，令

$$XD = (x(1)d, x(2)d, \cdots, x(n)d)$$

其中

$$x(k)d = x(k) \cdot \left[x(k) \bigg/ \frac{\omega_k x(k) + \omega_{k+1} x(k+1) + \cdots + \omega_n x(n)}{\omega_k + \omega_{k+1} + \cdots + \omega_n} \right]^\alpha$$

$$= x(k) \cdot \left[x(k) \bigg/ \frac{1}{\sum\limits_{i=k}^{n} \omega_i} \sum\limits_{i=k}^{n} \omega_i x(i) \right]^\alpha, \quad k = 1, 2, \cdots, n \tag{3.3.8}$$

则有

(1) 当 $\alpha < 0$ 时，D 对于单调增长序列或单调衰减序列 X 皆为弱化缓冲算子.

(2) 当 $\alpha > 0$ 时，D 对于单调增长序列、单调衰减序列或振荡序列 X 皆为强化缓冲算子.

(3) 当 $\alpha = 0$ 时，D 为恒等算子(魏勇和孔新海, 2010).

推论 3.3.4 令式(3.3.8)中的 $\alpha = -1$，则式(3.3.8)化为式(3.3.3)，即加权平均弱化缓冲算子是式(3.3.8)的特例.

推论 3.3.5 令式(3.3.8)中的 $\alpha = 1$，则式(3.3.8)化为式(3.3.7)，加权平均强化缓冲算子也是式(3.3.8)的特例.

当然，我们还可以考虑构造其他形式的实用缓冲算子. 缓冲算子不仅可以用于灰色系统模型建模过程，而且还可以用于其他各种模型建模过程. 通常在建模之前根据定性分析结论对原始数据序列施以缓冲算子，消除或弱化冲击扰动对系统行为数据序列的影响，往往能够收到预期的效果.

3.4 均值算子

在收集数据时，一些不易克服的困难常常导致数据序列中某些数据缺失，也有一些数据序列虽然数据完整，但由于系统行为在某个时点上发生突变而形成异常数据，给研究工作带来很大困难，这时如果剔除异常数据就会出现数据缺失. 因此，如何有效地填补缺失的数据，自然成为数据处理过程中首先遇到的问题. 均值算子是常用的构造新数据、填补序列缺失数据、获得新序列的方法.

定义 3.4.1 设序列 X 在 k 处数据缺失，记为 $\phi(k)$，即

$$X = (x(1), x(2), \cdots, x(k-1), \phi(k), x(k+1), \cdots, x(n))$$

其中 $\phi(k)$ 为缺失数据. 定义序列算子 D 如下：

$$x(k)d = x^*(k) = \alpha x(k-1) + (1-\alpha)x(k+1), \quad \alpha \in [0,1] \tag{3.4.1}$$

则称 D 为 $x(k)$ 的概估算子(estimation operator), 并称 $x^*(k)$ 为 $x(k)$ 的概估值(estimation value).

　　例 3.4.1　设某序列中 $x(k)$ 为缺失数据, $x(k-1)=13.4$, $x(k+1)=19.2$, 取 $\alpha=0.1,0.3$, $0.5,0.7,0.9$, 试计算 $x(k)$ 的概估值.

　　由式(3.4.1)可求得结果如表 3.4.1 所示.

表 3.4.1　对应不同 α 值的 $x(k)$ 概估值

α 值	$x(k)$ 概估值
0.1	18.62
0.3	17.46
0.5	16.30
0.7	15.14
0.9	13.98

　　定义 3.4.2　设 $X=(x(1),x(2),\cdots,x(n))$ 为系统行为数据序列, 令
$$D:\ x(k)d=x^*(k)=\alpha x(k)+(1-\alpha)x(k+1),\quad \alpha\in[0,1] \tag{3.4.2}$$
则称 D 为二项加权移动平均算子(weighted moving average operator).

　　特别地, 当 $\alpha=0.5$ 时, 二项等权移动平均算子 D:
$$x(k)d=x^*(k)=0.5x(k)+0.5x(k-1)$$
亦称为均值算子(mean operator). 均值算子作用序列简称均值序列.

　　在灰色预测模型建模过程中, 通常需要对一阶累加算子作用序列再施以均值算子, 以进一步消除随机扰动的影响. 习惯上, 均值序列记为 Z (邓聚龙, 1990).

　　$X=(x(1),x(2),\cdots,x(n))$ 为 n 元序列, Z 是 X 的均值序列, 则 Z 为 $n-1$ 元序列:
$$Z=(z(2),z(3),\cdots,z(n))$$
其中 $z(k)=0.5x(k)+0.5x(k-1)$, $k=2,3,\cdots,n$.

3.5　准光滑序列与级比算子

　　定义 3.5.1　设 $X=(x(1),x(2),\cdots,x(n))$, $x(k)\geqslant 0, k=1,2,\cdots,n$, 则称
$$\rho(k)=\frac{x(k)}{\sum\limits_{i=1}^{k-1}x(i)},\quad k=2,3,\cdots,n \tag{3.5.1}$$
为序列 X 的光滑比(邓聚龙, 1985a).

　　光滑比基于序列 X 中元素的数值考察其变化特征, 即用序列中第 k 个数据 $x(k)$ 与其前 $k-1$ 个数据之和 $\sum\limits_{i=1}^{k-1}x(i)$ 的比值 $\rho(k)$ 来考察序列 X 中数据变化是否平稳.

显然, 序列 X 中的数据变化越平稳, 其光滑比 $\rho(k)$ 越小.

定义 3.5.2 若序列 $X = (x(1), x(2), \cdots, x(n))$, $x(k) \geq 0, k = 1, 2, \cdots, n$, 满足

(1) $\dfrac{\rho(k+1)}{\rho(k)} < 1, k = 2, 3, \cdots, n-1$;

(2) $\rho(k) \in [0, \varepsilon], k = 3, 4, \cdots, n$;

(3) $\varepsilon < 0.5$.

则称 X 为准光滑序列.

是否满足准光滑性条件是检验能否对一个序列建立灰色系统模型的重要准则.

当序列的起点 $x(1)$ 和终点 $x(n)$ 出现数据空缺时, 即 $x(1) = \phi(1)$, $x(n) = \phi(n)$ 时, 我们无法采用均值算子填补空缺数据, 只有转而考虑别的方法. 级比算子就是常用的填补序列端点空缺数据的方法.

定义 3.5.3 设序列 $X = (x(1), x(2), \cdots, x(n))$, $x(k) \geq 0, k = 1, 2, \cdots, n$, 则称

$$\sigma(k) = \frac{x(k)}{x(k-1)}, \quad k = 2, 3, \cdots, n \qquad (3.5.2)$$

为序列 X 的级比(邓聚龙, 1990).

定义 3.5.4 设 X 为端点出现数据空缺的序列:

$$X = (\phi(1), x(2), \cdots, x(n-1), \phi(n))$$

若用 $\phi(1)$ 右邻的级比生成 $x(1)$, 用 $\phi(n)$ 左邻的级比生成 $x(n)$, 则称 $x(1)$ 和 $x(n)$ 为级比生成值.

命题 3.5.1 设 X 是端点出现数据空缺的序列, 若采取级比生成, 则

$$x(1) = x(2)/\sigma(3), \quad x(n) = x(n-1)\sigma(n-1)$$

命题 3.5.2 由式(3.5.2)定义的级比 $\sigma(k+1)$ 与式(3.5.1)定义的光滑比有以下关系

$$\sigma(k+1) = \frac{\rho(k+1)}{\rho(k)}(1 + \rho(k)), \quad k = 2, 3, \cdots, n \qquad (3.5.3)$$

命题 3.5.3 若 $X = (x(1), x(2), \cdots, x(n))$, $x(k) \geq 0, k = 1, 2, \cdots, n$ 为单调递增序列, 且有

(1) $\sigma(k) < 2, \forall k = 2, 3, \cdots, n$, 即级比有界;

(2) $\dfrac{\rho(k+1)}{\rho(k)} < 1, \forall k = 2, 3, \cdots, n$, 即光滑比递减,

则对指定的实数 $\varepsilon \in [0, 1]$ 和 $k = 2, 3, \cdots, n$, 当 $\rho(k) \in [0, \varepsilon]$ 时, 必有

$$\sigma(k+1) \in [1, 1+\varepsilon]$$

例 3.5.1 设序列 $X = (2.874, 3.278, 3.337, 3.390, 3.679)$, 则对于 $k = 2, 3, 4, 5$, 满足 $\sigma(k) < 2$.

$$\sigma(2) = \frac{x(2)}{x(1)} = 1.14, \quad \sigma(3) = 1.018, \quad \sigma(4) = 1.016, \quad \sigma(5) = 1.085$$

$$\rho(2) = \frac{x(2)}{x(1)} = 1.14$$

$$\rho(3) = \frac{x(3)}{x(1) + x(2)} = 0.5424$$

$$\rho(4) = \frac{x(4)}{x(1) + x(2) + x(3)} = 0.3573$$

$$\rho(5) = \frac{x(5)}{x(1) + x(2) + x(3) + x(4)} = 0.2857$$

对于 $k = 2, 3, 4, 5$，满足

$$\frac{\rho(k+1)}{\rho(k)} < 1$$

若 $\rho(2)$ 不视为光滑比，则当 $k = 3, 4, 5$ 时，$\rho(k) \in [0, 0.5424] = [0, \varepsilon]$，而

$$\sigma(k+1) \in [1, 1.085] \subset [1, 1+\varepsilon], \quad k = 2, 3, 4$$

3.6　累加算子与累减算子

通过累加算子的作用使灰色过程由灰变白是邓聚龙教授提出的一种数据挖掘方法. 累加算子在灰色系统模型构建过程中具有极其重要的作用. 运用累加算子能够挖掘灰量积累过程的演化态势，使离乱的原始数据中蕴含的积分特性或规律清晰地呈现出来. 比如，对于一个家庭的支出，若按日计算，可能没有什么明显的规律，若按月计算，支出的规律性就可能体现出来，它大体与月工资收入呈某种关系；一种农作物的单粒重，一般说没有什么规律，人们常用千粒重作为农作物品种特性的评估标准；一个生产大型复杂产品的制造商，由于产品生产周期长，其产量、产值若按天计算，就没有规律，若按年计算，则规律显著.

累减算子与累加算子对应，可以看成灰量释放的过程，在需要获取增量信息时通常可借助累减算子. 累减算子对累加数据起还原作用. 累减算子与累加算子是一对互逆的序列算子.

定义 3.6.1　设 $X^{(0)} = (x^{(0)}(1), x^{(0)}(2), \cdots, x^{(0)}(n))$ 为原始序列, D 为序列算子

$$X^{(0)}D = (x^{(0)}(1)d, x^{(0)}(2)d, \cdots, x^{(0)}(n)d)$$

其中

$$x^{(0)}(k)d = \sum_{i=1}^{k} x^{(0)}(i), \quad k = 1, 2, \cdots, n \tag{3.6.1}$$

则称 D 为 $X^{(0)}$ 的一阶累加生成算子, 记为 1-AGO (accumulating generation operator), 简称一阶累加算子. 称 r 阶算子 D^r 为 $X^{(0)}$ 的 r 阶累加算子, 记为 r-AGO, 习惯上, 我们记

$$X^{(0)}D = X^{(1)} = (x^{(1)}(1), x^{(1)}(2), \cdots, x^{(1)}(n))$$

$$X^{(r-1)}D = X^{(r)} = (x^{(r)}(1), x^{(r)}(2), \cdots, x^{(r)}(n))$$

其中

$$x^{(r)}(k) = \sum_{i=1}^{k} x^{(r-1)}(i), \quad k=1,2,\cdots,n \tag{3.6.2}$$

(邓聚龙, 1990).

定义 3.6.2 设 $X^{(0)} = (x^{(0)}(1), x^{(0)}(2), \cdots, x^{(0)}(n))$ 为原始序列, D 为序列算子

$$X^{(0)}D = (x^{(0)}(1)d, x^{(0)}(2)d, \cdots, x^{(0)}(n)d)$$

其中

$$x^{(0)}(k)d = x^{(0)}(k) - x^{(0)}(k-1), \quad k=1,2,\cdots,n \tag{3.6.3}$$

则称 D 为 $X^{(0)}$ 的一阶累减算子. r 阶算子 D^r 为 $X^{(0)}$ 的 r 阶累减算子. 我们记

$$X^{(0)}D = \alpha^{(1)}X^{(0)} = (\alpha^{(1)}x^{(0)}(1), \alpha^{(1)}x^{(0)}(2), \cdots, \alpha^{(1)}x^{(0)}(n))$$

$$X^{(0)}D^r = \alpha^{(r)}X^{(0)} = (\alpha^{(r)}x^{(0)}(1), \alpha^{(r)}x^{(0)}(2), \cdots, \alpha^{(r)}x^{(0)}(n))$$

其中

$$\alpha^{(r)}x^{(0)}(k) = \alpha^{(r-1)}x^{(0)}(k) - \alpha^{(r-1)}x^{(0)}(k-1), \quad k=1,2,\cdots,n \tag{3.6.4}$$

(邓聚龙, 1990).

由以上定义, 显然有以下结论.

定理 3.6.1 累减算子是累加算子的逆算子, 即

$$\alpha^{(r)}X^{(r)} = X^{(0)}$$

鉴于累减过程与累加过程互逆, 故将累减算子记为 IAGO (inverse accumulating generation operator) (邓聚龙, 1990).

例 3.6.1 设有序列 $X^{(0)} = (5.3, 7.6, 10.4, 13.8, 18.1)$, 求其一阶、二阶累加序列和一阶累减序列.

由式 (3.6.1)—式 (3.6.3) 易得如表 3.6.1 所示的结果.

表 3.6.1 $X^{(0)}$ 的累加序列和累减序列

类别	数据 1	数据 2	数据 3	数据 4	数据 5
$X^{(0)}$	5.3	7.6	10.4	13.8	18.1
$X^{(1)}$	5.3	12.9	23.3	37.1	55.2
$X^{(2)}$	5.3	18.2	41.5	78.6	133.8
$\alpha^{(1)}X^{(0)}$	5.3	2.3	2.8	3.4	4.3

■ 3.7 累加序列的灰指数规律

一般的非负准光滑序列经过累加算子作用后, 都会减少随机性, 呈现出近似的指数增长规律. 原始序列越光滑, 对应累加序列的指数规律也越显著, 如 2018—2023 年某市新能源汽车销售量数据序列 (单位: 辆)

$$X^{(0)} = \{x^{(0)}(k)\}_1^6 = (50810, 46110, 51177, 93775, 110574, 110524)$$

和其一阶累加序列
$$X^{(1)} = \{x^{(1)}(k)\}_1^6 = (50810, 96920, 148097, 241872, 352446, 462970)$$
的曲线分别如图 3.7.1 和图 3.7.2 所示.

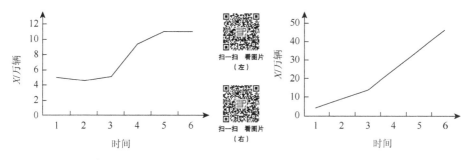

图 3.7.1　$X^{(0)}$ 对应曲线（二）　　　　　　图 3.7.2　$X^{(1)}$ 对应曲线（二）

横坐标中的数字分别代表 2018—2023 年的相应年份　　　横坐标中的数字分别代表 2018—2023 年的相应年份

对于图 3.7.1 中给出的曲线（$X = X^{(0)}$），我们很难找到一条简单的曲线来逼近它，而图 3.7.2 中的曲线（$X = X^{(1)}$）已十分接近指数增长曲线，可以用指数函数进行拟合.

定义 3.7.1　设连续函数为
$$X(t) = ce^{at} + b, \quad c, a \neq 0$$
则当

（1）$b = 0$ 时，称 $X(t)$ 为齐次指数函数；

（2）$b \neq 0$ 时，称 $X(t)$ 为非齐次指数函数.

定义 3.7.2　设序列 $X = (x(1), x(2), \cdots, x(n))$，若对于

（1）$k = 1, 2, \cdots, n$，$x(k) = ce^{ak}, c, a \neq 0$，则称 X 为齐次指数序列；

（2）$k = 1, 2, \cdots, n$，$x(k) = ce^{ak} + b, c, a, b \neq 0$，则称 X 为非齐次指数序列.

定理 3.7.1　X 为齐次指数序列的充分必要条件是，对于 $k = 1, 2, \cdots, n$，恒有 $\sigma(k) = \text{const}$ 成立.

证明　"$\Rightarrow$" 设对任意 k，$x(k) = ce^{ak}, c, a \neq 0$，则
$$\sigma(k) = \frac{x(k)}{x(k-1)} = \frac{ce^{ak}}{ce^{a(k-1)}} = e^a = \text{const}$$

"$\Leftarrow$" 再设对任意 k，$\sigma(k) = \text{const} = e^a$，则
$$x(k) = e^a x(k-1) = e^{2a} x(k-2) = \cdots = x(1) e^{a(k-1)}$$

定义 3.7.3　设序列 $X = (x(1), x(2), \cdots, x(n))$，若

（1）$\forall k, \sigma(k) \in (0,1]$，则称序列 X 具有负的灰指数规律；

（2）$\forall k, \sigma(k) \in (1,b]$，则称序列 X 具有正的灰指数规律；

（3）$\forall k, \sigma(k) \in [a,b], b - a = \delta$，则称序列 X 具有绝对灰度为 δ 的灰指数规律；

（4）$\delta < 0.5$ 时，称 X 具有准指数规律.

定理 3.7.2　设 $X^{(0)}$ 为非负准光滑序列，则 $X^{(0)}$ 的一阶累加序列 $X^{(1)}$ 具有准指数规律（邓聚龙, 1990）.

证明 因为

$$\sigma^{(1)}(k) = \frac{x^{(1)}(k)}{x^{(1)}(k-1)} = \frac{x^{(0)}(k) + x^{(1)}(k-1)}{x^{(1)}(k-1)} = 1 + \rho(k)$$

按照准光滑序列的定义, 对每个 k, 有 $\rho(k) < 0.5$, 所以

$$\sigma^{(1)}(k) \in [1, 1.5), \quad \delta < 0.5$$

即 $X^{(1)}$ 具有准指数规律.

定理 3.7.2 是灰色系统预测模型建模的理论基础. 经济系统、生态系统、农业系统等均可视为广义的能量系统, 而能量的积累与释放一般遵从指数规律, 因此, 灰色系统理论的指数模型具有广泛的适应性.

定理 3.7.3 设 $X^{(0)}$ 为非负序列, 若 $X^{(r)}$ 具有指数规律, 且 $X^{(r)}$ 的级比为 $\sigma^{(r)}(k) = \sigma$, 则有

(1) $\sigma^{(r+1)}(k) = \dfrac{1-\sigma^k}{1-\sigma^{k-1}}$;

(2) 当 $\sigma \in (0,1)$ 时, $\lim\limits_{k\to\infty} \sigma^{(r+1)}(k) = 1$, 对每个 k, $\sigma^{(r+1)}(k) \in (1, 1+\sigma]$;

(3) 当 $\sigma > 1$ 时, $\lim\limits_{k\to\infty} \sigma^{(r+1)}(k) = \sigma$, 对每个 k, $\sigma^{(r+1)}(k) \in (\sigma, 1+\sigma]$.

(邓聚龙, 1990)

证明 (1) $X^{(r)}$ 具有指数规律, 且对每个 k, 有

$$\sigma^{(r)}(k) = \frac{x^{(r)}(k)}{x^{(r)}(k-1)} = \sigma$$

则对每个 k

$$x^{(r)}(k) = \sigma x^{(r)}(k-1) = \sigma^2 x^{(r)}(k-2) = \cdots = \sigma^{(k-1)} x^{(r)}(1)$$

$$X^{(r)} = (x^{(r)}(1), \sigma x^{(r)}(1), \sigma^2 x^{(r)}(1), \cdots, \sigma^{(n-1)} x^{(r)}(1))$$

$$X^{(r+1)} = (x^{(r)}(1), (1+\sigma)x^{(r)}(1), (1+\sigma+\sigma^2)x^{(r)}(1), \cdots, (1+\sigma+\cdots+\sigma^{(n-1)})x^{(r)}(1))$$

$$\sigma^{(r+1)}(k) = \frac{x^{(r+1)}(k)}{x^{(r+1)}(k-1)} = \frac{(1+\sigma+\cdots+\sigma^{k-1})x^{(r)}(1)}{(1+\sigma+\cdots+\sigma^{k-2})x^{(r)}(1)} = \frac{\dfrac{1-\sigma^k}{1-\sigma}}{\dfrac{1-\sigma^{k-1}}{1-\sigma}} = \frac{1-\sigma^k}{1-\sigma^{k-1}}$$

(2) 当 $0 < \sigma < 1$ 时, $\sigma^{(r+1)}(k)$ 随着 k 的增大而递减.

当 $k = 2$ 时,

$$\sigma^{(r+1)}(2) = \frac{x^{(r+1)}(2)}{x^{(r+1)}(1)} = 1 + \sigma$$

当 $k \to \infty$ 时,

$$\sigma^{(r+1)}(k) = \frac{1-\sigma^k}{1-\sigma^{k-1}} \to 1$$

故对每个 k, $\sigma^{(r+1)}(k) \in [1, 1+\sigma]$.

(3) 当 $\sigma > 1$ 时, $\sigma^{(r+1)}(k)$ 随着 k 的增大而递减.

当 $k = 2$ 时,

$$\sigma^{(r+1)}(2) = 1 + \sigma$$

当 $k \to \infty$ 时,

$$\sigma^{(r+1)}(k) = \frac{1 - \sigma^k}{1 - \sigma^{k-1}} \to \sigma$$

所以, 对每个 k, $\sigma^{(r+1)}(k) \in (\sigma, 1 + \sigma]$.

定理 3.7.3 说明, 如果 $X^{(0)}$ 的 r 阶累加序列已具有指数规律, 再对其施以累加算子的作用反而会破坏其规律性, 使指数规律由白变灰. 因此累加算子的作用应适可而止. 在实际应用中, 如果 $X^{(0)}$ 的 r 阶累加序列已具有准指数规律, 一般不再对其施以更高阶的累加算子. 根据定理 3.7.2, 对于非负准光滑序列, 只需进行一阶累加即可建立指数模型.

3.8 序列算子频谱分析

1672 年, 牛顿完成了著名的棱镜试验, 成功地将白光分解成七色. 在递交给英国皇家学会的报告中, 牛顿首次使用了谱分析的概念 (Newton, 1672).

在系统分析过程中, 人们观测、获取的系统行为数据, 多为以时间为基准记录的时间序列数据, 属于时域范畴. 作为贫信息数据分析的重要方法, 灰色系统理论的研究对象以时域数据为主. 频谱分析借助于傅里叶变换这一数学工具, 把时间序列信号转换为由不同周期、不同幅值的正弦波 (余弦波) 叠加而成的频域信号. 频谱分析方法是研究时间序列数据的有力工具. 在数字信号处理 (digital signal processing, DSP) 系统和产品质量检测过程中, 频谱分析方法和各式各样的频谱仪被大量应用. Lin 等 (2020) 将频谱分析的思想和算法引入灰色系统理论, 以全新的视角研究序列算子的特性和作用机理, 开辟了灰色系统研究的新领域.

灰色系统的经典模型——均值 GM(1, 1) 模型建立在累加算子和均值算子的基础上. 累加算子和均值算子的双重作用产生了神奇的效果, 使得均值 GM(1, 1) 模型能够基于很少的数据获得较高的模拟和预测精度.

邓聚龙 (1987) 研究了累加算子作用序列的灰指数规律, 发现灰色数据序列在累加算子作用下能够弱化随机性, 呈现出指数函数的变化规律. 我们将参照数字信号处理系统, 通过 Z 变换, 在频域上研究均值算子和累加算子, 以及二者串联作用的滤波效应. 本节的主要内容基于 Lin 等 (2020) 的研究.

3.8.1 均值算子的滤波效应

将一般的二项加权移动平均算子改写成式 (3.8.1) 的形式

$$y[n] = b_0 x[n] + b_1 x[n-1], \quad b_0 + b_1 = 1 \tag{3.8.1}$$

式 (3.8.1) 可以视为数字信号处理系统的传递函数, 由 Z 变换公式可得

$$Y[z] = b_0 X[z] + b_1 X[z] z^{-1}$$

由此易得二项加权移动平均算子等效数字滤波器系统传递函数的频域表达为

$$H[z] = \frac{Y[z]}{X[z]} = b_0 + b_1 z^{-1} \tag{3.8.2}$$

在式(3.8.2)中, 令 $b_0 = b_1 = 0.5$, 得均值算子等效数字滤波器系统传递函数的频域表达:

$$H[z] = \frac{Y[z]}{X[z]} = 0.5 + 0.5 z^{-1} \tag{3.8.3}$$

图3.8.1为均值算子等效滤波器传递函数的频域曲线. 由图3.8.1可知, 当频率含量为0时, 其频幅为1, 当其频率含量大于零时, 其频幅小于1. 而且频率含量越高, 其频幅越小. 即均值算子具有低通滤波效应, 数据中的低频部分(演化规律)在均值算子作用下基本保持不变, 高频部分(波动或扰动)会被压缩和抑制. 通过频谱分析, 进一步证实了灰色数据序列在均值算子作用下能够弱化随机性, 呈现其演化规律.

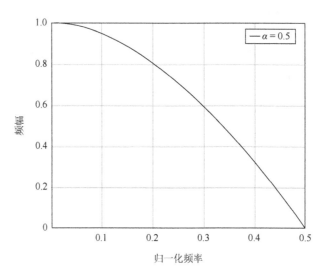

图 3.8.1 均值算子等效滤波器传递函数的频域曲线

3.8.2 1-AGO 的滤波效应

将 1-AGO 改写成式(3.8.4)所示形式

$$y[n] = x[n] + y[n-1] \tag{3.8.4}$$

式(3.8.4)可以视为数字信号处理系统的传递函数, 由 Z 变换公式可得

$$Y[z] = X[z] + Y[z] z^{-1}$$

由此易得 1-AGO 等效数字滤波器系统传递函数的频域表达为

$$H[z] = \frac{Y[z]}{X[z]} = \frac{1}{1 - z^{-1}} \tag{3.8.5}$$

由式 (3.8.5) 和 $z = \mathrm{e}^{j\omega}$ 可知:

(1) 当 $0 \leqslant \omega \leqslant \pi/3$ 时, $|H[\omega]| > 1$, 输出 $Y[\omega]$ 的幅值将大于输入的 $X[\omega]$ 的幅值, 系统对于输入的频谱, 起到放大作用;

(2) 当 $\omega > \pi/3$ 时, $|H[\omega]| < 1$, 输出 $Y[\omega]$ 的幅值将小于输入的 $X[\omega]$ 的幅值, 系统对于输入的频谱, 起到压缩或抑制作用;

(3) $z = 1$ 为 1-AGO 等效数字滤波器传递函数的极点.

1-AGO 等效数字滤波器属于低通滤波器, 即输入信号中低频含量 (小于某临界频率) 能够通过或被放大. 信号中高频含量 (大于某临界频率) 将被压缩或抑制. 1-AGO 等效数字滤波器传递函数的频域曲线如图 3.8.2 所示.

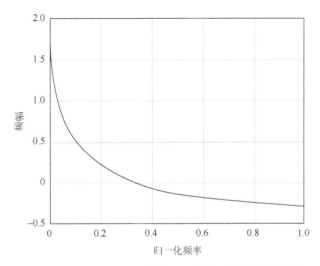

扫一扫　看图片

图 3.8.2　1-AGO 等效数字滤波器传递函数的频域曲线

一般的离散数据序列的数据波动和随机扰动均属于高频含量. 这些信息在 1-AGO 等效数字滤波器作用过程中将被抑制. 非周期的系统演化规律属于低频信号, 在 1-AGO 等效数字滤波器作用过程中能够通过或被放大. 这也从机理上证实了对于一般的非负准光滑序列, 经过累加算子的作用, 能够减少随机性, 呈现出近似的指数增长规律.

由于 1-AGO 等效数字滤波器传递函数存在极点, 频率含量 $\omega = 0$ 为其极点. 这意味着, 当频率含量为 0 时, 1-AGO 等效数字滤波器传递函数具有无限放大效应. 进而从机理上证实了本书定理 3.7.3 的结论: 累加算子的作用应适可而止, 即如果 $X^{(0)}$ 的 r 次累加算子作用序列已具有明显的指数规律, 再施加 AGO 算子反而会破坏其规律性, 使指数规律变灰.

3.8.3　串联算子的滤波效应

将均值算子和 1-AGO 等效数字滤波器传递函数式 (3.8.3) 和式 (3.8.5) 分别记为 $H_E(z)$ 和 $H_A(z)$, 由串联系统传递函数计算公式, 可得 1-AGO 和均值算子串联算子等效滤波器的传递函数

$$H[z] = H_A(z)H_E(z)$$
$$= \frac{1}{1-z^{-1}}(0.5+0.5z^{-1}) \tag{3.8.6}$$
$$= \frac{0.5+0.5z^{-1}}{1-z^{-1}}$$

图 3.8.3 是 1-AGO 和均值算子串联算子等效滤波器频域曲线.

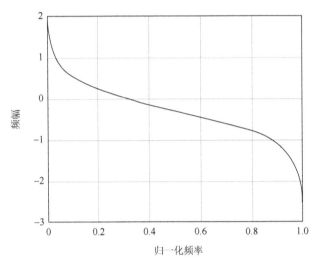

扫一扫　看图片

图 3.8.3　1-AGO 和均值算子串联算子等效滤波器频域曲线

　　对比图 3.8.2 可以看出, 累加算子单独作用, 或者累加算子与均值算子串联作用对信号的低频部分都能产生类似的放大效果; 但对于数据序列中的高频部分 (波动和噪声), 串联算子

$$H[z] = H_A(z)H_E(z)$$

具有更强的压制效果, 串联算子作用序列的信号噪声比得到明显提高. 从机理上证实了均值 GM(1,1) 模型为何在大多数情形下能够基于小数据获得较高的模拟和预测精度.

3.8.4　缓冲算子频谱分析

　　此处分析被广泛应用的平均弱化缓冲算子 (Liu, 1991) 的滤波效应. 我们将平均弱化缓冲算子

$$x(k)d = \frac{1}{n-k+1}[x(k)+x(k+1)+\cdots+x(n)], k=1,2,\cdots,n$$

中的 $x(k)d$ 记为 $y(k)$, 并改写为

$$y(k) = \frac{1}{n-k+1}\left[\sum_{i=1}^{n}x(i)-\sum_{i=1}^{k-1}x(i)\right], k=1,2,\cdots,n \tag{3.8.7}$$

将 k 换成 $k-1$

$$y(k-1) = \frac{1}{n-k+2}\left[\sum_{i=1}^{n}x(i)-\sum_{i=1}^{k-2}x(i)\right], k=2,\cdots,n \tag{3.8.8}$$

在式(3.8.7)和式(3.8.8)右端消去分母

$$y(k)(n-k+1) = \sum_{i=1}^{n} x(i) - \sum_{i=1}^{k-1} x(i), k = 1, 2, \cdots, n \tag{3.8.9}$$

$$y(k-1)(n-k+2) = \sum_{i=1}^{n} x(i) - \sum_{i=1}^{k-2} x(i), k = 2, \cdots, n \tag{3.8.10}$$

式(3.8.9)与式(3.8.10)相减, 得

$$y(k)(n-k+1) - y(k-1)(n-k+2) = \sum_{i=1}^{k-2} x(i) - \sum_{i=1}^{k-1} x(i) \tag{3.8.11}$$

此即

$$y(k)(n-k+1) - y(k-1)(n-k+2) = -x(k-1), k = 2, 3, \cdots, n \tag{3.8.12}$$

式(3.8.12)对应的数字信号处理表达式为

$$Y(Z)(n-k+1) - Y(Z)Z^{-1}(n-k+2) = X(Z)Z^{-1}, k = 2, 3, \cdots, n \tag{3.8.13}$$

由此可得平均弱化缓冲算子的传递函数

$$H(Z) = \frac{Y(Z)}{X(Z)} = \frac{Z^{-1}}{(n-k+1) - (n-k+2)Z^{-1}} \tag{3.8.14}$$

　　实际数据模拟结果表明, 平均弱化缓冲算子等效数字滤波器亦属于低通滤波器, 对于输入信号中的低频部分(0—0.05), 平均弱化缓冲算子作用序列频谱的幅值高于基准的幅值, 意味着平均弱化缓冲算子对序列中的低频含量具有放大效应. 对于输入信号中的高频部分(0.05—0.5), 平均弱化缓冲算子作用序列频谱的幅值低于基准的幅值, 说明平均弱化缓冲算子对序列中的高频含量具有抑制、衰减或阻断效应. 冲击扰动系统输入信号中的高频部分, 主要由冲击扰动成分构成. 因此, 平均弱化缓冲算子具有弱化冲击扰动干扰的作用(Lin et al., 2020).

➤复习思考题

一、选择题

1. 下面哪个不是缓冲算子公理(　　).

A. 不动点公理　　　　　　　　　　B. 信息依据公理

C. 唯一性公理　　　　　　　　　　D. 解析表达公理

2. 设序列 $X = (10155, 12588, 23480, 35388)$, 若缓冲算子 D 为

$$x(k)d = \frac{1}{n-k+1}[x(k) + x(k+1) + \cdots + x(n)], \quad k = 1, 2, \cdots, n$$

则 X 的二阶缓冲序列 XD^2 为(　　).

A. $(10155, 12588, 23480, 35388)$　　　　B. $(15323, 17685, 29456, 34567)$

C. $(22341, 34215, 31625, 43251)$　　　　D. $(27260, 29547, 32411, 35388)$

3. 对原始数据序列 $X = (x(1), x(2), \cdots, x(n))$ 施以缓冲算子的主要目的是(　　).

A. 优化参数估计结果

B. 消除冲击扰动影响

C. 提高模型模拟精度

D. 提高模型预测精度

4. 对于累加算子的作用, 下列论断中(　　)是错误的.

A. 具有低通滤波效应

B. 对高频信号具有抑制作用

C. 对低频信号具有抑制作用

D. 消除随机波动的影响

5. 若序列 $X = (5, 8, 21, X(4), 35)$, 下列序列中(　　)是其均值序列.

A. $(5, 8, 21, 24, 35)$　　　　　　　　　B. $(5, 8, 21, 28, 35)$

C. $(5, 8, 21, 25, 35)$　　　　　　　　　D. $(5, 8, 21, 30, 35)$

6. 准光滑序列需要满足下列条件中的(　　).

A. $\dfrac{\rho(k+1)}{\rho(k)} < 1, k = 2, 3, \cdots, n-1$　　　　B. $\rho(k) \in [0, \varepsilon], k = 3, 4, \cdots, n$

C. $\varepsilon < 0.5$　　　　　　　　　D. $\varepsilon > 0.5$

二、简答题

1. 简述缓冲算子的分类及作用.

2. 试述弱化算子和强化算子的作用与区别.

3. 简述准指数序列的条件.

4. 试构造一到两种新型实用弱化缓冲算子和强化缓冲算子.

5. 对于一个具有明显的指数规律的序列, 再施以累加算子会有什么样的结果?

6. 试述序列算子频谱分析的作用和意义.

三、计算题

1. 对于如下的数据序列和平均弱化缓冲算子

$$X = (1015, 1258, 2348, 3538)$$

试求一阶和二阶缓冲序列.

2. 2018—2023 年某市新能源汽车销售量数据序列如下, 求其 1-AGO 作用序列并画出曲线图

$$X^{(0)} = \{x^{(0)}(k)\}_1^6 = (52364, 46532, 51177, 93775, 110574, 120782)$$

第4章

灰色关联分析模型

4.1 引言

一般系统, 如社会系统、经济系统、农业系统、生态系统、教育系统等都包含许多种不同的因素. 多种因素共同作用的结果决定了系统的发展态势. 我们常常希望知道在众多的因素中, 哪些是主要因素, 哪些是次要因素; 哪些因素对系统发展影响大, 哪些因素对系统发展影响小; 哪些因素对系统发展起推动作用需强化发展, 哪些因素对系统发展起阻碍作用需加以抑制……这些都是系统分析中人们普遍关心的问题. 比如, 大气污染给人们的生活造成严重影响, 相关研究机构和政府有关部门要有效地治理雾霾, 就必须首先摸清雾霾形成的主要根源, 很多人提到工业污染排放、建筑施工扬尘、汽车尾气污染, 以及秸秆焚烧、居民取暖等, 但到底哪一个是主要污染源? 其细分结构如何? 像工业污染排放、化工、钢铁、火电等高耗能行业, 它们各自对雾霾的"贡献率"是多少? 再如, 粮食生产系统, 我们希望提高粮食总产量, 而影响粮食总产量的因素是多方面的, 有播种面积以及水利、化肥、土壤、种子、劳动力、气候、耕作技术和政策环境等. 为了实现少投入多产出, 并取得良好的经济效益、社会效益和生态效益, 就必须进行系统分析.

数理统计中的回归分析、方差分析、主成分分析等都是用来进行系统分析的方法. 这些方法存在以下问题.

(1) 要求有大量数据, 在数据量少、不满足大样本要求时上述方法均失效.

(2) 要求数据服从某个典型的概率分布, 各因素数据与系统特征数据之间呈线性相关关系且各因素之间彼此无关. 这种要求往往难以满足.

(3) 计算量较大, 需要借助于专业计算机软件.

(4) 可能出现量化结果与定性分析结果不一致的现象, 导致系统的关系和规律遭到歪曲与颠倒.

(5) 通常会发生某些标准统计检验不通过, 建模失败的情形.

(6) 即使是各种标准检验均得以通过, 仍不能排除犯错误的可能性 (α).

在数据分析实践中, 由于客观条件制约, 人们所掌握的数据通常十分有限; 有时虽然占有海量数据, 但信息密度低; 复杂多变的现实世界, 受到各种不确定性因素的影响, 导致相应的数据序列起伏波动频繁, 甚至出现大起大落, 难以找到典型的分布规律.

灰色关联分析方法弥补了采用数理统计方法进行系统分析所导致的缺憾. 它对数据量的多少和数据有无明显的规律都同样适用, 而且计算量不大, 十分简便, 通常不会出现模型测算数据与定性分析结果不符的情况.

灰色关联分析是灰色系统理论中一个十分活跃的分支, 其基本思想是根据序列曲线几何形状的相似程度来判断不同序列之间的联系是否紧密. 基本思路是通过线性插值的方法将系统因素的离散行为观测数据转化为分段连续的折线, 进而根据折线的几何特征构造测度关联程度的模型. 折线几何形状越接近, 相应序列之间的关联度就越大, 反之就越小.

基于邓聚龙教授提出的灰色关联分析模型 (邓聚龙, 1985b), 许多学者围绕灰色关联分析模型的构造和性质进行了有益的探索, 取得了不少有价值的成果. 研究过程也从早期基于点关联系数的邓氏灰色关联分析模型, 到基于整体或全局视角的绝对关联度、相对关联度和综合关联度等新的灰色关联分析模型 (刘思峰和郭天榜, 1991), 从基于接近性测度相似性的灰色关联分析模型, 到分别基于相似性和接近性视角构造的灰色关联分析模型 (刘思峰等, 2010b), 研究对象也从曲线之间的关系分析拓展到曲面之间的关系分析, 再到三维空间立体之间的关系分析 (张可和刘思峰, 2010), 乃至 n 维空间中超曲面之间的关系分析.

对一个抽象的系统或现象进行分析, 首先要选准反映系统行为特征的数据序列, 即找到系统行为的映射量, 用映射量来间接地表征系统行为. 例如, 用国民平均接受教育的年数来反映教育发达程度, 用刑事案件的发案率来反映社会秩序和社会治安情况, 用医院挂号次数来反映国民的健康水平等. 有了系统行为特征数据和相关因素的数据, 即可相应地绘制与各个序列对应的折线图, 从直观上进行分析. 例如, 2012 年, 江苏省各市地区生产总值 (X_0), 从事研发活动人数 (X_1), 研发经费支出额 (X_2), 研发经费占地区生产总值的比重 (X_3) 和发明专利授权数 (X_4) 的统计数据见表 4.1.1.

表 4.1.1 江苏省各市地区生产总值与创新投入产出数据

变量	单位	南京	苏州	无锡	常州	镇江	扬州	泰州
X_0	亿元	7201.57	12011.65	7568.15	3969.87	2630.42	2933.20	2701.67
X_1	人	90905	127467	73378	47472	28728	24063	17439
X_2	亿元	206.08	281.02	197.78	97.88	55.50	62.02	57.76
X_3		2.92%	2.50%	2.65%	2.50%	2.31%	2.05%	1.94%
X_4	件	3010	391	423	262	497	104	3

变量	单位	南通	徐州	盐城	淮安	连云港	宿迁
X_0	亿元	4558.67	4016.58	3120.00	1920.91	1603.42	1522.03
X_1	人	39688	28722	21621	9093	10381	7455

变量	单位	南通	徐州	盐城	淮安	连云港	宿迁
X_2	亿元	99.38	67.12	42.34	22.73	22.44	15.07
X_3		2.27%	1.61%	1.50%	1.27%	1.40%	1.02%
X_4	件	141	174	30	69	60	3

为消除量纲, 首先计算序列 X_0, X_1, X_2, X_3 和 X_4 的平均值, 得到 $\bar{x}_0 = 4158.32$, $\bar{x}_1 = 42502$, $\bar{x}_2 = 96.92$, $\bar{x}_3 = 2.33\%$, $\bar{x}_4 = 416.23$, 由 $x_i(k) / \bar{x}_i$, $i = 0,1,2,3,4$, $k = 1,2,\cdots,13$, 可以计算出表 4.1.1 中数据的均值像, 所得结果见表 4.1.2.

表 4.1.2　江苏省各市地区生产总值与创新投入产出数据的均值像

变量	南京	苏州	无锡	常州	镇江	扬州	泰州
X_0	1.73	2.89	1.82	0.95	0.63	0.71	0.65
X_1	2.14	3.00	1.73	1.12	0.68	0.57	0.41
X_2	2.13	2.90	2.04	1.01	0.57	0.64	0.60
X_3	1.25%	1.07%	1.14%	1.07%	0.99%	0.88%	0.83%
X_4	7.23	0.94	1.02	0.63	1.19	0.25	0.01

变量	南通	徐州	盐城	淮安	连云港	宿迁
X_0	1.10	0.97	0.75	0.46	0.39	0.37
X_1	0.93	0.68	0.51	0.21	0.24	0.18
X_2	1.03	0.69	0.44	0.23	0.23	0.16
X_3	0.97%	0.69%	0.64%	0.55%	0.60%	0.44%
X_4	0.34	0.42	0.07	0.17	0.14	0.01

表 4.1.2 数据序列的折线图如图 4.1.1 所示. 由图 4.1.1 可以看出, X_0, X_1, X_2, X_3 和 X_4 的变化趋势大体接近, 说明从事研发活动人数 (X_1), 研发经费支出额 (X_2), 研发经费占地区生产总值的比重 (X_3) 和发明专利授权数 (X_4) 这些因素对地区生产总值 X_0 均有较大影响. 进一步对比, 还可以发现 X_1, X_2 与 X_0 的相似程度较高, X_3 次之, X_4 与 X_0 的相似程度最低.

为提高对比区分度, 我们删除出现异常值的南京市数据, 得到江苏省 12 市地区生产总值与创新投入产出数据的折线图如图 4.1.2 所示. 从图 4.1.2 可以更清晰地看出, X_1, X_2 与 X_0 的相似程度较高, X_3 次之, X_4 与 X_0 的相似程度最低. 要进一步测算变量间的量化关系, 需要借助于本章将要介绍的灰色关联分析模型.

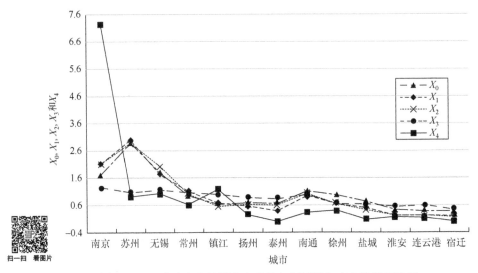

图 4.1.1   江苏省各市地区生产总值与创新投入产出数据折线图

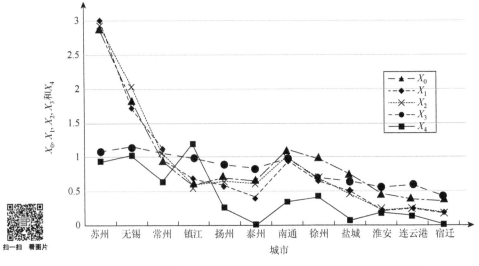

图 4.1.2   江苏省 12 市地区生产总值与创新投入产出数据折线图

4.2   灰色关联因素和关联算子集

进行系统分析, 选定系统行为特征的映射量后, 还需进一步明确影响系统行为的相关因素. 如果系统行为特征映射量数据和各个相关因素数据的意义、量纲完全相同, 可以直接对它们之间的关系进行分析. 当系统行为特征映射量数据和各个相关因素数据的意义、量纲不同时, 则需要借助于序列算子, 将系统行为特征映射量数据和各个相关因素数据化为数量级大体相近的无量纲数据.

定义 4.2.1 设 X_i 为系统因素, 其在序号 k 上的观测数据为 $x_i(k)$, $k=1,2,\cdots,n$, 则称

$$X_i = (x_i(1), x_i(2), \cdots, x_i(n))$$

为因素 X_i 的行为序列;

若 k 为时间序号, $x_i(k)$ 为因素 X_i 在 k 时刻的观测数据, 则称

$$X_i = (x_i(1), x_i(2), \cdots, x_i(n))$$

为因素 X_i 的行为时间序列;

若 k 为指标序号, $x_i(k)$ 为因素 X_i 关于第 k 个指标的观测数据, 则称

$$X_i = (x_i(1), x_i(2), \cdots, x_i(n))$$

为因素 X_i 的行为指标序列;

若 k 为观测对象序号, $x_i(k)$ 为因素 X_i 关于第 k 个对象的观测数据, 则称

$$X_i = (x_i(1), x_i(2), \cdots, x_i(n))$$

为因素 X_i 的行为横向序列.

例如, 当 X_i 为经济因素时, 若 k 为时间, $x_i(k)$ 为因素 X_i 在时刻 k 的观测数据, 则 $X_i = (x_i(1), x_i(2), \cdots, x_i(n))$ 是经济行为时间序列; 若 k 为指标序号, 则 $X_i = (x_i(1), x_i(2), \cdots, x_i(n))$ 为经济行为指标序列; 若 k 为不同经济区域或经济部门的序号, 则 $X_i = (x_i(1), x_i(2), \cdots, x_i(n))$ 为经济行为横向序列.

无论是时间序列数据、指标序列数据, 还是横向序列数据, 都可以用于关联分析.

定义 4.2.2 设 $X_i = (x_i(1), x_i(2), \cdots, x_i(n))$ 为因素 X_i 的行为序列, D_1 为序列算子, 且

$$X_i D_1 = (x_i(1)d_1, x_i(2)d_1, \cdots, x_i(n)d_1)$$

其中

$$x_i(k)d_1 = \frac{x_i(k)}{x_i(1)}, \quad x_i(1) \neq 0, \quad k = 1, 2, \cdots, n \tag{4.2.1}$$

则称 D_1 为初值算子, $X_i D_1$ 为 X_i 在初值算子 D_1 下的像, 简称初值像(邓聚龙, 1990).

例 4.2.1 设序列 $X = (3.2, 3.7, 4.5, 4.9, 5.6)$, 求其初值像序列.

解 根据公式(4.2.1), 有

$$x(1)d_1 = \frac{x(1)}{x(1)} = 1, \quad x(2)d_1 = \frac{x(2)}{x(1)} = \frac{3.7}{3.2} = 1.15625$$

同理可求得

$$x(3)d_1 = 1.40625, \quad x(4)d_1 = 1.53125, \quad x(5)d_1 = 1.75$$

因此有

$$XD_1 = (x(1)d_1, x(2)d_1, x(3)d_1, x(4)d_1, x(5)d_1) = (1, 1.15625, 1.40625, 1.53125, 1.75)$$

定义 4.2.3 设 $X_i = (x_i(1), x_i(2), \cdots, x_i(n))$ 为因素 X_i 的行为序列, D_2 为序列算子, 且

$$X_i D_2 = (x_i(1)d_2, x_i(2)d_2, \cdots, x_i(n)d_2)$$

其中

$$x_i(k)d_2 = \frac{x_i(k)}{\overline{X}_i}, \quad \overline{X}_i = \frac{1}{n}\sum_{k=1}^{n} x_i(k), \quad k = 1,2,\cdots,n \tag{4.2.2}$$

则称 D_2 为平均值算子, X_iD_2 为 X_i 在平均值算子 D_2 下的像, 简称平均值像 (邓聚龙, 1990).

例 4.2.2 设序列 $X = (3.2, 3.7, 4.5, 4.9, 5.6)$, 求其平均值像序列.

解 根据公式 (4.2.2), 有

$$\overline{X} = \frac{1}{5}\sum_{k=1}^{5} x(k) = 4.38, \quad x(1)d_2 = \frac{x(1)}{\overline{X}} = 0.73, \quad x(2)d_2 = \frac{x(2)}{\overline{X}} = 0.84$$

同理可求得

$$x(3)d_2 = 1.03, \quad x(4)d_2 = 1.12, \quad x(5)d_2 = 1.28$$

因此有

$$XD_2 = (x(1)d_2, x(2)d_2, x(3)d_2, x(4)d_2, x(5)d_2) = (0.73, 0.84, 1.03, 1.12, 1.28)$$

定义 4.2.4 设 $X_i = (x_i(1), x_i(2), \cdots, x_i(n))$ 为因素 X_i 的行为序列, D_3 为序列算子, 且

$$X_iD_3 = (x_i(1)d_3, x_i(2)d_3, \cdots, x_i(n)d_3)$$

其中

$$x_i(k)d_3 = \frac{x_i(k) - \min\limits_{k} x_i(k)}{\max\limits_{k} x_i(k) - \min\limits_{k} x_i(k)}, \quad k = 1,2,\cdots,n \tag{4.2.3}$$

则称 D_3 为区间值算子, X_iD_3 为 X_i 在区间值算子 D_3 下的像, 简称区间值像 (邓聚龙, 1990).

例 4.2.3 设序列 $X = (3.2, 3.7, 4.5, 4.9, 5.6)$, 求其区间值像序列.

解 显然有 $\min\limits_{k} x(k) = 3.2$, $\max\limits_{k} x(k) = 5.6$, 根据公式 (4.2.3) 可以求得

$$x(1)d_3 = 0, \quad x(2)d_3 = 0.208$$

$$x(3)d_3 = 0.542, \quad x(4)d_3 = 0.708, \quad x(5)d_3 = 1$$

因此有

$$XD_3 = (x(1)d_3, x(2)d_3, x(3)d_3, x(4)d_3, x(5)d_3) = (0, 0.208, 0.542, 0.708, 1)$$

命题 4.2.1 初值算子 D_1, 平均值算子 D_2 和区间值算子 D_3 皆可用来将系统行为数据序列化为无量纲且数量级相同的序列.

一般地, D_1, D_2, D_3 不宜混合、重叠作用, 在进行系统因素分析时, 可根据实际情况选用其中的一个.

在逆向序列灰色关联分析模型 (Liu, 2023) 提出之前, 人们通常借助于逆化算子或倒数算子研究逆向序列转向后的关联关系 (邓聚龙, 1990). 现在, 对于逆向序列, 人们可以直接计算各种负灰色关联度, 不必先将逆向序列转向, 然后再计算关联关系了.

定义 4.2.5 称 $D = \{D_i \mid i = 1,2,3\}$ 为灰色关联算子集.

定义 4.2.6 设 X 为系统因素集合, D 为灰色关联算子集, 称 (X, D) 为灰色关联因子空间.

4.3 灰色关联公理与邓氏灰色关联度

定义 4.3.1 设 $X_0 = (x_0(1), x_0(2), \cdots, x_0(n))$ 为系统特征行为数据序列, 且

$$X_1 = (x_1(1), x_1(2), \cdots, x_1(n))$$
$$\vdots$$
$$X_i = (x_i(1), x_i(2), \cdots, x_i(n))$$
$$\vdots$$
$$X_m = (x_m(1), x_m(2), \cdots, x_m(n))$$

为相关因素数据序列. 给定实数 $\gamma(x_0(k), x_i(k))$, 若实数

$$\gamma(X_0, X_i) = \frac{1}{n} \sum_{k=1}^{n} \gamma(x_0(k), x_i(k))$$

满足:

(1) 规范性.

$$0 < \gamma(X_0, X_i) \leqslant 1, \quad \gamma(X_0, X_i) = 1 \Leftarrow X_0 = X_i$$

(2) 接近性.

$$|x_0(k) - x_i(k)| \text{ 越小}, \quad \gamma(x_0(k), x_i(k)) \text{ 越大}$$

则称 $\gamma(X_0, X_i)$ 为 X_i 与 X_0 的灰色关联度, $\gamma(x_0(k), x_i(k))$ 为 X_i 与 X_0 在 k 点的关联系数, 并称条件 (1) 和条件 (2) 为灰色关联公理 (邓聚龙, 1990).

$\gamma(X_0, X_i) \in (0,1]$ 表明系统中任何两个行为序列都不可能是严格无关联的.

规范性把灰色关联度的值限定在 $(0,1]$ 区间内. 接近性表明邓氏灰色关联分析模型基于两个行为数据序列对应点之间的距离测度系统因素变化趋势的相似性.

定理 4.3.1 设系统行为数据序列

$$X_0 = (x_0(1), x_0(2), \cdots, x_0(n))$$
$$X_1 = (x_1(1), x_1(2), \cdots, x_1(n))$$
$$\vdots$$
$$X_i = (x_i(1), x_i(2), \cdots, x_i(n))$$
$$\vdots$$
$$X_m = (x_m(1), x_m(2), \cdots, x_m(n))$$

对于 $\xi \in (0,1)$, 令

$$\gamma(x_0(k), x_i(k)) = \frac{\min\limits_{i} \min\limits_{k} |x_0(k) - x_i(k)| + \xi \max\limits_{i} \max\limits_{k} |x_0(k) - x_i(k)|}{|x_0(k) - x_i(k)| + \xi \max\limits_{i} \max\limits_{k} |x_0(k) - x_i(k)|} \tag{4.3.1}$$

$$\gamma(X_0, X_i) = \frac{1}{n} \sum_{k=1}^{n} \gamma(x_0(k), x_i(k)) \tag{4.3.2}$$

则 $\gamma(X_0, X_i)$ 满足灰色关联公理, 其中 ξ 称为分辨系数. $\gamma(X_0, X_i)$ 称为 X_0 与 X_i 的灰色关联度 (邓聚龙, 1990).

灰色关联度 $\gamma(X_0, X_i)$ 常简记为 γ_{0i} , k 点关联系数 $\gamma(x_0(k), x_i(k))$ 简记为 $\gamma_{0i}(k)$.

按照定理 4.3.1 中定义的算式可得邓氏灰色关联度的计算步骤如下.

第一步: 求各序列的初值像(或均值像). 令

$$X_i' = \frac{X_i}{\bar{X}_i} = (x_i'(1), x_i'(2), \cdots, x_i'(n)), \quad i = 0, 1, 2, \cdots, m$$

第二步: 求 X_0 与 X_i 的初值像(或均值像)对应分量之差的绝对值序列. 记

$$\Delta_i(k) = |x_0'(k) - x_i'(k)|, \quad \Delta_i = (\Delta_i(1), \Delta_i(2), \cdots, \Delta_i(n)), \quad i = 1, 2, \cdots, m$$

第三步: 求 $\Delta_i(k) = |x_0'(k) - x_i'(k)|$, $k = 1, 2, \cdots, n$; $i = 1, 2, \cdots, m$ 的最大值与最小值. 分别记为

$$M = \max_i \max_k \Delta_i(k), \quad m = \min_i \min_k \Delta_i(k)$$

第四步: 计算关联系数.

$$\gamma_{0i}(k) = \frac{m + \xi M}{\Delta_i(k) + \xi M}, \quad \xi \in (0, 1), \quad k = 1, 2, \cdots, n; \quad i = 1, 2, \cdots, m$$

第五步: 求出关联系数的平均值即邓氏关联度值.

$$\gamma_{0i} = \frac{1}{n} \sum_{k=1}^{n} \gamma_{0i}(k), \quad i = 1, 2, \cdots, m$$

例 4.3.1 试根据表 4.1.1 中的江苏省苏州、无锡、常州、镇江和扬州五市的数据, 计算地区生产总值 (X_0), 从事研发活动人数 (X_1), 研发经费支出额 (X_2), 研发经费占地区生产总值的比重 (X_3) 和发明专利授权数 X_4 的灰色关联度.

解 由表 4.1.1 可得

$X_0 = (x_0(1), x_0(2), x_0(3), x_0(4), x_0(5)) = (12011.65, 7568.15, 3969.87, 2630.42, 2933.20)$

$X_1 = (x_1(1), x_1(2), x_1(3), x_1(4), x_1(5)) = (127467, 73378, 47472, 28728, 24063)$

$X_2 = (x_2(1), x_2(2), x_2(3), x_2(4), x_2(5)) = (281.02, 197.78, 97.88, 55.50, 62.02)$

$X_3 = (x_3(1), x_3(2), x_3(3), x_3(4), x_3(5)) = (2.50, 2.65, 2.50, 2.31, 2.05)$

$X_4 = (x_4(1), x_4(2), x_4(3), x_4(4), x_4(5)) = (391, 423, 262, 497, 104)$

以 X_0 为系统行为特征序列计算 X_1 , X_2 , X_3 , X_4 与 X_0 的灰色关联度.

第一步: 求均值像.

由 $X_i' = X_i / \bar{X}_i = (x_i'(1), x_i'(2), x_i'(3), x_i'(4), x_i'(5))$, $i = 0, 1, 2, 3, 4$, 得

$X_0' = X_0 / \bar{X}_0 = (2.0629, 1.2998, 0.6818, 0.4518, 0.5038)$

$X_1' = X_1 / \bar{X}_1 = (2.1166, 1.2185, 0.7883, 0.4770, 0.3996)$

$X_2' = X_2 / \bar{X}_2 = (2.0241, 1.4245, 0.7050, 0.3997, 0.4467)$

$X_3' = X_3 / \bar{X}_3 = (1.0408, 1.1032, 1.0408, 0.9617, 0.8535)$

$X_4' = X_4 / \bar{X}_4 = (1.1658, 1.2612, 0.7812, 1.4818, 0.3101)$

第二步: 求 X_2 , X_3 , X_4 与 X_1 均值像对应分量之差的绝对值序列.

由 $\Delta_i(k) = |x_0'(k) - x_i'(k)|$, $i = 1, 2, 3, 4$, 得

$$\Delta_1 = (0.0531, 0.0813, 0.1065, 0.0252, 0.1042)$$

$$\Delta_2 = (0.0388, 0.1247, 0.0232, 0.0521, 0.0571)$$
$$\Delta_3 = (1.0221, 0.1966, 0.3590, 0.5099, 0.3497)$$
$$\Delta_4 = (0.8971, 0.0386, 0.0994, 1.0300, 0.1937)$$

第三步: 求 $\Delta_i(k)$ ($i = 1, 2, 3, 4$; $k = 1, 2, \cdots, 5$)的最大值与最小值.

$$M = \max_i \max_k \Delta_i(k) = 1.0300$$
$$m = \min_i \min_k \Delta_i(k) = 0.0232$$

第四步: 求关联系数.

取 $\xi = 0.5$, 有

$$\gamma_{0i}(k) = \frac{m + \xi M}{\Delta_i(k) + \xi M} = \frac{0.5382}{\Delta_i(k) + 0.5150}, i = 1, 2, 3, 4;\ k = 1, 2, \cdots, 5$$

从而

$\gamma_{01}(1) = 0.9474, \gamma_{01}(2) = 0.9026, \gamma_{01}(3) = 0.8660, \gamma_{01}(4) = 0.9963, \gamma_{01}(5) = 0.8692$

$\gamma_{02}(1) = 0.9718, \gamma_{02}(2) = 0.8413, \gamma_{02}(3) = 1.0000, \gamma_{02}(4) = 0.9490, \gamma_{02}(5) = 0.9407$

$\gamma_{03}(1) = 0.3501, \gamma_{03}(2) = 0.7563, \gamma_{03}(3) = 0.6158, \gamma_{03}(4) = 0.5251, \gamma_{03}(5) = 0.6224$

$\gamma_{04}(1) = 0.3811, \gamma_{04}(2) = 0.9722, \gamma_{04}(3) = 0.8760, \gamma_{04}(4) = 0.3483, \gamma_{04}(5) = 0.7594$

第五步: 计算邓氏灰色关联度.

$$\gamma_{01} = \frac{1}{5} \sum_{k=1}^{5} \gamma_{01}(k) = 0.9163$$

$$\gamma_{02} = \frac{1}{5} \sum_{k=1}^{5} \gamma_{02}(k) = 0.9406$$

$$\gamma_{03} = \frac{1}{5} \sum_{k=1}^{5} \gamma_{03}(k) = 0.5739$$

$$\gamma_{04} = \frac{1}{5} \sum_{k=1}^{5} \gamma_{04}(k) = 0.6674$$

由计算结果可以看出, 按照江苏省苏州、无锡、常州、镇江和扬州五市的数据测算, 对地区生产总值 (X_0) 影响较大的因素为研发经费支出额 (X_2) 和从事研发活动人数 (X_1), 两项都属于创新投入因素. 研发经费占地区生产总值的比重 (X_3) 与地区生产总值 (X_0) 的关联度较小的主要原因是, 在创新型国家建设大背景下, 上级主管部门对此有明确要求, 因此各市的比重差别不明显. 发明专利授权数 (X_4) 对地区生产总值 (X_0) 的影响不大, 则可能是因为政绩考核驱动, 为满足创新型国家建设要求, 各级地方政府纷纷出台专利申报奖励政策, 催生了一批并无实质性创新的"发明专利".

4.4　灰色绝对关联度

命题 4.4.1　设系统行为数据序列 $X_i = (x_i(1), x_i(2), \cdots, x_i(n))$, 记折线

$$(x_i(1) - x_i(1), x_i(2) - x_i(1), \cdots, x_i(n) - x_i(1))$$

为 $X_i - x_i(1)$, 令

$$s_i = \int_1^n (X_i - x_i(1)) \mathrm{d}t \qquad (4.4.1)$$

则

(1) 当 X_i 为增长序列时, $s_i \geq 0$;

(2) 当 X_i 为衰减序列时, $s_i \leq 0$;

(3) 当 X_i 为振荡序列时, s_i 符号不定.

由增长序列、衰减序列、振荡序列的定义及积分的性质, 上述命题的成立是显然的. 如图 4.4.1 所示, 图 4.4.1(a) 为单调增长序列, 图 4.4.1(b) 为单调衰减序列, 图 4.4.1(c) 为振荡序列, 可以直观理解本命题.

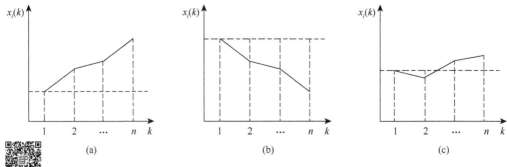

图 4.4.1 单调增长序列、单调衰减序列、振荡序列示意图

定义 4.4.1 设系统行为序列 $X_i = (x_i(1), x_i(2), \cdots, x_i(n))$, D 为序列算子, 且
$$X_i D = (x_i(1)d, x_i(2)d, \cdots, x_i(n)d)$$
其中 $x_i(k)d = x_i(k) - x_i(1)$, $k = 1, 2, \cdots, n$, 则称 D 为始点零化算子, $X_i D$ 为 X_i 的始点零化像, 记为
$$X_i D = X_i^0 = (x_i^0(1), x_i^0(2), \cdots, x_i^0(n))$$
(刘思峰和郭天榜, 1991).

命题 4.4.2 设系统行为序列
$$X_i = (x_i(1), x_i(2), \cdots, x_i(n))$$
$$X_j = (x_j(1), x_j(2), \cdots, x_j(n))$$
的始点零化像分别为
$$X_i^0 = (x_i^0(1), x_i^0(2), \cdots, x_i^0(n))$$
$$X_j^0 = (x_j^0(1), x_j^0(2), \cdots, x_j^0(n))$$

令
$$s_i - s_j = \int_1^n (X_i^0 - X_j^0) \mathrm{d}t \qquad (4.4.2)$$
$$S_i - S_j = \int_1^n (X_i - X_j) \mathrm{d}t \qquad (4.4.3)$$

则

(1) 当 X_i^0 恒在 X_j^0 上方, $s_i - s_j \geqslant 0$;

(2) 当 X_i^0 恒在 X_j^0 下方, $s_i - s_j \leqslant 0$;

(3) 当 X_i^0 与 X_j^0 相交, $s_i - s_j$ 的符号不定.

如图 4.4.2 所示, 图 4.4.2(a) 中, X_i^0 恒在 X_j^0 上方, 所以 $s_i - s_j \geqslant 0$; 图 4.4.2(b) 中, X_i^0 与 X_j^0 相交, $s_i - s_j$ 的符号不定.

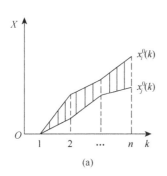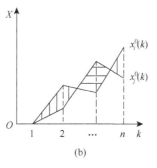

图 4.4.2　折线关系示意图

对于 $s_i - s_j$, 不难得到类似的结论.

定义 4.4.2　称序列 X_i 各个观测数据间时距之和为序列 X_i 的长度.

要注意两个长度相同的序列中观测数据个数不一定一样多. 例如,
$$X_1 = (x_1(1), x_1(3), x_1(6))$$
$$X_2 = (x_2(1), x_2(3), x_2(5), x_2(6))$$
$$X_3 = (x_3(1), x_3(2), x_3(3), x_3(4), x_3(5), x_3(6))$$

X_1, X_2, X_3 的长度都是 5, 但各序列中观测数据个数并不一样多.

定义 4.4.3　设序列 X_0 与 X_i 长度相同, s_0, s_i 如命题 4.4.1 中所示, 则称
$$\varepsilon_{0i} = \frac{1 + |s_0| + |s_i|}{1 + |s_0| + |s_i| + |s_i - s_0|} \tag{4.4.4}$$

为 X_0 与 X_i 的灰色绝对关联度, 简称绝对关联度 (刘思峰和郭天榜, 1991).

这里仅给出长度相同序列的灰色绝对关联度的定义, 对于长度不同的序列, 可采取删去较长序列的过剩数据或用灰色系统的 GM(1,1) 模型进行预测, 补齐较短序列的不足数据等措施使之化成长度相同的序列, 但这样一般会影响灰色绝对关联度的值.

定理 4.4.1　灰色绝对关联度
$$\varepsilon_{0i} = \frac{1 + |s_0| + |s_i|}{1 + |s_0| + |s_i| + |s_i - s_0|}$$

满足邓氏灰色关联公理中的规范性和接近性公理.

命题 4.4.3　设序列 X_0 与 X_i 的长度相同, 令
$$X_0' = X_0 - a, \quad X_i' = X_i - b$$

其中 a, b 为常数, 若 X_0' 与 X_i' 的灰色绝对关联度为 ε_{0i}', 则 $\varepsilon_{0i}' = \varepsilon_{0i}$.

事实上, 对 X_0, X_i 进行平移不会改变 s_0, s_i 和 $s_0 - s_i$ 的值, 因此也不改变 ε_{0i}.

定义 4.4.4 若序列 X 各对相邻观测数据间时距相同, 则称 X 为等时距序列.

引理 4.4.1 设 X 为等时距序列, 若其时距 $l \neq 1$, 则时间坐标变换

$$t : T \to T$$
$$t \mapsto t / l$$

可将 X 化为 1-时距序列.

引理 4.4.2 设 X_0 与 X_i 的长度相同, 且皆为 1-时距序列, 而

$$X_0^0 = (x_0^0(1), x_0^0(2), \cdots, x_0^0(n))$$
$$X_i^0 = (x_i^0(1), x_i^0(2), \cdots, x_i^0(n))$$

分别为 X_0 与 X_i 的始点零化序列, 则

$$|s_0| = \left| \sum_{k=2}^{n-1} x_0^0(k) + \frac{1}{2} x_0^0(n) \right|$$

$$|s_i| = \left| \sum_{k=2}^{n-1} x_i^0(k) + \frac{1}{2} x_i^0(n) \right|$$

$$|s_i - s_0| = \left| \sum_{k=2}^{n-1} (x_i^0(k) - x_0^0(k)) + \frac{1}{2} (x_i^0(n) - x_0^0(n)) \right|$$

(刘思峰和郭天榜, 1991).

定理 4.4.2 设序列 X_0, X_i 长度相同, 时距相同, 且皆为等时距序列, 则

$$\varepsilon_{0i} = \left[1 + \left| \sum_{k=2}^{n-1} x_0^0(k) + \frac{1}{2} x_0^0(n) \right| + \left| \sum_{k=2}^{n-1} x_i^0(k) + \frac{1}{2} x_i^0(n) \right| \right] \times \left[1 + \left| \sum_{k=2}^{n-1} x_0^0(k) + \frac{1}{2} x_0^0(n) \right| \right.$$

$$\left. + \left| \sum_{k=2}^{n-1} x_i^0(k) + \frac{1}{2} x_i^0(n) \right| + \left| \sum_{k=2}^{n-1} (x_i^0(k) - x_0^0(k)) + \frac{1}{2} (x_i^0(n) - x_0^0(n)) \right| \right]^{-1}$$

(刘思峰和郭天榜, 1991).

例 4.4.1 设序列

$$X_0 = (x_0(1), x_0(2), x_0(3), x_0(4), x_0(5), x_0(7)) = (10, 9, 15, 14, 14, 16)$$
$$X_1 = (x_1(1), x_1(3), x_1(7)) = (46, 70, 98)$$

试求其绝对关联度 ε_{01}.

解 (1) 将 X_1 化为与 X_0 时距相同的等时距序列, 令

$$x_1(2) = \frac{1}{2}(x_1(1) + x_1(3)) = \frac{1}{2}(46 + 70) = 58$$

$$x_1(5) = \frac{1}{2}(x_1(3) + x_1(7)) = \frac{1}{2}(70 + 98) = 84$$

$$x_1(4) = \frac{1}{2}(x_1(3) + x_1(5)) = \frac{1}{2}(70 + 84) = 77$$

$$x_0(6) = \frac{1}{2}(x_0(5) + x_0(7)) = \frac{1}{2}(14 + 16) = 15$$

$$x_1(6) = \frac{1}{2}(x_1(5) + x_1(7)) = \frac{1}{2}(84 + 98) = 91$$

于是有
$$X_0 = (x_0(1), x_0(2), x_0(3), x_0(4), x_0(5), x_0(6), x_0(7)) = (10, 9, 15, 14, 14, 15, 16)$$
$$X_1 = (x_1(1), x_1(2), x_1(3), x_1(4), x_1(5), x_1(6), x_1(7)) = (46, 58, 70, 77, 84, 91, 98)$$
已皆为 1-时距序列.

(2) 求始点零化像, 得
$$X_0^0 = (x_0^0(1), x_0^0(2), x_0^0(3), x_0^0(4), x_0^0(5), x_0^0(6), x_0^0(7)) = (0, -1, 5, 4, 4, 5, 6)$$
$$X_1^0 = (x_1^0(1), x_1^0(2), x_1^0(3), x_1^0(4), x_1^0(5), x_1^0(6), x_1^0(7)) = (0, 12, 24, 31, 38, 45, 52)$$

(3) 求 $|s_0|$, $|s_1|$, $|s_1 - s_0|$.

$$|s_0| = \left| \sum_{k=2}^{6} x_0^0(k) + \frac{1}{2} x_0^0(7) \right| = 20$$

$$|s_1| = \left| \sum_{k=2}^{6} x_1^0(k) + \frac{1}{2} x_1^0(7) \right| = 176$$

$$|s_1 - s_0| = \left| \sum_{k=2}^{6} (x_1^0(k) - x_0^0(k)) + \frac{1}{2} (x_1^0(7) - x_0^0(7)) \right| = 156$$

(4) 计算灰色绝对关联度.

$$\varepsilon_{01} = \frac{1 + |s_0| + |s_1|}{1 + |s_0| + |s_1| + |s_1 - s_0|} = \frac{197}{353} = 0.5581$$

定理 4.4.3 灰色绝对关联度 ε_{0i} 具有下列性质:

(1) $0 < \varepsilon_{0i} \leqslant 1$;

(2) ε_{0i} 只与 X_0 和 X_i 的几何形状有关, 而与其空间相对位置无关, 或者说, 平移不改变绝对关联度的值;

(3) 任何两个序列都不是绝对无关的, 即 ε_{0i} 恒不为零;

(4) X_0 与 X_i 几何上相似程度越大, ε_{0i} 越大;

(5) X_0 与 X_i 平行, 或 X_i^0 围绕 X_0^0 摆动, 且 X_i^0 位于 X_0^0 之上部分的面积与 X_i^0 位于 X_0^0 之下部分的面积相等时, $\varepsilon_{0i} = 1$;

(6) 当 X_0 或 X_i 中任一观测数据变化时, ε_{0i} 将随之变化;

(7) X_0 与 X_i 长度变化, ε_{0i} 亦变;

(8) $\varepsilon_{00} = \varepsilon_{ii} = 1$;

(9) $\varepsilon_{0i} = \varepsilon_{i0}$.

4.5 灰色相对关联度与灰色综合关联度

4.5.1 灰色相对关联度

定义 4.5.1 设序列 X_0, X_i 长度相同, 且初值皆不等于零, X_0', X_i' 分别为 X_0, X_i 的初值像, 则称 X_0' 与 X_i' 的灰色绝对关联度为 X_0 与 X_i 的灰色相对关联度, 简称为相对关联度, 记为 r_{0i} (刘思峰和郭天榜, 1991).

灰色相对关联度是序列 X_0 与 X_i 相对于始点的变化速率之联系的表征, X_0 与 X_i 的变化速率越接近, r_{0i} 越大, 反之就越小.

命题 4.5.1　设 X_i, X_j 为长度相同且初值皆不等于零的序列, 若 $X_j = cX_i$, 其中 $c > 0$ 为常数, 则 $r_{ij} = 1$.

证明　设 $X_i = (x_i(1), x_i(2), \cdots, x_i(n))$, 则

$$X_j = (x_j(1), x_j(2), \cdots, x_j(n)) = (cx_i(1), cx_i(2), \cdots, cx_i(n))$$

其初值像分别为

$$X'_i = \frac{X_i}{x_i(1)} = \left(\frac{x_i(1)}{x_i(1)}, \frac{x_i(2)}{x_i(1)}, \cdots, \frac{x_i(n)}{x_i(1)} \right)$$

$$X'_j = \frac{X_j}{x_j(1)} = \left(\frac{x_j(1)}{x_j(1)}, \frac{x_j(2)}{x_j(1)}, \cdots, \frac{x_j(n)}{x_j(1)} \right)$$

$$= \left(\frac{cx_i(1)}{cx_i(1)}, \frac{cx_i(2)}{cx_i(1)}, \cdots, \frac{cx_i(n)}{cx_i(1)} \right) = \left(\frac{x_i(1)}{x_i(1)}, \frac{x_i(2)}{x_i(1)}, \cdots, \frac{x_i(n)}{x_i(1)} \right)$$

所以 $X'_j = X'_i$, 从而其绝对关联度等于 1, 因此, X_j 与 X_i 的相对关联度 $r_{ij} = 1$.

命题 4.5.2　设 X_i, X_j 为长度相同且初值皆不等于零的序列, 则其相对关联度 r_{ij} 与绝对关联度 ε_{ij} 的值没有必然联系, 当 ε_{ij} 较大时, r_{ij} 可能很小; ε_{ij} 很小时, r_{ij} 也可能很大.

例 4.5.1　计算例 4.4.1 中 X_0 与 X_1 的相对关联度.

解　(1) 将 X_0 与 X_1 化为 1-时距序列.

$$X_0 = (x_0(1), x_0(2), x_0(3), x_0(4), x_0(5), x_0(6), x_0(7)) = (10, 9, 15, 14, 14, 15, 16)$$

$$X_1 = (x_1(1), x_1(2), x_1(3), x_1(4), x_1(5), x_1(6), x_1(7)) = (46, 58, 70, 77, 84, 91, 98)$$

(2) 求 X_0, X_1 初值像, 得

$$X'_0 = (1, 0.9, 1.5, 1.4, 1.4, 1.5, 1.6)$$

$$X'_1 = (1, 1.26, 1.52, 1.67, 1.83, 1.98, 2.13)$$

(3) 求 X'_0, X'_1 的始点零化像.

$$X'^0_0 = (x'^0_0(1), x'^0_0(2), x'^0_0(3), x'^0_0(4), x'^0_0(5), x'^0_0(6), x'^0_0(7))$$
$$= (0, -0.1, 0.5, 0.4, 0.4, 0.5, 0.6)$$
$$X'^0_1 = (x'^0_1(1), x'^0_1(2), x'^0_1(3), x'^0_1(4), x'^0_1(5), x'^0_1(6), x'^0_1(7))$$
$$= (0, 0.26, 0.52, 0.67, 0.83, 0.98, 1.13)$$

(4) 求 $\left| s'_0 \right|$, $\left| s'_1 \right|$, $\left| s'_1 - s'_0 \right|$.

$$\left| s'_0 \right| = \left| \sum_{k=2}^{6} x'^0_0(k) + \frac{1}{2} x'^0_0(7) \right| = 2$$

$$\left|s_1'\right|=\left|\sum_{k=2}^{6}x_1'^0(k)+\frac{1}{2}x_1'^0(7)\right|=3.828$$

$$\left|s_1'-s_0'\right|=\left|\sum_{k=2}^{6}(x_1'^0(k)-x_0'^0(k))+\frac{1}{2}(x_1'^0(7)-x_0'^0(7))\right|=1.925$$

(5) 计算灰色相对关联度.

$$r_{01}=\frac{1+|s_0'|+|s_1'|}{1+|s_0'|+|s_1'|+|s_1'-s_0'|}=\frac{6.828}{8.753}=0.78$$

命题 4.5.3　设 X_0，X_i 为长度相同且初值皆不等于零的序列，a,b 为非零常数，aX_0 与 bX_i 的相对关联度为 r_{0i}'，则 $r_{0i}'=r_{0i}$. 或者说，数乘不改变相对关联度.

事实上，aX_0 与 bX_i 的初值像分别等于 X_0，X_i 的初值像，数乘在初值化算子作用下无效，故 $r_{0i}'=r_{0i}$.

定理 4.5.1　灰色相对关联度 r_{0i} 具有下列性质:

(1) $0<r_{0i}\leqslant 1$；

(2) r_{0i} 只与序列 X_0 和 X_i 的相对于始点的变化速率有关，而与各观测值的大小无关，或者说，数乘不改变相对关联度的值；

(3) 任何两个序列的变化速率都不是毫无联系的，即 r_{0i} 恒不为零；

(4) X_0 与 X_i 相对于始点的变化速率越趋于一致，r_{0i} 越大；

(5) X_0 与 X_i 相对于始点的变化速率相同，即 $X_0=aX_i$；或 X_0 与 X_i 的初值像的始点零化象 $X_i'^0$，$X_0'^0$ 满足: $X_i'^0$ 围绕 $X_0'^0$ 摆动，且 $X_i'^0$ 位于 $X_0'^0$ 之上部分的面积与 $X_i'^0$ 位于 $X_0'^0$ 之下部分的面积相等时，$r_{0i}=1$；

(6) 当 X_0 或 X_i 中任一观测数据变化时，r_{0i} 将随之变化；

(7) X_0 与 X_i 序列长度变化，r_{0i} 亦变；

(8) $r_{00}=r_{ii}=1$；

(9) $r_{0i}=r_{i0}$.

4.5.2　灰色综合关联度

定义 4.5.2　设序列 X_0，X_i 长度相同，且初值不等于零，ε_{0i} 和 r_{0i} 分别为 X_0 与 X_i 的灰色绝对关联度和灰色相对关联度，$\theta\in[0,1]$，则称

$$\rho_{0i}=\theta\varepsilon_{0i}+(1-\theta)r_{0i} \tag{4.5.1}$$

为 X_0 与 X_i 的灰色综合关联度，简称综合关联度 (刘思峰和郭天榜, 1991).

灰色综合关联度既体现了折线 X_0 与 X_i 的相似程度，又反映出 X_0 与 X_i 相对于始点的变化速率的接近程度，是较为全面地表征序列之间联系是否紧密的一个数量指标. 一般地，我们可取 $\theta=0.5$，如果对绝对量之间的关系较为关心，θ 可取大一些；如果对变化速率看得较重，θ 可取小一些.

例 4.5.2　求例 4.4.1 中 X_0 与 X_1 的灰色综合关联度.

解　由例 4.4.1 和例 4.5.1，已得 $\varepsilon_{01}=0.5581$，$r_{01}=0.78$，取 $\theta=0.5$，可得

$$\rho_{01}=\theta\varepsilon_{01}+(1-\theta)r_{01}=0.5\times 0.5581+0.5\times 0.78=0.669$$

类似地, 若取 $\theta = 0.2, 0.3, 0.4, 0.6, 0.8$, 可求得灰色综合关联度见表 4.5.1.

表 4.5.1   灰色综合关联度

项目	θ 值				
	0.2	0.3	0.4	0.6	0.8
综合关联度	0.73562	0.71343	0.69124	0.64686	0.60248

因为 $\varepsilon_{01} < r_{01}$, 从表 4.5.1 可以看出, 随着 θ 值不断增大, 综合关联度值变小.

定理 4.5.2 灰色综合关联度 ρ_{0i}, 具有下列性质:

(1) $0 < \rho_{0i} \leqslant 1$;

(2) ρ_{0i} 既与序列 X_0 和 X_i 的各观测数据的大小有关, 又与各数据相对于始点的变化速率有关;

(3) ρ_{0i} 恒不为零;

(4) 改变 X_0 与 X_i 中的数据, ρ_{0i} 也随之变化;

(5) X_0 与 X_i 序列长度变化, ρ_{0i} 也随之变化;

(6) θ 取不同的值, ρ_{0i} 也不同;

(7) $\theta = 1$ 时, $\rho_{0i} = \varepsilon_{0i}$, $\theta = 0$ 时, $\rho_{0i} = r_{0i}$;

(8) $\rho_{00} = \rho_{ii} = 1$;

(9) $\rho_{0i} = \rho_{i0}$.

4.6   基于相似性和接近性视角的灰色关联分析模型

1991 年, 作者根据邓聚龙教授灰色关联度模型构造的基本思想, 提出了灰色绝对关联度模型并研究了其性质和算法. 此后的二十多年中, 这一模型得到了广泛应用, 解决了科研、生产中的大量实际问题. 例如, 张继春等 (1993) 将其应用于岩体爆破质量分析, 赵呈建等 (1996) 将其应用于股票市场分析, 李长洪 (1997) 将其应用于矿井事故成因和煤自燃发火因素分析, 刘以安等 (2002) 将其应用于多雷达低空小目标跟踪分析, 史向峰和申卯兴 (2007) 将其应用于地空导弹武器系统分析, 谭守林等 (2004) 将其应用于机场目标打击顺序分析, 苗晓鹏和夏新涛 (2006) 将其应用于圆锥滚子轴承振动控制等, 均取得满意的效果. 本节将介绍基于相似性和接近性两个不同视角测度序列之间的相互关系与影响的灰色关联分析模型.

定义 4.6.1 设序列 X_i 与 X_j 长度相同, $s_i - s_j$ 如命题 4.4.2 中所示, 则称

$$\varepsilon_{ij} = \frac{1}{1 + |s_i - s_j|} \tag{4.6.1}$$

为 X_i 与 X_j 的基于相似性视角的灰色关联度, 简称相似关联度 (刘思峰等, 2010b).

相似关联度用于测度序列 X_i 与 X_j 在几何形状上的相似程度. X_i 与 X_j 在几何形状上越相似, ε_{ij} 越大, 反之就越小.

定义 4.6.2 设序列 X_i 与 X_j 长度相同, $S_i - S_j$ 如命题 4.4.2 中所示, 则称

$$\rho_{ij} = \frac{1}{1+|S_i - S_j|} \qquad (4.6.2)$$

为 X_i 与 X_j 的基于接近性视角的灰色关联度, 简称接近关联度 (刘思峰等, 2010b).

命题 4.6.1 设 X_i 与 X_j 的长度相同, 且皆为 1-时距序列, 则

$$|S_i - S_j| = \left| \frac{1}{2}[x_i(1) - x_j(1)] + \sum_{k=2}^{n-1}[x_i(k) - x_j(k)] + \frac{1}{2}[x_i(n) - x_j(n)] \right| \qquad (4.6.3)$$

接近关联度用于测度序列 X_i 与 X_j 在空间中的接近程度. X_i 与 X_j 越接近, ρ_{ij} 越大, 反之就越小. 接近关联度仅适用于序列 X_i 与 X_j 意义、量纲完全相同的情形, 当序列 X_i 与 X_j 的意义、量纲不同时, 计算其接近关联度没有任何实际意义.

定理 4.6.1 灰色相似关联度

$$\varepsilon_{ij} = \frac{1}{1+|s_i - s_j|}$$

和灰色接近关联度

$$\rho_{ij} = \frac{1}{1+|S_i - S_j|}$$

皆满足灰色关联公理.

定理 4.6.2 灰色相似关联度 ε_{ij} 具有下列性质:

(1) $0 < \varepsilon_{ij} \leqslant 1$;

(2) ε_{ij} 仅与 X_i 和 X_j 的几何形状有关, 而与其空间相对位置无关, 或者说, 平移变换不改变相似关联度的值;

(3) X_i 与 X_j 在几何形状上越相似, ε_{ij} 越大, 反之就越小;

(4) X_i 与 X_j 平行, 或 X_i^0 围绕 X_j^0 摆动, 且 X_i^0 位于 X_j^0 之上部分的面积与 X_i^0 位于 X_j^0 之下部分的面积相等时, $\varepsilon_{ij} = 1$;

(5) $\varepsilon_{ii} = 1$;

(6) $\varepsilon_{ij} = \varepsilon_{ji}$.

定理 4.6.3 灰色接近关联度 ρ_{ij} 具有下列性质:

(1) $0 < \rho_{ij} \leqslant 1$;

(2) ρ_{ij} 不仅与 X_i 和 X_j 的几何形状有关, 还与其空间相对位置有关, 或者说, 平移变换将改变接近关联度的值;

(3) X_i 与 X_j 越接近, ρ_{ij} 越大, 反之就越小;

(4) X_i 与 X_j 重合, 或 X_i 围绕 X_j 摆动, 且 X_i 位于 X_j 之上部分的面积与 X_i 位于 X_j 之下部分的面积相等时, $\rho_{ij} = 1$;

(5) $\rho_{ii} = 1$;

(6) $\rho_{ij} = \rho_{ji}$.

例 4.6.1 设序列

$$X_1 = (x_1(1), x_1(2), x_1(3), x_1(4), x_1(5), x_1(7))$$
$$= (0.91, 0.97, 0.90, 0.93, 0.91, 0.95)$$
$$X_2 = (x_2(1), x_2(2), x_2(3), x_2(5), x_2(7))$$
$$= (0.60, 0.68, 0.61, 0.63, 0.65)$$
$$X_3 = (x_3(1), x_3(3), x_3(7)) = (0.82, 0.90, 0.86)$$

试分别求 X_2, X_3 与 X_1 的相似关联度 $\varepsilon_{12}, \varepsilon_{13}$ 和接近关联度 ρ_{12}, ρ_{13}.

解　(1)将 X_2, X_3 化为与 X_1 时距相同的等时距序列, 令

$$x_2(4) = \frac{1}{2}(x_2(3) + x_2(5)) = \frac{1}{2}(0.61 + 0.63) = 0.62$$

$$x_3(2) = \frac{1}{2}(x_3(1) + x_3(3)) = \frac{1}{2}(0.82 + 0.90) = 0.86$$

$$x_3(5) = \frac{1}{2}(x_3(3) + x_3(7)) = \frac{1}{2}(0.90 + 0.86) = 0.88$$

$$x_3(4) = \frac{1}{2}(x_3(3) + x_3(5)) = \frac{1}{2}(0.90 + 0.88) = 0.89$$

$$x_1(6) = \frac{1}{2}(x_1(5) + x_1(7)) = \frac{1}{2}(0.91 + 0.95) = 0.93$$

$$x_2(6) = \frac{1}{2}(x_2(5) + x_2(7)) = \frac{1}{2}(0.63 + 0.65) = 0.64$$

$$x_3(6) = \frac{1}{2}(x_3(5) + x_3(7)) = \frac{1}{2}(0.88 + 0.86) = 0.87$$

于是有

$$X_1 = (x_1(1), x_1(2), x_1(3), x_1(4), x_1(5), x_1(6), x_1(7))$$
$$= (0.91, 0.97, 0.90, 0.93, 0.91, 0.93, 0.95)$$
$$X_2 = (x_2(1), x_2(2), x_2(3), x_2(4), x_2(5), x_2(6), x_2(7))$$
$$= (0.60, 0.68, 0.61, 0.62, 0.63, 0.64, 0.65)$$
$$X_3 = (x_3(1), x_3(2), x_3(3), x_3(4), x_3(5), x_3(6), x_3(7))$$
$$= (0.82, 0.86, 0.90, 0.89, 0.88, 0.87, 0.86)$$

已皆为 1-时距序列.

(2)求始点零化像, 得

$$X_1^0 = (x_1^0(1), x_1^0(2), x_1^0(3), x_1^0(4), x_1^0(5), x_1^0(6), x_1^0(7))$$
$$= (0, 0.06, -0.01, 0.02, 0, 0.02, 0.04)$$
$$X_2^0 = (x_2^0(1), x_2^0(2), x_2^0(3), x_2^0(4), x_2^0(5), x_2^0(6), x_2^0(7))$$
$$= (0, 0.08, 0.01, 0.02, 0.03, 0.04, 0.05)$$
$$X_3^0 = (x_3^0(1), x_3^0(2), x_3^0(3), x_3^0(4), x_3^0(5), x_3^0(6), x_3^0(7))$$
$$= (0, 0.04, 0.08, 0.07, 0.06, 0.05, 0.04)$$

(3)求 $|s_1 - s_2|$，$|s_1 - s_3|$ 和 $|S_1 - S_2|$，$|S_1 - S_3|$.

$$|s_1 - s_2| = \left| \sum_{k=2}^{6} (x_1^0(k) - x_2^0(k)) + \frac{1}{2}(x_1^0(7) - x_2^0(7)) \right| = 0.095$$

$$|s_1 - s_3| = \left| \sum_{k=2}^{6} (x_1^0(k) - x_3^0(k)) + \frac{1}{2}(x_1^0(7) - x_3^0(7)) \right| = 0.21$$

$$|S_1 - S_2| = \left| \frac{1}{2}[x_1(1) - x_2(1)] + \sum_{k=2}^{6} [x_1(k) - x_2(k)] + \frac{1}{2}[x_1(7) - x_2(7)] \right| = 1.765$$

$$|S_1 - S_3| = \left| \frac{1}{2}[x_1(1) - x_3(1)] + \sum_{k=2}^{6} [x_1(k) - x_3(k)] + \frac{1}{2}[x_1(7) - x_3(7)] \right| = 0.33$$

(4)计算灰色相似关联度 ε_{12}, ε_{13} 和灰色接近关联度 ρ_{12}, ρ_{13}.

$$\varepsilon_{12} = \frac{1}{1 + |s_1 - s_2|} = 0.91, \quad \varepsilon_{13} = \frac{1}{1 + |s_1 - s_3|} = 0.83$$

$$\rho_{12} = \frac{1}{1 + |S_1 - S_2|} = 0.36, \quad \rho_{13} = \frac{1}{1 + |S_1 - S_3|} = 0.75$$

从计算结果可以看出，$\varepsilon_{12} > \varepsilon_{13}$，即与 X_3 相比，X_2 与 X_1 更相似；同样由 $\rho_{12} < \rho_{13}$ 可知，X_3 比 X_2 更接近于 X_1.

需要说明的是，灰色关联分析模型通过关联度测度序列之间的相互关系和影响，主要关注的是序关系，而不是关联度数值的大小. 比如，按照式(4.6.1)或式(4.6.2)计算相似关联度或接近关联度时，当序列数据绝对值较大时，可能导致 $|s_i - s_j|$ 或 $|S_i - S_j|$ 的值较大，从而出现相似关联度或接近关联度数值较小的情形. 这种情形对于序关系的分析没有实质性影响. 如果认为数值较大的关联度更便于说明问题，可以考虑将式(4.6.1)或式(4.6.2)分子和分母中的数 1 取为一个与 $|s_i - s_j|$ 或 $|S_i - S_j|$ 相关的常数，也可以考虑采用灰色绝对关联度模型或其他模型.

另外，接近关联度仅适用于序列数据的意义、量纲完全相同的情形，当序列数据的意义、量纲不同时，研究其接近关联度没有意义.

4.7 逆向序列灰色关联分析模型

定义 4.7.1 设 $X_i = (x_i(1), x_i(2), \cdots, x_i(n))$

为系统行为数据序列，$X_i^0 = X_i - x_i(1)$ 为 X_i 的始点零化序列，$s_i = \int_1^n (X_i - x_i(1)) \mathrm{d}t$

(1)若 $s_i \geqslant 0$，则称 X_i 为增长序列；

(2)若 $s_i \leqslant 0$，则称 X_i 为衰减序列.

定义 4.7.2 设系统行为数据序列

$$X_i = (x_i(1), x_i(2), \cdots, x_i(n))$$
$$X_j = (x_j(1), x_j(2), \cdots, x_j(n))$$

(1)当 X_i, X_j 皆为增长序列，或皆为衰减序列时，则称 X_i 与 X_j 为同向序列；

(2)当 X_i, X_j 中一个为增长序列，另一个为衰减序列时，则称 X_i 与 X_j 为逆向序列.

本章之前各节中给出的灰色关联度模型均可用于两个同向序列之间关系的测度, 而逆向序列之间关系的测度, 则需要运用负的关联度模型进行测度(Liu, 2023).

命题 4.7.1 设 X_i, X_j, X_i^0, X_j^0, $s_i - s_j$ 如命题 4.4.2 所示, 则

(1) 当 X_i, X_j 为同向序列时, $\left|s_i - s_j\right| = \left\|s_i\right| - \left|s_j\right\|$;

(2) 当 X_i 与 X_j 为逆向序列时, $\left|s_i - s_j\right| = \left|s_i\right| + \left|s_j\right|$;

(3) 当 X_i^0 与 X_j^0 相交时, $\left|s_i - s_j\right|$ 为 X_i^0 与 X_j^0 所围成的区域面积之代数和的绝对值, X_i^0 位于 X_j^0 之上的部分取正号, X_i^0 位于 X_j^0 之下的部分取负号(Liu, 2023).

由图 4.7.1 易见命题 4.7.1 成立. 其中图 4.7.1(a)为 X_i, X_j 同为增长序列的情形, 图 4.7.1(b)为 X_i, X_j 同为衰减序列的情形, 图 4.7.1(c)为 X_i, X_j 为逆向序列的情形, 图 4.7.1(d)为 X_i^0 与 X_j^0 相交的情形.

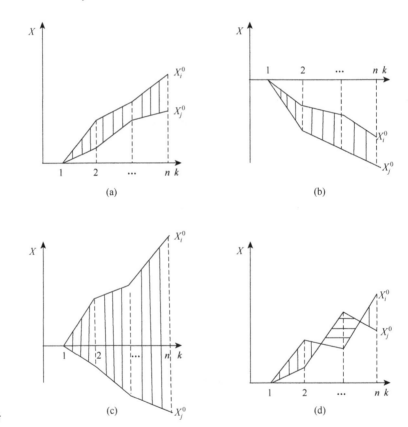

扫一扫 看图片

图 4.7.1　X_i^0 与 X_j^0 的位置关系

由图4.7.1 (c)可以看出, 在 X_i 与 X_j 为逆向序列的情形, $\left|s_i - s_j\right|$ 的值较大, 这时由依据灰色关联公理定义的灰色关联度公式计算的关联度值就会很小. 即使对其中一个序列经过逆化算子或倒数算子转向后再计算关联度, 所得结果也不尽合理.

因此, 对于逆向序列之间关系的测度, 负灰色关联度模型的构造就成为一项必然的选择. 2023 年, 经过多年的不懈探索, Liu (2023) 提出多种负灰色关联分析模型.

对应于灰色关联度模型的规范性和接近性公理, 负灰色关联度 ϕ_{ij}^N 满足以下公理 (Liu, 2023):

公理 4.7.1 规范性

$$-1 < \phi_{ij}^N \leqslant 0, \ \phi_{ij}^N = 0 \Leftarrow X_i = X_j$$

公理 4.7.2 逆向性 X_i 与 X_j 的逆向关联程度越强, ϕ_{ij}^N 的值越小.

注意到负灰色关联度的值属于区间 $(-1, 0]$, ϕ_{ij}^N 的值越小, 其绝对值越大.

定义 4.7.3 设系统行为数据序列

$$X_i = (x_i(1), x_i(2), \cdots, x_i(n))$$
$$X_j = (x_j(1), x_j(2), \cdots, x_j(n))$$

为逆向序列, 则称

$$\phi_{ij}^N = -\frac{|s_i - s_j|}{1 + |s_i - s_j|} \tag{4.7.1}$$

为 X_i 与 X_j 的负灰色相似关联度.

易证, 由式 (4.7.1) 定义的负灰色相似关联度满足规范性和逆向性公理.

命题 4.7.2 负灰色相似关联度满足以下性质 (Liu, 2023):

(1) $-1 < \phi_{ij}^N < 0$;

(2) ϕ_{ij}^N 仅与 X_i 和 X_j 的几何形状有关, 而与其空间相对位置无关, 或者说, 平移变换不改变负灰色相似关联度的值;

(3) X_i 与 X_j 的逆向关联程度越强, ϕ_{ij}^N 越接近于 -1; X_i 与 X_j 逆向关联程度越弱, ϕ_{ij}^N 越接近于 0;

(4) X_i 与 X_j 平行, 或 X_i^0 围绕 X_j^0 摆动, 且 X_i^0 位于 X_j^0 之上部分的面积与 X_i^0 位于 X_j^0 之下部分的面积相等时, $\phi_{ij}^N = 0$;

(5) $\phi_{ii}^N = \phi_{jj}^N = 0$;

(6) $\phi_{ij}^N = \phi_{ji}^N$.

例 4.7.1 $X_1 = (x_1(1), x_1(2), x_1(3), x_1(4), x_1(5)) = (1, 2, 3, 3, 5)$

$X_2 = (x_2(1), x_2(2), x_2(3), x_2(4), x_2(5)) = (5, 4, 2, 2, 1)$

X_1, X_2 的始点零化序列分别为

$X_1^0 = (x_1^0(1), x_1^0(2), x_1^0(3), x_1^0(4), x_1^0(5)) = (0, 1, 2, 2, 4)$

$X_2^0 = (x_2^0(1), x_2^0(2), x_2^0(3), x_2^0(4), x_2^0(5)) = (0, -1, -3, -3, -4)$

从而, $s_1 = 7$, X_1 为增长序列, $s_2 = -9$, X_2 为衰减序列, X_1 与 X_2 为逆向序列. 由式 (4.7.1) 可得

$$\phi_{12}^N = -\frac{|s_1 - s_2|}{1 + |s_1 - s_2|} = -\frac{16}{1 + 16} = -0.9412$$

表明 X_1 与 X_2 之间具有很强的逆向关联关系.

类似地,可以给出负灰色绝对关联度、负灰色相对关联度和负灰色综合关联度的定义.

定义 4.7.4   设 X_i 与 X_j 为系统行为数据序列,

(1)若 X_i 与 X_j 为逆向序列,则称

$$\varepsilon_{ij}^N = -\frac{|s_i - s_j|}{1 + |s_i| + |s_j| + |s_i - s_j|} \tag{4.7.2}$$

为 X_i 与 X_j 的负灰色绝对关联度.

(2)若 X_i 与 X_j 的初值化序列为逆向序列,则称

$$r_{ij}^N = -\frac{|s_i' - s_j'|}{1 + |s_i'| + |s_j'| + |s_i' - s_j'|} \tag{4.7.3}$$

为 X_i 与 X_j 的负灰色相对关联度.

(3)若 X_i 与 X_j 及其初值化序列皆为逆向序列,则称

$$\rho_{ij}^N = \theta\varepsilon_{ij}^N + (1-\theta)r_{ij}^N \tag{4.7.4}$$

为 X_i 与 X_j 的负灰色综合关联度.其中 $\theta \in [0,1]$ (Liu, 2023).

需要说明的是,为测度序列空间相对位置关系构建的灰色接近关联度模型不考虑序列的变化方向,不关注两个序列之间的同向或逆向关系,因此不需要定义对应的"负灰色接近关联度".

定义 4.7.5   设 $X_0 = (x_0(1), x_0(2), \cdots, x_0(n))$ 为系统特征行为序列,

$$X_1 = (x_1(1), x_1(2), \cdots, x_1(n))$$
$$\vdots$$
$$X_i = (x_i(1), x_i(2), \cdots, x_i(n))$$
$$\vdots$$
$$X_m = (x_m(1), x_m(2), \cdots, x_m(n))$$

为相关因素序列,若 X_i 为 X_0 的逆向序列,对于 $\xi \in (0,1)$,令

$$\gamma_{0i}^N(k) = \frac{\min\limits_i \min\limits_k |x_0(k) - x_i(k)| - |x_0(k) - x_i(k)|}{|x_0(k) - x_i(k)| + \xi \max\limits_i \max\limits_k |x_0(k) - x_i(k)|} \tag{4.7.5}$$

$$\gamma_{0i}^N = \frac{1}{n}\sum_{k=1}^n \gamma_{0i}^N(k) \tag{4.7.6}$$

则称 γ_{0i}^N 为 X_i 与 X_0 的邓氏负灰色关联度, $\gamma_{0i}^N(k)$ 为相关因素序列 X_i 与系统特征行为序列 X_0 在 k 点的邓氏负灰色关联系数(Liu, 2023).

易证,负灰色绝对关联度、负灰色相对关联度、负灰色综合关联度和邓氏负灰色关联度皆满足规范性和逆向性公理.

4.8 三维关联分析模型

基于行为矩阵的几何描述方法可以将灰色关联分析模型扩展到三维空间.

定义 4.8.1 设 X 为二维系统因素, 其在二维空间中点 (i, j) 处的行为值为 a_{ij}, 其中 $1 \leqslant i \leqslant m$, $1 \leqslant j \leqslant n$, 记 $A = (a_{ij})_{m \times n}$, 称 A 为系统因素 X 的行为矩阵.

行为矩阵广泛存在于现实生活中, 如在金融领域, 一段时间内连续记录某只股票的最高价、最低价、换手率、涨跌幅等数据, 或者记录一组投资组合的收益情况, 那么所有记录就构成一个行为矩阵. 特别地, 当只记录股票的某一种价格时, 则其行为矩阵退化为行为序列.

设

$$A = (a_{ij})_{m \times n} = \begin{bmatrix} a_{11} & a_{12} & \cdots & a_{1n} \\ a_{21} & a_{22} & \cdots & a_{2n} \\ \vdots & \vdots & & \vdots \\ a_{m1} & a_{m2} & \cdots & a_{mn} \end{bmatrix}$$

为系统因素的行为矩阵, 则 X 对应的行为矩阵散点图和行为曲面分别如图 4.8.1 和图 4.8.2 所示.

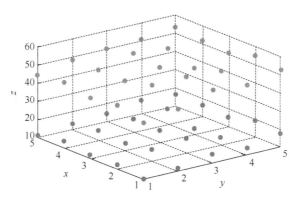

图 4.8.1 行为矩阵散点图

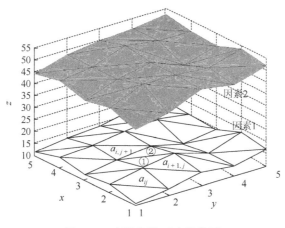

图 4.8.2 行为矩阵对应的曲面

定义 4.8.2 设系统行为矩阵 $A = (a_{ij})_{m \times n}$，$AD = (a_{ij}d)_{m \times n}$，其中 D 为矩阵算子，$a_{ij}d = a_{ij} - a_{1j}$，则 D 称为行为矩阵曲面的始边零化算子，AD 称为 A 的始边零化象，记为 $AD = A^0 = (a_{ij}^0)_{m \times n}$.

行为曲面的始边零化曲面如图 4.8.3 所示.

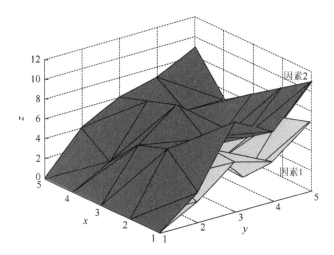

图 4.8.3 行为曲面的始边零化象

定义 4.8.3 （张可和刘思峰, 2010）设系统因素 X, Y 对应的行为矩阵 $A = (a_{ij})_{m \times n}$，$B = (b_{ij})_{m \times n}$ 为同型矩阵, 则

$$\varepsilon_{ab} = \frac{1 + |s_a| + |s_b|}{1 + |s_a| + |s_b| + |s_a - s_b|} \tag{4.8.1}$$

称为 X, Y 的三维灰色绝对关联度, 其中

$$s_a = \iint_{D_a} A^0 \mathrm{d}x\mathrm{d}y, \quad s_b = \iint_{D_b} B^0 \mathrm{d}x\mathrm{d}y, \quad s_a - s_b = \iint_{D_{ab}} (A^0 - B^0) \mathrm{d}x\mathrm{d}y$$

式 (4.8.1) 与序列灰色绝对关联度具有相同的定义形式, 但是参数内涵不同. 原序列关联度中 $|s_i|, |s_j|, |s_i - s_j|$ 表示两序列始点零化曲线与坐标轴所夹的曲边梯形面积以及两条曲线所夹的曲边梯形面积. 而三维绝对关联度中 $|s_p|, |s_q|, |s_p - s_q|$ 对应代表两个始边零化曲面与坐标平面围成的曲顶柱体体积, 以及两个曲面围成的曲顶柱体的体积.

三维关联分析模型能够真实地反映系统行为矩阵间的关联程度, 所得分析结果较为客观、可靠, 并且易于在计算机上实现, 尤其是在动态多属性决策、面板数据分析、图形图像处理、计算机控制等以矩阵为研究对象的领域具有广阔的应用前景.

■ 4.9 优势分析

定义 4.9.1 设 $Y_1, Y_2, \cdots, Y_s$ 为系统特征行为序列, $X_1, X_2, \cdots, X_m$ 为相关因素行为序列, 且 Y_i, X_j 长度相同, $\gamma_{ij}(i = 1, 2, \cdots, s; j = 1, 2, \cdots, m)$ 为 Y_i 与 X_j 的灰色关联度, 则称

$$\Gamma = (\gamma_{ij}) = \begin{bmatrix} \gamma_{11} & \gamma_{12} & \cdots & \gamma_{1m} \\ \gamma_{21} & \gamma_{22} & \cdots & \gamma_{2m} \\ \vdots & \vdots & & \vdots \\ \gamma_{s1} & \gamma_{s2} & \cdots & \gamma_{sm} \end{bmatrix}$$

为灰色关联矩阵.

灰色关联矩阵中第 i 行的元素是系统特征行为序列 $Y_i(i=1,2,\cdots,s)$ 与相关因素序列 $X_1, X_2, \cdots, X_m$ 的灰色关联度; 第 j 列的元素是系统特征行为序列 $Y_1, Y_2, \cdots, Y_s$ 与 $X_j(j=1,2,\cdots,m)$ 的灰色关联度.

利用灰色关联矩阵可以对系统特征或相关因素作优势分析.

定义 4.9.2 设 $Y_i(i=1,2,\cdots,s)$ 为系统特征行为序列, $X_j(j=1,2,\cdots,m)$ 为相关因素行为序列, Γ 为其灰色关联矩阵, 若存在 $k,i \in \{1,2,\cdots,s\}$, 满足

$$\gamma_{kj} \geqslant \gamma_{ij}, \quad j=1,2,\cdots,m$$

则称系统特征 Y_k 优于系统特征 Y_i, 记为 $Y_k \succ Y_i$.

若 $\forall i=1,2,\cdots,s, i \neq k$, 恒有 $Y_k \succ Y_i$, 则称 Y_k 为最优特征.

定义 4.9.3 设 $Y_i(i=1,2,\cdots,s)$ 为系统特征行为序列, $X_j(j=1,2,\cdots,m)$ 为相关因素行为序列, Γ 为其灰色关联矩阵, 若存在 $l,j \in \{1,2,\cdots,m\}$, 满足

$$\gamma_{il} \geqslant \gamma_{ij}, \quad i=1,2,\cdots,s$$

则称系统因素 X_l 优于系统因素 X_j, 记为 $X_l \succ X_j$.

若 $\forall j=1,2,\cdots,m, j \neq l$, 恒有 $X_l \succ X_j$ 则称 X_l 为最优因素.

定义 4.9.4 设 $Y_i(i=1,2,\cdots,s)$ 为系统特征行为序列, $X_j(j=1,2,\cdots,m)$ 为相关因素行为序列, Γ 为其灰色关联矩阵, 若

(1) 存在 $k,i \in \{1,2,\cdots,s\}$, 满足

$$\sum_{j=1}^{m} \gamma_{kj} \geqslant \sum_{j=1}^{m} \gamma_{ij}$$

则称系统特征 Y_k 准优于系统特征 Y_i, 记为 $Y_k \succeq Y_i$.

(2) 若存在 $l,j \in \{1,2,\cdots,m\}$, 满足

$$\sum_{i=1}^{m} \gamma_{il} \geqslant \sum_{i=1}^{m} \gamma_{ij}$$

则称系统因素 X_l 准优于系统因素 X_j, 记为 $X_l \succeq X_j$.

定义 4.9.5 (1) 若存在 $k \in \{1,2,\cdots,s\}$, 使 $\forall i=1,2,\cdots,s, i \neq k$, 有 $Y_k \succeq Y_i$, 则称系统特征 Y_k 为准优特征.

(2) 若存在 $l \in \{1,2,\cdots,m\}$, 使 $\forall j=1,2,\cdots,m, j \neq l$, 有 $X_l \succeq X_j$, 则称系统因素 X_l 为准优因素.

命题 4.9.1 在一个具有 s 个系统特征变量, m 个相关因素的系统中, 未必有最优特征和最优因素, 但一定有准优特征和准优因素.

例 4.9.1 设

$$Y_1 = (170, 174, 197, 216.4, 235.8)$$
$$Y_2 = (57.55, 70.74, 76.8, 80.7, 89.85)$$
$$Y_3 = (68.56, 70, 85.38, 99.83, 103.4)$$

为系统特征行为序列,

$$X_1 = (308.58, 310, 295, 346, 367)$$
$$X_2 = (195.4, 189.9, 189.2, 205, 222.7)$$
$$X_3 = (24.6, 21, 12.2, 15.1, 14.57)$$
$$X_4 = (20, 25.6, 23.3, 29.2, 30)$$
$$X_5 = (18.98, 19, 22.3, 23.5, 27.655)$$

为相关因素行为序列, 试作优势分析.

解 (1) 求绝对关联矩阵.

对各行为序列求始点零化象, 得

$$Y_1^0 = (0, 4, 27, 46.4, 65.8)$$
$$Y_2^0 = (0, 13.19, 19.25, 23.15, 32.3)$$
$$Y_3^0 = (0, 1.44, 16.82, 31.27, 34.84)$$
$$X_1^0 = (0, 1.42, -13.58, 37.42, 58.42)$$
$$X_2^0 = (0, -5.5, -8.2, 9.6, 27.3)$$
$$X_3^0 = (0, -3.6, -12.4, -9.5, -10.03)$$
$$X_4^0 = (0, 5.6, 3.3, 9.2, 10)$$
$$X_5^0 = (0, 0.02, 3.32, 4.52, 8.675)$$

对应于系统特征变量 Y_1:

$$\left|s_{y_1}\right| = \left|\sum_{k=2}^{4} y_1^0(k) + \frac{1}{2} y_1^0(5)\right| = \left|4 + 27 + 46.4 + \frac{1}{2} \times 65.8\right| = 110.3$$

$$\left|s_{x_1}\right| = \left|\sum_{k=2}^{4} x_1^0(k) + \frac{1}{2} x_1^0(5)\right| = \left|1.42 + (-13.58) + 37.42 + \frac{1}{2} \times 58.42\right| = 54.47$$

$$\left|s_{y_1} - s_{x_1}\right| = \left|\sum_{k=2}^{4} (y_1^0(k) - x_1^0(k)) + \frac{1}{2}(y_1^0(5) - x_1^0(5))\right| = 55.9$$

$$\varepsilon_{11} = \frac{1 + \left|s_{y_1}\right| + \left|s_{x_1}\right|}{1 + \left|s_{y_1}\right| + \left|s_{x_1}\right| + \left|s_{y_1} - s_{x_1}\right|} = \frac{1 + 110.3 + 54.47}{1 + 110.3 + 54.47 + 55.9} = 0.748$$

$$\left|s_{x_2}\right| = \left|\sum_{k=2}^{4} x_2^0(k) + \frac{1}{2} x_2^0(5)\right| = \left|(-5.5) + (-8.2) + 9.6 + \frac{1}{2} \times 27.3\right| = 9.55$$

$$\left|s_{y_1} - s_{x_2}\right| = \left|\sum_{k=2}^{4} (y_1^0(k) - x_2^0(k)) + \frac{1}{2}(y_1^0(5) - x_2^0(5))\right| = 100.75$$

$$\varepsilon_{12} = \frac{1 + \left|s_{y_1}\right| + \left|s_{x_2}\right|}{1 + \left|s_{y_1}\right| + \left|s_{x_2}\right| + \left|s_{y_1} - s_{x_2}\right|} = \frac{1 + 110.3 + 9.55}{1 + 110.3 + 9.55 + 100.75} = 0.545$$

类似可得

$$\varepsilon_{13} = \frac{1 + \left|s_{y_1}\right| + \left|s_{x_3}\right|}{1 + \left|s_{y_1}\right| + \left|s_{x_3}\right| + \left|s_{y_1} - s_{x_3}\right|} = 0.502$$

$$\varepsilon_{14} = \frac{1 + \left|s_{y_1}\right| + \left|s_{x_4}\right|}{1 + \left|s_{y_1}\right| + \left|s_{x_4}\right| + \left|s_{y_1} - s_{x_4}\right|} = 0.606$$

$$\varepsilon_{15} = \frac{1 + \left|s_{y_1}\right| + \left|s_{x_5}\right|}{1 + \left|s_{y_1}\right| + \left|s_{x_5}\right| + \left|s_{y_1} - s_{x_5}\right|} = 0.557$$

对应于系统特征 Y_2，类似可得

$$\varepsilon_{21} = 0.880, \quad \varepsilon_{22} = 0.570, \quad \varepsilon_{23} = 0.502, \quad \varepsilon_{24} = 0.663, \quad \varepsilon_{25} = 0.588$$

对应于系统特征 Y_3，同法可得

$$\varepsilon_{31} = 0.907, \quad \varepsilon_{32} = 0.574, \quad \varepsilon_{33} = 0.503, \quad \varepsilon_{34} = 0.675, \quad \varepsilon_{35} = 0.594$$

于是得绝对关联矩阵

$$A = (\varepsilon_{ij}) = \begin{bmatrix} \varepsilon_{11} & \varepsilon_{12} & \varepsilon_{13} & \varepsilon_{14} & \varepsilon_{15} \\ \varepsilon_{21} & \varepsilon_{22} & \varepsilon_{23} & \varepsilon_{24} & \varepsilon_{25} \\ \varepsilon_{31} & \varepsilon_{32} & \varepsilon_{33} & \varepsilon_{34} & \varepsilon_{35} \end{bmatrix}$$

$$= \begin{bmatrix} 0.748 & 0.545 & 0.502 & 0.606 & 0.557 \\ 0.880 & 0.570 & 0.502 & 0.663 & 0.588 \\ 0.907 & 0.574 & 0.503 & 0.675 & 0.594 \end{bmatrix}$$

(2) 求相对关联矩阵.

先计算系统特征行为序列 $Y_i (i = 1, 2, 3)$ 和相关因素行为序列 $X_j (j = 1, 2, 3, 4, 5)$ 的初值象 $Y_i' (i = 1, 2, 3)$ 和 $X_j' (j = 1, 2, 3, 4, 5)$ 及其始点零化象 $Y_i'^0 (i = 1, 2, 3)$ 和 $X_j'^0 (j = 1, 2, 3, 4, 5)$.

由

$$\left|s'_{y_i}\right| = \left|\sum_{k=2}^{4} y_i'^0(k) + \frac{1}{2} y_i'^0(5)\right|, \quad i = 1, 2, 3$$

$$\left|s'_{x_j}\right| = \left|\sum_{k=2}^{4} x_j'^0(k) + \frac{1}{2} x_j'^0(5)\right|, \quad j = 1, 2, 3, 4, 5$$

$$\left|s'_{y_i} - s'_{x_j}\right| = \left|\sum_{k=2}^{4} (y_i'^0(k) - x_j'^0(k)) + \frac{1}{2} (y_i'^0(5) - x_j'^0(5))\right|, \quad i = 1, 2, 3; \quad j = 1, 2, 3, 4, 5$$

$$r_{ij} = \frac{1 + \left|s'_{y_i}\right| + \left|s'_{x_j}\right|}{1 + \left|s'_{y_i}\right| + \left|s'_{x_j}\right| + \left|s'_{y_i} - s'_{x_j}\right|}, \quad i = 1, 2, 3; \quad j = 1, 2, 3, 4, 5$$

得

$$r_{11}=0.7945, \quad r_{12}=0.7389, \quad r_{13}=0.6046, \quad r_{14}=0.8471, \quad r_{15}=0.9973$$

$$r_{21}=0.6937, \quad r_{22}=0.6571, \quad r_{23}=0.5837, \quad r_{24}=0.9738, \quad r_{25}=0.8271$$

$$r_{31}=0.7300, \quad r_{32}=0.6866, \quad r_{33}=0.6101, \quad r_{34}=0.9444, \quad r_{35}=0.8884$$

因此, 相对关联矩阵为

$$B=\begin{bmatrix} r_{11} & r_{12} & r_{13} & r_{14} & r_{15} \\ r_{21} & r_{22} & r_{23} & r_{24} & r_{25} \\ r_{31} & r_{32} & r_{33} & r_{34} & r_{35} \end{bmatrix}$$

$$=\begin{bmatrix} 0.7945 & 0.7389 & 0.6046 & 0.8471 & 0.9973 \\ 0.6937 & 0.6571 & 0.5837 & 0.9738 & 0.8271 \\ 0.7300 & 0.6866 & 0.6101 & 0.9444 & 0.8884 \end{bmatrix}$$

(3) 求综合关联矩阵 C.

取 $\theta=0.5$, 则

$$C=\theta A+(1-\theta)B=(\theta\varepsilon_{ij}+(1-\theta)r_{ij})=(\rho_{ij})$$

$$=\begin{bmatrix} \rho_{11} & \rho_{12} & \rho_{13} & \rho_{14} & \rho_{15} \\ \rho_{21} & \rho_{22} & \rho_{23} & \rho_{24} & \rho_{25} \\ \rho_{31} & \rho_{32} & \rho_{33} & \rho_{34} & \rho_{35} \end{bmatrix}$$

$$=\begin{bmatrix} 0.7713 & 0.6420 & 0.5533 & 0.7266 & 0.7772 \\ 0.7869 & 0.6136 & 0.5429 & 0.8184 & 0.7076 \\ 0.8185 & 0.6303 & 0.5566 & 0.8097 & 0.7412 \end{bmatrix}$$

(4) 结果分析.

从绝对关联矩阵 A 看, 由于 A 中各行元素满足

$$\varepsilon_{3j}>\varepsilon_{2j}\geqslant\varepsilon_{1j}, \quad j=1,2,3,4,5$$

故有 $Y_3\succ Y_2\succ Y_1$, 即 Y_3 为最优特征, Y_2 次之, Y_1 最劣.

A 中各列元素满足

$$\varepsilon_{i1}>\varepsilon_{i4}>\varepsilon_{i5}>\varepsilon_{i2}>\varepsilon_{i3}, \quad i=1,2,3$$

故有 $X_1\succ X_4\succ X_5\succ X_2\succ X_3$, 即 X_1 为最优因素, X_4 次之, X_5 又次之, X_2 劣于 X_5, X_3 最劣.

从相对关联矩阵 B 看, 由于 B 中元素满足

$$r_{i4}>r_{i1}>r_{i2}>r_{i3}, \quad i=1,2,3$$

$$r_{i5}>r_{i1}>r_{i2}>r_{i3}, \quad i=1,2,3$$

故有 $X_4\succ X_1\succ X_2\succ X_3, X_5\succ X_1\succ X_2\succ X_3$, 所以 X_3 最劣, 进而考虑

$$\sum_{j=1}^{5}r_{1j}=3.9824>\sum_{j=1}^{5}r_{3j}=3.8595>\sum_{j=1}^{5}r_{2j}=3.7354$$

所以 $Y_1 \succeq Y_3 \succeq Y_2$，故 Y_1 为准优特征.

$$\sum_{i=1}^{3} r_{i4} = 2.7653 > \sum_{i=1}^{3} r_{i5} = 2.7128 > \sum_{i=1}^{3} r_{i1}$$

$$= 2.2182 > \sum_{i=1}^{3} r_{i2} = 2.0826 > \sum_{i=1}^{3} r_{i3} = 1.7984$$

所以 $X_4 \succeq X_5 \succeq X_1 \succeq X_2 \succeq X_3$，故 X_4 为准优因素，X_5 次之，X_3 最劣.

从综合关联矩阵 C 看，由于 C 中元素满足

$$\rho_{i1} > \rho_{i2} > \rho_{i3}, \quad \rho_{i4} > \rho_{i2} > \rho_{i3}, \quad \rho_{i5} > \rho_{i2} > \rho_{i3}, \quad i = 1,2,3$$

所以 $X_1 \succeq X_2 \succeq X_3$，$X_4 \succeq X_2 \succeq X_3$，$X_5 \succeq X_2 \succeq X_3$. 故 X_3 最劣，进一步考虑

$$\sum_{j=1}^{5} \rho_{3j} = 3.5563 > \sum_{j=1}^{5} \rho_{1j} = 3.4704 > \sum_{j=1}^{5} \rho_{2j} = 3.4694$$

所以 $Y_3 \succeq Y_1 \succeq Y_2$，故 Y_3 为准优特征.

$$\sum_{i=1}^{3} \rho_{i1} = 2.3767 > \sum_{i=1}^{3} \rho_{i4} = 2.3547 > \sum_{i=1}^{3} \rho_{i5}$$

$$= 2.226 > \sum_{i=1}^{3} \rho_{i2} = 1.8859 > \sum_{i=1}^{3} \rho_{i3} = 1.6528$$

所以 $X_1 \succeq X_4 \succeq X_5 \succeq X_2 \succeq X_3$，故 X_1 为准优因素，X_4 次之，X_5 优于 X_2，X_3 最劣.

三种关联序分析的结果之所以不完全一致，是由于绝对关联序是从绝对量的关系着眼考虑，相对关联序是从各时刻观测数据相对于始点的变化速率着眼考虑，而综合关联序则是综合了绝对量的关系和变化速率的关系之后的结果. 在实际问题中，可根据具体情况选择其中的一种关联序.

➤复习思考题

一、选择题

1. 灰色关联分析的基本思想是（　　）.

A. 根据序列曲线几何形状的相似程度来判断其联系是否紧密

B. 通过回归分析来研究变量之间的关系

C. 其基本思想与主成分分析一样

D. 以上答案皆错

2. 以下说法正确的是（　　）.

A. 对一个抽象的系统进行分析，首先要确定反映系统行为特征的数据序列

B. 对一个抽象的系统进行分析，首先要确定系统行为特征的映射量

C. 系统分析，需要明确系统行为特征的映射量和影响系统主行为的相关因素

D. 以上答案皆正确

3. 若 X_i 为经济因素，k 为时间，$x_i(k)$ 为因素 X_i 在时刻 k 的观测数据，则 $X_i = (x_i(1), x_i(2), \cdots, x_i(n))$ 是（　　）.

A. 经济行为时间序列　　　　　　　　B. 经济行为指标序列

C. 经济行为部门序列　　　　　　　　D. 经济行为横向序列

4. 设 $X_i = (x_i(1), x_i(2), \cdots, x_i(n))$ 为因素 X_i 的行为序列, D_1 为序列算子, 且 $X_i D_1 = (x_i(1)d_1, x_i(2)d_1, \cdots, x_i(n)d_1)$, 其中 $x_i(k)d_1 = x_i(k)/x_i(1)$, $x_i(1) \neq 0$, $k = 1, 2, \cdots, n$, 则称 D_1 为（　　）.

A. 初值化算子　　　　　　　　　　B. 均值化算子

C. 区间值化算子　　　　　　　　　D. 逆化算子

5. 序列的增值特性, 是指当两个增长序列的绝对增值量相同时, 初值小的序列的相对增长速度要（　　）初值大的序列.

A. 大于　　　　　　　　　　　　　B. 等于

C. 不大于　　　　　　　　　　　　D. 小于

6. 下面所列（　　）不是灰色关联公理.

A. 规范性　　　　　B. 接近性　　　　　C. 对称性　　　　　D. 相似性

二、名词解释

1. 灰色绝对关联度.

2. 灰色接近关联度.

3. 逆向序列灰色关联度.

三、简答题

1. 灰色相对关联度有哪些性质?

2. 简述灰色相对关联度和灰色绝对关联度的联系与区别?

3. 根据灰色关联公理, 试构造一种新型关联度模型.

四、计算题

1. 给定两数据序列

$$X_1 = (3.5, 4.7, 6.3, 8.2, 10), \quad X_2 = (3.2, 5.1, 7.0, 8.6, 10.4)$$

分别取 $\xi = 0.3, 0.5, 0.7$, 用 4.3 节关联度模型计算 X_1 和 X_2 的邓氏关联度.

2. 设序列

$$X_1 = (30.5, 34.7, 35.9, 38.2, 41)$$
$$X_2 = (22.1, 25.4, 27.1, 28.3, 31.5)$$

试求其绝对关联度、相对关联度和综合关联度（取 $\rho = 0.5$）.

3. 设序列

$$X_1 = (30.5, 34.7, 35.9, 38.2, 41)$$
$$X_2 = (22.1, 25.4, 27.1, 28.3, 31.5)$$

试求其相似关联度和接近关联度.

4. 设

$$Y_1 = (3.72, 3.50, 3.51, 3.35, 3.15, 2.90, 2.95, 2.92, 3.02, 3.01, 3.02, 3.10, 3.25, 3.30, 3.40,$$
$$3.35, 3.33, 2.96, 2.72, 2.60)$$

$$Y_2 = (3.95, 3.90, 4.20, 4.40, 4.50, 4.53, 4.48, 4.46, 4.01, 4.54, 4.75, 4.72, 4.49, 4.23, 4.50,$$
$$4.62, 4.91, 4.95, 5.24, 5.49)$$

试分析 Y_1 与 Y_2 是否为逆向序列? 并计算 Y_1 与 Y_2 负灰色相似关联度.

5. 设

$$Y_1 = (170, 174, 197, 216.4, 235.8)$$

$$Y_2 = (57.55, 70.74, 76.8, 80.7, 89.85)$$
$$Y_3 = (68.56, 70, 85.38, 99.83, 103.4)$$

为系统特征行为序列,

$$X_1 = (308.58, 310, 295, 346, 367)$$
$$X_2 = (195.4, 189.9, 189.2, 205, 222.7)$$
$$X_3 = (24.6, 21, 12.2, 15.1, 14.57)$$
$$X_4 = (20, 25.6, 23.3, 29.2, 30)$$
$$X_5 = (18.98, 19, 22.3, 23.5, 27.655)$$

为相关因素行为序列, 试作优势分析.

第 **5** 章

灰色聚类评估模型

灰色聚类是根据灰色关联矩阵或灰数的可能度函数将所考察的观测指标或观测对象划分成若干个可定义类别的方法. 一个灰类就是属于同一类的观测指标或观测对象的集合. 在实际问题中, 往往是每个观测对象具有许多个特征指标, 难以进行准确的分类. 例如, "因材施教"是教育界讨论了许多年的一个问题, 但对于具体的教育对象究竟属于哪一类人才往往难以界定, 因此, "因材施教"也无法付诸实践. 在用人问题上, 不能正确地对具有不同能力、品行和素养的人进行归类, 造成用人失误, 给事业带来损失的情况也十分普遍. 又如, 对于创新人才、科研选题及研究成果的评价, 实际上也属于分类问题. 对于创新型人才的贡献和潜能, 科研选题的创新性及意义, 以及研究成果的水平和价值, 如何进行科学评价和分类, 仍然没有公认的成熟方法. 尤其是具有原创性的科研选题及研究成果, 往往难以得到认可.

按聚类对象划分, 灰色聚类可分为灰色关联聚类和基于可能度函数的灰色聚类. 灰色关联聚类主要用于同类因素的归并, 以使复杂系统简化. 通过灰色关联聚类, 我们可以考察许多因素中是否有若干个因素大体上属于同一类, 使我们能采用这些因素的综合指标或其中的某一个因素来代表这若干个因素而使信息不至于受到严重损失. 这属于系统变量的删减问题. 在进行大面积调研之前, 通过典型抽样数据的灰色关联聚类, 可以减少不必要数据的收集, 节省时间和经费. 基于可能度函数的灰色聚类主要用于考察观测对象是否属于事先设定的不同类别, 以便区别对待. 具体做起来, 基于可能度函数的灰色聚类需要根据拟划分的灰类和对应的聚类指标, 事先设定可能度函数和不同聚类指标的权重并据以计算综合聚类系数.

■ 5.1 灰色关联聚类模型

定义 5.1.1 设有 n 个观测对象, 每个对象观测 m 个不同的属性指标, 得到序列如下:

$$X_1 = (x_1(1), x_1(2), \cdots, x_1(n))$$
$$X_2 = (x_2(1), x_2(2), \cdots, x_2(n))$$
$$\vdots$$
$$X_m = (x_m(1), x_m(2), \cdots, x_m(n))$$

对所有的 $i \leqslant j$, $i, j = 1, 2, \cdots, m$, 计算出 X_i 与 X_j 的灰色绝对关联度 ε_{ij}, 得上三角矩阵

$$A = \begin{pmatrix} \varepsilon_{11} & \varepsilon_{12} & \cdots & \varepsilon_{1m} \\ & \varepsilon_{22} & \cdots & \varepsilon_{2m} \\ & & \ddots & \vdots \\ & & & \varepsilon_{mm} \end{pmatrix}$$

其中 $\varepsilon_{ii} = 1$, $i = 1, 2, \cdots, m$. 称矩阵 A 为属性指标关联矩阵.

给定临界值 $r \in [0,1]$, 一般要求 $r > 0.5$, 当 $\varepsilon_{ij} \geqslant r(i \neq j)$ 时, 则视 X_j 与 X_i 为同类指标.

定义 5.1.2　属性指标在临界值 r 下的分类称为属性指标的 r 灰色关联聚类.

r 可根据实际问题的需要确定, r 越接近于 1, 分类越细, 每一组分中的属性指标相对越少; r 越小, 分类越粗, 这时每一组分中的属性指标相对越多.

例 5.1.1　评定某一职位的任职资格. 评委提出了 15 个属性指标: ①申请书印象; ②学术能力; ③讨人喜欢程度; ④自信程度; ⑤精明; ⑥诚实; ⑦推销能力; ⑧经验; ⑨积极性; ⑩抱负; ⑪仪容仪表; ⑫理解能力; ⑬潜力; ⑭交际能力; ⑮适应能力.

大家认为某些属性指标可能是相关或混同的, 希望通过对少数对象的观测结果, 将上述指标适当归类, 删去一些不必要的指标, 简化考察标准. 对上述指标采取打分的办法使之定量化, 9 名考察对象各个属性指标所得的分数见表 5.1.1.

表 5.1.1　9 名考察对象 15 个指标得分情况

指标	1	2	3	4	5	6	7	8	9
X_1	6	9	7	5	6	7	9	9	9
X_2	2	5	3	8	8	7	8	9	7
X_3	5	8	6	5	8	6	8	8	8
X_4	8	10	9	6	4	8	8	9	8
X_5	7	9	8	5	4	7	8	9	8
X_6	8	9	9	9	9	10	8	8	8
X_7	8	10	7	2	2	5	8	8	5
X_8	3	5	4	8	8	9	10	10	9
X_9	8	9	9	4	5	6	8	9	8
X_{10}	9	9	9	5	5	5	10	10	9
X_{11}	7	10	8	6	8	7	9	9	9
X_{12}	7	8	8	8	8	8	8	9	8

指标	1	2	3	4	5	6	7	8	9
X_{13}	5	8	6	7	8	6	9	9	8
X_{14}	7	8	8	6	7	6	8	9	8
X_{15}	10	10	10	5	7	6	10	10	10

对所有的 $i \leqslant j$, $i, j = 1, 2, \cdots, 15$, 计算出 X_i 与 X_j 的灰色绝对关联度, 得上三角矩阵 (表 5.1.2).

利用表 5.1.2 即可对属性指标进行聚类. 临界值 r 可根据要求取不同的值. 例如, 令 $r = 1$, 则上述 15 个指标各自成为一类.

表 5.1.2 指标关联矩阵

指标	X_1	X_2	X_3	X_4	X_5	X_6	X_7	X_8	X_9	X_{10}	X_{11}	X_{12}	X_{13}	X_{14}	X_{15}
X_1	1	0.66	0.88	0.52	0.58	0.77	0.51	0.66	0.51	0.51	0.90	0.88	0.80	0.67	0.51
X_2		1	0.72	0.51	0.53	0.59	0.50	0.99	0.51	0.51	0.63	0.62	0.77	0.55	0.51
X_3			1	0.56	0.70	0.51	0.72	0.51	0.51	0.51	0.80	0.78	0.90	0.63	0.51
X_4				1	0.56	0.53	0.58	0.51	0.69	0.62	0.52	0.52	0.51	0.54	0.60
X_5					1	0.65	0.51	0.53	0.53	0.52	0.61	0.61	0.55	0.75	0.52
X_6						1	0.51	0.59	0.52	0.52	0.84	0.86	0.66	0.81	0.51
X_7							1	0.50	0.70	0.83	0.51	0.51	0.51	0.51	0.89
X_8								1	0.51	0.51	0.63	0.62	0.77	0.55	0.51
X_9									1	0.81	0.52	0.52	0.51	0.53	0.76
X_{10}										1	0.51	0.51	0.51	0.52	0.92
X_{11}											1	0.97	0.74	0.71	0.51
X_{12}												1	0.73	0.72	0.51
X_{13}													1	0.60	0.51
X_{14}														1	0.52
X_{15}															1

令 $r = 0.80$, 我们从第一行开始进行检查, 挑出大于等于 0.80 的 ε_{ij}, 有

$$\varepsilon_{1,3} = 0.88, \quad \varepsilon_{1,11} = 0.90, \quad \varepsilon_{1,12} = 0.88, \quad \varepsilon_{1,13} = 0.80, \quad \varepsilon_{2,8} = 0.99,$$
$$\varepsilon_{3,11} = 0.80, \quad \varepsilon_{3,13} = 0.90, \quad \varepsilon_{6,11} = 0.84, \quad \varepsilon_{6,12} = 0.86, \quad \varepsilon_{6,14} = 0.81,$$
$$\varepsilon_{7,10} = 0.83, \quad \varepsilon_{7,15} = 0.89, \quad \varepsilon_{9,10} = 0.81, \quad \varepsilon_{10,15} = 0.92, \quad \varepsilon_{11,12} = 0.97.$$

从而可知: X_3, X_{11}, X_{12}, X_{13} 与 X_1 在同一类中; X_8 与 X_2 在同一类中; X_{11}, X_{13} 与 X_3 在同一类中; X_{11}, X_{12}, X_{14} 与 X_6 在同一类中; X_{10}, X_{15} 与 X_7 在同一类中; X_{10} 与 X_9 在同一类中; X_{15} 与 X_{10} 在同一类中; X_{12} 与 X_{11} 在同一类中.

取标号最小的属性指标作为各类的代表, 并将 X_6 所在类的指标 X_6, X_{14} 与 X_{12}, X_{11}

一起归入 X_1 所在的类中; 将 X_9 与 X_{10} 一起归入 X_7 所在的类中; 视未被列出的 X_4, X_5 各自成为一类, 就得到 15 个属性指标的一个聚类:

$$\{X_1, X_3, X_6, X_{11}, X_{12}, X_{13}, X_{14}\}, \quad \{X_2, X_8\},$$
$$\{X_4\}, \quad \{X_5\}, \quad \{X_7, X_9, X_{10}, X_{15}\}$$

其中 $\{X_1, X_3, X_6, X_{11}, X_{12}, X_{13}, X_{14}\}$ 所在的类包括申请书印象、讨人喜欢程度、诚实、仪容仪表、理解能力、潜力和交际能力等, 大体上属于通过审查申请书和见面谈话所获得的直接印象, 各项属性指标相互关联, 难以截然分开, 可以用综合印象指标替换. 其余属性指标则需要通过专门测试或更深入的调查才能获得有价值的信息. 如 $\{X_2, X_8\}$ 所在的类包括学术能力和经验, 可以通过了解求职者过去完成的学术研究和实际工作任务进行评价; $\{X_7, X_9, X_{10}, X_{15}\}$ 所在的类包括推销能力、积极性、抱负和适应能力等, 这些属性指标之间的关联性也很强, 可以通过对求职者学习、工作背景及表现的考察进行综合判断; $\{X_4\}$ 反映的是自信程度, $\{X_5\}$ 考察的是精明与否, 与其他各类综合指标关联度不大, 需要进行专项调查.

5.2　灰色变权聚类评估模型

本节讨论的灰色变权聚类评估模型和此后各节将要介绍的灰色定权聚类评估模型及基于混合可能度函数的灰色聚类评估模型都是以可能度函数为基础构造的灰色聚类评估模型.

定义 5.2.1　设有 n 个聚类对象, m 个聚类指标, s 个不同灰类, 根据对象 $i(i=1,2,\cdots,n)$ 关于指标 $j(j=1,2,\cdots,m)$ 的观测值 $x_{ij}(i=1,2,\cdots,n; j=1,2,\cdots,m)$ 将对象 i 归入灰类 $k(k\in\{1,2,\cdots,s\})$, 称为灰色聚类 (邓聚龙, 1985b).

定义 5.2.2　将 n 个对象关于指标 j 的取值相应地分为 s 个灰类, j 指标关于灰类 k 的可能度函数记为 $f_j^k(\cdot)$.

定义 5.2.3　设 j 指标关于灰类 k 的可能度函数 $f_j^k(\cdot)$ 为如图 5.2.1 所示的典型可能度函数, 则称 $x_j^k(1), x_j^k(2), x_j^k(3), x_j^k(4)$ 为 $f_j^k(\cdot)$ 的转折点. 典型可能度函数记为

$$f_j^k[x_j^k(1), x_j^k(2), x_j^k(3), x_j^k(4)]$$

定义 5.2.4　(1) 若可能度函数 $f_j^k(\cdot)$ 无第一和第二个转折点 $x_j^k(1)$, $x_j^k(2)$, 即如图 5.2.2 所示, 则称 $f_j^k(\cdot)$ 为下限测度可能度函数, 记为 $f_j^k[-,-,x_j^k(3),x_j^k(4)]$.

(2) 若可能度函数 $f_j^k(\cdot)$ 第二和第三个转折点 $x_j^k(2)$, $x_j^k(3)$ 重合, 即如图 5.2.3 所示, 则称 $f_j^k(\cdot)$ 为适中测度可能度函数, 记为 $f_j^k[x_j^k(1),x_j^k(2),-,x_j^k(4)]$. 适中测度可能度函数亦称三角可能度函数.

(3) 若可能度函数 $f_j^k(\cdot)$ 无第三和第四个转折点 $x_j^k(3),x_j^k(4)$, 即如图 5.2.4 所示, 则称 $f_j^k(\cdot)$ 为上限测度可能度函数, 记为 $f_j^k[x_j^k(1),x_j^k(2),-,-]$.

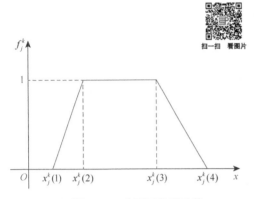

图 5.2.1　典型可能度函数

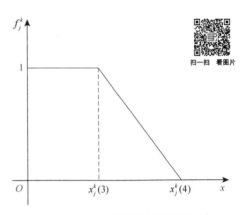

图 5.2.2　下限测度可能度函数

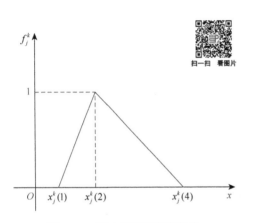

图 5.2.3　适中测度可能度函数

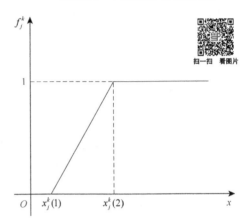

图 5.2.4　上限测度可能度函数

命题 5.2.1　(1) 对于图 5.2.1 所示的典型可能度函数, 有

$$
f_j^k(x) = \begin{cases}
0, & x \notin [x_j^k(1), x_j^k(4)] \\[2mm]
\dfrac{x - x_j^k(1)}{x_j^k(2) - x_j^k(1)}, & x \in [x_j^k(1), x_j^k(2)) \\[2mm]
1, & x \in [x_j^k(2), x_j^k(3)] \\[2mm]
\dfrac{x_j^k(4) - x}{x_j^k(4) - x_j^k(3)}, & x \in (x_j^k(3), x_j^k(4)]
\end{cases}
\tag{5.2.1}
$$

(2) 对于图 5.2.2 所示的下限测度可能度函数, 有

$$
f_j^k(x) = \begin{cases}
0, & x \notin [0, x_j^k(4)] \\[2mm]
1, & x \in [0, x_j^k(3)] \\[2mm]
\dfrac{x_j^k(4) - x}{x_j^k(4) - x_j^k(3)}, & x \in (x_j^k(3), x_j^k(4)]
\end{cases}
\tag{5.2.2}
$$

(3) 对于图 5.2.3 所示的适中测度可能度函数, 有

$$f_j^k(x) = \begin{cases} 0, & x \notin [x_j^k(1), x_j^k(4)] \\ \dfrac{x - x_j^k(1)}{x_j^k(2) - x_j^k(1)}, & x \in [x_j^k(1), x_j^k(2)) \\ \dfrac{x_j^k(4) - x}{x_j^k(4) - x_j^k(2)}, & x \in [x_j^k(2), x_j^k(4)] \end{cases} \tag{5.2.3}$$

(4) 对于图 5.2.4 所示的上限测度可能度函数, 有

$$f_j^k(x) = \begin{cases} 0, & x < x_j^k(1) \\ \dfrac{x - x_j^k(1)}{x_j^k(2) - x_j^k(1)}, & x \in [x_j^k(1), x_j^k(2)] \\ 1, & x > x_j^k(2) \end{cases} \tag{5.2.4}$$

定义 5.2.5 (1) 对于图 5.2.1 所示的 j 指标关于灰类 k 的可能度函数, 令

$$\lambda_j^k = \frac{1}{2}(x_j^k(2) + x_j^k(3))$$

(2) 对于图 5.2.2 所示的 j 指标关于灰类 k 的可能度函数, 令 $\lambda_j^k = x_j^k(3)$;

(3) 对于图 5.2.3 和图 5.2.4 所示的 j 指标关于灰类 k 的可能度函数, 令 $\lambda_j^k = x_j^k(2)$, 则称 λ_j^k 为 j 指标关于灰类 k 的基本值 (basic value).

定义 5.2.6 设 λ_j^k 为 j 指标关于灰类 k 的基本值, 则称

$$\eta_j^k = \frac{\lambda_j^k}{\displaystyle\sum_{j=1}^m \lambda_j^k}$$

为 j 指标关于灰类 k 的权重 (邓聚龙, 1985b).

定义 5.2.7 设 x_{ij} 为对象 i 关于指标 j 的观测值, $f_j^k(\cdot)$ 为 j 指标关于灰类 k 的可能度函数, η_j^k 为 j 指标关于灰类 k 的权重, 则称

$$\sigma_i^k = \sum_{j=1}^m f_j^k(x_{ij})\eta_j^k$$

为对象 i 属于灰类 k 的灰色变权聚类系数 (邓聚龙, 1985b).

定义 5.2.8 (1) 称

$$\sigma_i = (\sigma_i^1, \sigma_i^2, \cdots, \sigma_i^s) = \left(\sum_{j=1}^m f_j^1(x_{ij})\eta_j^1, \sum_{j=1}^m f_j^2(x_{ij})\eta_j^2, \cdots, \sum_{j=1}^m f_j^s(x_{ij})\eta_j^s \right)$$

为对象 i 的灰色聚类系数向量.

(2) 称

$$\Sigma = (\sigma_i^k) = \begin{bmatrix} \sigma_1^1 & \sigma_1^2 & \cdots & \sigma_1^s \\ \sigma_2^1 & \sigma_2^2 & \cdots & \sigma_2^s \\ \vdots & \vdots & & \vdots \\ \sigma_n^1 & \sigma_n^2 & \cdots & \sigma_n^s \end{bmatrix}$$

为灰色聚类系数矩阵.

定义 5.2.9 设 $\max\limits_{1\leqslant k\leqslant s}\{\sigma_i^k\}=\sigma_i^{k^*}$, 则称对象 i 属于灰类 k^*.

灰色变权聚类适用于指标的意义、量纲皆相同的情形, 当聚类指标的意义、量纲不同且不同指标的样本值在数量上差异悬殊时, 不宜采用灰色变权聚类.

例 5.2.1 设有三个经济区, 三个聚类指标分别为种植业收入、畜牧业收入、工副业收入. 第 i 个经济区关于第 j 个指标的样本值 $x_{ij}(i,j=1,2,3)$ 如矩阵 A 所示:

$$A=(x_{ij})=\begin{bmatrix} x_{11} & x_{12} & x_{13} \\ x_{21} & x_{22} & x_{23} \\ x_{31} & x_{32} & x_{33} \end{bmatrix}=\begin{bmatrix} 80 & 20 & 100 \\ 40 & 30 & 30 \\ 10 & 90 & 60 \end{bmatrix}$$

试按高、中、低三种收入类进行综合聚类.

解 设关于指标种植业收入、畜牧业收入、工副业收入的可能度函数分别为

$$f_1^1[30,80,-,-]\,,\quad f_1^2[10,40,-,70]\,,\quad f_1^3[-,-,10,30]$$
$$f_2^1[30,90,-,-]\,,\quad f_2^2[20,50,-,90]\,,\quad f_2^3[-,-,20,40]$$
$$f_3^1[40,100,-,-]\,,\quad f_3^2[30,60,-,90]\,,\quad f_3^3[-,-,30,50]$$

由以上可能度函数及命题 5.2.1 得

$$f_1^1(x)=\begin{cases} 0, & x<30 \\ \dfrac{x-30}{80-30}, & 30\leqslant x\leqslant 80 \\ 1, & x>80 \end{cases} \qquad f_1^2(x)=\begin{cases} 0, & x\notin[10,70] \\ \dfrac{x-10}{40-10}, & 10\leqslant x<40 \\ \dfrac{70-x}{70-40}, & 40\leqslant x\leqslant 70 \end{cases}$$

$$f_1^3(x)=\begin{cases} 0, & x\notin[0,30] \\ 1, & 0\leqslant x<10 \\ \dfrac{30-x}{30-10}, & 10\leqslant x\leqslant 30 \end{cases} \qquad f_2^1(x)=\begin{cases} 0, & x<30 \\ \dfrac{x-30}{90-30}, & 30\leqslant x\leqslant 90 \\ 1, & x>90 \end{cases}$$

$$f_2^2(x)=\begin{cases} 0, & x\notin[20,90] \\ \dfrac{x-20}{50-20}, & 20\leqslant x<50 \\ \dfrac{90-x}{90-50}, & 50\leqslant x\leqslant 90 \end{cases} \qquad f_2^3(x)=\begin{cases} 0, & x\notin[0,40] \\ 1, & 0\leqslant x<20 \\ \dfrac{40-x}{40-20}, & 20\leqslant x\leqslant 40 \end{cases}$$

$$f_3^1(x)=\begin{cases} 0, & x<40 \\ \dfrac{x-40}{100-40}, & 40\leqslant x\leqslant 100 \\ 1, & x>100 \end{cases} \qquad f_3^2(x)=\begin{cases} 0, & x\notin[30,90] \\ \dfrac{x-30}{50-30}, & 30\leqslant x<50 \\ \dfrac{90-x}{90-50}, & 50\leqslant x\leqslant 90 \end{cases}$$

$$f_3^3(x)=\begin{cases} 0, & x\notin[0,50] \\ 1, & 0\leqslant x<30 \\ \dfrac{50-x}{50-30}, & 30\leqslant x\leqslant 50 \end{cases}$$

于是

$$\lambda_1^1 = 80, \quad \lambda_2^1 = 90, \quad \lambda_3^1 = 100, \quad \lambda_1^2 = 40, \quad \lambda_2^2 = 50$$

$$\lambda_3^2 = 60, \quad \lambda_1^3 = 10, \quad \lambda_2^3 = 20, \quad \lambda_3^3 = 30$$

由 $\eta_j^k = \dfrac{\lambda_j^k}{\sum\limits_{j=1}^{3} \lambda_j^k}$, 得

$$\eta_1^1 = \frac{80}{270}, \quad \eta_2^1 = \frac{90}{270}, \quad \eta_3^1 = \frac{100}{270}, \quad \eta_1^2 = \frac{40}{150}, \quad \eta_2^2 = \frac{50}{150}$$

$$\eta_3^2 = \frac{60}{150}, \quad \eta_1^3 = \frac{10}{60}, \quad \eta_2^3 = \frac{20}{60}, \quad \eta_3^3 = \frac{30}{60}$$

再由 $\sigma_i^k = \sum\limits_{j=1}^{m} f_j^k(x_{ij}) \cdot \eta_j^k$, 当 $i = 1$ 时, 有

$$\sigma_1^1 = \sum_{j=1}^{3} f_j^1(x_{1j}) \cdot \eta_j^1 = f_1^1(80) \times \frac{80}{270} + f_2^1(20) \times \frac{90}{270} + f_3^1(100) \times \frac{100}{270} = 0.6667$$

同理, 得

$$\sigma_1^2 = 0, \quad \sigma_1^3 = 0.3333$$

所以

$$\sigma_1 = (\sigma_1^1, \sigma_1^2, \sigma_1^3) = (0.6667, 0, 0.3333)$$

同法计算:

当 $i = 2$ 时, $\sigma_2 = (\sigma_2^1, \sigma_2^2, \sigma_2^3) = (0.0593, 0.3778, 0.6667)$;

当 $i = 3$ 时, $\sigma_3 = (\sigma_3^1, \sigma_3^2, \sigma_3^3) = (0.4667, 0.4, 0.1667)$.

综合以上结果, 可得灰色聚类系数矩阵:

$$\Sigma = (\sigma_i^k) = \begin{bmatrix} \sigma_1^1 & \sigma_1^2 & \sigma_1^3 \\ \sigma_2^1 & \sigma_2^2 & \sigma_2^3 \\ \sigma_3^1 & \sigma_3^2 & \sigma_3^3 \end{bmatrix} = \begin{bmatrix} 0.6667 & 0 & 0.3333 \\ 0.0593 & 0.3778 & 0.6667 \\ 0.4667 & 0.4 & 0.1667 \end{bmatrix}$$

由

$$\max_{1 \leqslant k \leqslant 3} \{\sigma_1^k\} = \sigma_1^1 = 0.6667$$

$$\max_{1 \leqslant k \leqslant 3} \{\sigma_2^k\} = \sigma_2^3 = 0.6667$$

$$\max_{1 \leqslant k \leqslant 3} \{\sigma_3^k\} = \sigma_3^1 = 0.4667$$

表明, 第二经济区属于低收入灰类, 第一经济区和第三经济区属于高收入灰类. 进一步从聚类系数 $\sigma_1^1 = 0.6667$, $\sigma_3^1 = 0.4667$ 可知, 同属于高收入类的第一经济区和第三经济区之间仍存在差别, 如果将收入再细分, 如分为高、中偏高、中、中偏低、低五个灰类, 则可得到更为清晰的结果.

另外, j 指标关于灰类 k 的可能度函数一般可根据实际问题的背景确定. 在解决实际问题时, 可以从参与聚类对象的角度来确定可能度函数, 也可以从整个大环境着眼, 根据所有同类对象——而不仅仅是参与聚类的对象——来确定可能度函数. 例如, 在例 5.2.1

中, 我们不仅可以从参与聚类的三个经济区出发, 而且可以根据一个市、一个省或全国同级经济区的发展状况来确定可能度函数. 因此, 灰色聚类评估的结果是有一定适用范围的, 确定可能度函数时视野所及的范围, 即评估结果适用的范围.

5.3 灰色定权聚类评估模型

当聚类指标的意义、量纲不同时, 不能采用灰色变权聚类评估模型. 这时各指标的基本值不具有可加性, 因而无法由各指标基本值计算权重. 解决这一问题有两条途径: 一条途径是先采用初值化算子或均值化算子将各个指标观测值化为无量纲数据, 然后进行聚类. 这种方式对所有聚类指标一视同仁, 不能反映不同指标在聚类过程中作用的差异性. 另一条途径是对各聚类指标事先赋权. 本节主要讨论第二条途径聚类方法.

定义 5.3.1 设 $x_{ij}(i=1,2,\cdots,n; j=1,2,\cdots,m)$ 为对象 i 关于指标 j 的观测值, $f_j^k(\cdot)(j=1, 2,\cdots,m; k=1,2,\cdots,s)$ 为 j 指标关于灰类 k 的可能度函数. 若 j 指标关于灰类 k 的权 $\eta_j^k(j=1,2,\cdots,m; k=1,2,\cdots,s)$ 与 k 无关, 即对任意的 $k_1, k_2 \in \{1,2,\cdots,s\}$, 恒有 $\eta_j^{k_1}=\eta_j^{k_2}$, 此时我们可将 η_j^k 的上标 k 略去, 记为 $\eta_j(j=1,2,\cdots,m)$, 并称

$$\sigma_i^k = \sum_{j=1}^m f_j^k(x_{ij})\eta_j \tag{5.3.1}$$

为对象 i 属于灰类 k 的灰色定权聚类系数 (刘思峰, 1993).

定义 5.3.2 设 $x_{ij}(i=1,2,\cdots,n; j=1,2,\cdots,m)$ 为对象 i 关于指标 j 的观测值, $f_j^k(\cdot)(j=1,2,\cdots, m; k=1,2,\cdots,s)$ 为 j 指标关于灰类 k 的可能度函数. 若对任意的 $j=1,2,\cdots,m$, 恒有 $\eta_j = \dfrac{1}{m}$, 则称

$$\sigma_i^k = \sum_{j=1}^m f_j^k(x_{ij})\cdot\eta_j = \frac{1}{m}\sum_{j=1}^m f_j^k(x_{ij})$$

为对象 i 属于灰类 k 的灰色等权聚类系数 (刘思峰, 1993).

定义 5.3.3 (1) 根据灰色定权聚类系数的值对聚类对象进行归类, 称为灰色定权聚类;
(2) 根据灰色等权聚类系数的值对聚类对象进行归类, 称为灰色等权聚类.

灰色定权聚类可按下列步骤进行:

第一步: 确定聚类评估指标及其权重 $\eta_j(j=1,2,\cdots,m)$;

第二步: 收集、记录对象 i 关于指标 j 的观测值 $x_{ij}(i=1,2,\cdots,n; j=1,2,\cdots,m)$;

第三步: 确定拟划分的灰类, 并设定 j 指标关于灰类 k 的可能度函数 $f_j^k(\cdot)(j=1,2,\cdots, m; k=1,2,\cdots,s)$.

第四步: 由第一步、第二步和第三步得到的评估指标权重 $\eta_j(j=1,2,\cdots,m)$, 对象 i 关于指标 j 的观测值 $x_{ij}(i=1,2,\cdots,n; j=1,2,\cdots,m)$, j 指标关于灰类 k 的可能度函数 $f_j^k(\cdot)$

$(j=1,2,\cdots,m;k=1,2,\cdots,s)$，根据式 (5.3.1) 计算灰色定权聚类系数 $\sigma_i^k=\sum_{j=1}^m f_j^k(x_{ij})\cdot\eta_j$，$i=1,2,\cdots,n;k=1,2,\cdots,s$.

第五步: 若 $\max\limits_{1\le k\le s}\{\sigma_i^k\}=\sigma_i^{k^*}$，则判定对象 i 属于灰类 k^*.

例 5.3.1　我国主要造林树种生态适应性的灰色聚类(李树人等, 1994).

我国国土辽阔, 生态环境十分复杂, 不同树种对生态条件的要求也有明显差异. 一个树种目前的生长区域, 在一定程度上反映了该树种对生态环境的适应能力. 我们将生态环境条件分为地理生态值、温度生态值、雨量生态值、干燥生态值四个主要量化指标. 其中地理生态值是衡量树种在地理上分布范围广度的指标, 用其分布域之东、西边界经度差与之南、北边界纬度差的乘积作为地理生态值的数量指标. 温度生态值反映了树种对不同温度条件的适应能力, 这里用分布域之南、北边界年平均温度的差值来度量. 雨量生态值则是树种对降雨条件的适应性的表征, 我们用分布域中不同地区年平均降雨量最大值与最小值之差来度量. 干燥生态值是树种对大气干燥(干燥度为最大可能蒸发量与降雨量之比)的适应能力, 这里用分布域中不同地区年平均干燥度最大值与最小值之差来衡量.

我国 17 个主要造林树种的地理生态值、温度生态值、雨量生态值和干燥生态值见表 5.3.1, 试按广适应性、中适应性和狭适应性作灰色聚类.

表 5.3.1　我国主要造林树种的四种生态值

树种	地理生态值	温度生态值	雨量生态值	干燥生态值
1 樟子松	22.50	4.0	0	0
2 红松	79.37	6.0	600	0.75
3 水曲柳	144.00	7.0	300	0.75
4 胡杨	300.00	6.1	189	12.00
5 梭梭	456.00	12.0	250	12.00
6 油松	189.00	8.0	700	1.50
7 侧柏	369.00	8.0	1300	2.25
8 白榆	1127.11	16.2	550	3.00
9 旱柳	260.00	11.0	600	1.00
10 毛白杨	200.00	8.0	600	1.25
11 麻乐	475.00	10.0	1000	0.75
12 华山松	314.10	8.0	900	0.75
13 马尾松	282.80	7.4	1300	0.50
14 杉木	240.00	8.0	1200	0.50
15 毛竹	160.00	5.0	1000	0.25
16 樟树	270.00	8.0	1200	0.25
17 南亚松	9.00	1.0	200	0

解　聚类指标意义不同, 且在数量上相差悬殊, 故采用灰色定权聚类模型.

第一步: 将指标和灰类编号, j 指标 k 子类可能度函数 $f_j^k(\cdot)(j=1,2,3,4;k=1,2,3)$ 分别设定为

$$f_1^1[100,300,-,-], \quad f_1^2[50,150,-,250], \quad f_1^3[-,-,50,100]$$
$$f_2^1[3,10,-,-], \quad f_2^2[2,6,-,10], \quad f_2^3[-,-,15,30]$$
$$f_3^1[200,1000,-,-], \quad f_3^2[100,600,-,1100], \quad f_3^3[-,-,300,600]$$
$$f_4^1[0.25,1.25,-,-], \quad f_4^2[0,0.5,-,1], \quad f_4^3[-,-,0.25,0.5]$$

第二步: 取地理生态值、温度生态值、雨量生态值、干燥生态值的权分别为

$$\eta_1=0.3, \quad \eta_2=0.25, \quad \eta_3=0.25, \quad \eta_4=0.2$$

第三步: 由 $\sigma_i^k = \sum_{j=1}^{m} f_j^k(x_{ij}) \cdot \eta_j$, $i=1,2,\cdots,17;k=1,2,3$ 及表5.3.1和前两步的结果可得:

当 $i=1$ 时,

$$\sigma_1^1 = \sum_{j=1}^{4} f_j^1(x_{1j}) \cdot \eta_j$$
$$= f_1^1(22.5) \times 0.3 + f_2^1(4) \times 0.25 + f_3^1(0) \times 0.25 + f_4^1(0) \times 0.2$$
$$= 0.0357$$

同理可得 $\sigma_1^2=0.125$, $\sigma_1^3=1$. 所以

$$\sigma_1 = (\sigma_1^1,\sigma_1^2,\sigma_1^3) = (0.0357,0.125,1)$$

类似可以算出

$$\sigma_2 = (\sigma_2^1,\sigma_2^2,\sigma_2^3) = (0.3321,0.6881,0.2488)$$
$$\sigma_3 = (\sigma_3^1,\sigma_3^2,\sigma_3^3) = (0.3401,0.6695,0.3125)$$
$$\sigma_4 = (\sigma_4^1,\sigma_4^2,\sigma_4^3) = (0.6107,0.2883,0.3688)$$
$$\sigma_5 = (\sigma_5^1,\sigma_5^2,\sigma_5^3) = (0.7656,0.075,0.25)$$
$$\sigma_6 = (\sigma_6^1,\sigma_6^2,\sigma_6^3) = (0.6683,0.508,0)$$
$$\sigma_7 = (\sigma_7^1,\sigma_7^2,\sigma_7^3) = (0.9286,0.125,0)$$
$$\sigma_8 = (\sigma_8^1,\sigma_8^2,\sigma_8^3) = (0.8594,0.225,0.0417)$$
$$\sigma_9 = (\sigma_9^1,\sigma_9^2,\sigma_9^3) = (0.765,0.25,0)$$
$$\sigma_{10} = (\sigma_{10}^1,\sigma_{10}^2,\sigma_{10}^3) = (0.6536,0.525,0)$$
$$\sigma_{11} = (\sigma_{11}^1,\sigma_{11}^2,\sigma_{11}^3) = (0.9,0.15,0)$$
$$\sigma_{12} = (\sigma_{12}^1,\sigma_{12}^2,\sigma_{12}^3) = (0.7973,0.325,0)$$
$$\sigma_{13} = (\sigma_{13}^1,\sigma_{13}^2,\sigma_{13}^3) = (0.7313,0.3625,0.0375)$$
$$\sigma_{14} = (\sigma_{14}^1,\sigma_{14}^2,\sigma_{14}^3) = (0.6886,0.355,0)$$
$$\sigma_{15} = (\sigma_{15}^1,\sigma_{15}^2,\sigma_{15}^3) = (0.4114,0.6075,0.3875)$$
$$\sigma_{16} = (\sigma_{16}^1,\sigma_{16}^2,\sigma_{16}^3) = (0.6836,0.225,0.2)$$
$$\sigma_{17} = (\sigma_{17}^1,\sigma_{17}^2,\sigma_{17}^3) = (0,0.05,1)$$

第四步: 判定对象所属的灰类. 由 $\max_{1\leq k\leq s}\{\sigma_i^k\} = \sigma_i^{k^*}$, 可断定对象 i 属于灰类 k^*. 于是

$$\max_{1\leqslant k\leqslant 3}\{\sigma_1^k\}=\sigma_1^3=1, \qquad \max_{1\leqslant k\leqslant 3}\{\sigma_2^k\}=\sigma_2^2=0.6881$$

$$\max_{1\leqslant k\leqslant 3}\{\sigma_3^k\}=\sigma_3^2=0.6695, \qquad \max_{1\leqslant k\leqslant 3}\{\sigma_4^k\}=\sigma_4^1=0.6107$$

$$\max_{1\leqslant k\leqslant 3}\{\sigma_5^k\}=\sigma_5^1=0.7656, \qquad \max_{1\leqslant k\leqslant 3}\{\sigma_6^k\}=\sigma_6^1=0.6683$$

$$\max_{1\leqslant k\leqslant 3}\{\sigma_7^k\}=\sigma_7^1=0.9286, \qquad \max_{1\leqslant k\leqslant 3}\{\sigma_8^k\}=\sigma_8^1=0.8594$$

$$\max_{1\leqslant k\leqslant 3}\{\sigma_9^k\}=\sigma_9^1=0.765, \qquad \max_{1\leqslant k\leqslant 3}\{\sigma_{10}^k\}=\sigma_{10}^1=0.6536$$

$$\max_{1\leqslant k\leqslant 3}\{\sigma_{11}^k\}=\sigma_{11}^1=0.9, \qquad \max_{1\leqslant k\leqslant 3}\{\sigma_{12}^k\}=\sigma_{12}^1=0.91$$

$$\max_{1\leqslant k\leqslant 3}\{\sigma_{13}^k\}=\sigma_{13}^1=0.82, \qquad \max_{1\leqslant k\leqslant 3}\{\sigma_{14}^k\}=\sigma_{14}^1=0.6886$$

$$\max_{1\leqslant k\leqslant 3}\{\sigma_{15}^k\}=\sigma_{15}^2=0.6075, \qquad \max_{1\leqslant k\leqslant 3}\{\sigma_{16}^k\}=\sigma_{16}^1=0.6836$$

$$\max_{1\leqslant k\leqslant 3}\{\sigma_{17}^k\}=\sigma_{17}^3=1$$

从而可知, 胡杨、梭梭、油松、侧柏、白榆、旱柳、毛白杨、麻乐、华山松、马尾松、杉木、樟树属于广适应性树种, 它们对自然生态环境的适应能力较强, 在我国大部分地区都能生长, 可以广泛引种; 红松、水曲柳、毛竹属于中适应性树种, 可以在我国较大范围内引种造林; 樟子松和南亚松属于狭适应性树种, 其中樟子松分布在我国北部边缘地带, 南亚松分布在南部边缘地带.

5.4 基于混合可能度函数的灰色聚类评估模型

本节分别介绍基于端点混合可能度函数和基于中心点混合可能度函数的灰色聚类评估模型. 其中基于端点混合可能度函数的灰色聚类评估模型适用于各灰类边界清晰, 但最可能属于各灰类的点不明的情形; 基于中心点混合可能度函数的灰色聚类评估模型适用于较易判断最可能属于各灰类的点, 但各灰类边界不清晰的情形. 两类评估模型均以适中测度可能度函数、下限测度可能度函数、上限测度可能度函数三类常用可能度函数为基础. 1993 年, 作者首次提出基于三角可能度函数的灰色评估模型(刘思峰和朱永达, 1993), 该模型大量运用于各类评估实践. 2011 年, 又将 1993 年的模型界定为基于端点可能度函数的灰色评估模型, 并提出基于中心点可能度函数的灰色聚类评估模型(刘思峰和谢乃明, 2011), 这里介绍的基于端点混合可能度函数和基于中心点混合可能度函数的灰色聚类评估模型均在原基于端点和中心点可能度函数的灰色聚类评估模型基础上作了如下改进: 一是避免了灰类多重交叉的问题; 二是避免了对聚类指标取值范围两端点进行延拓的困扰; 三是读者可以根据其对灰类的认知选择端点或中心点混合可能度函数(刘思峰等, 2014a).

5.4.1 基于端点混合可能度函数的灰色聚类评估模型

基于端点混合可能度函数的灰色评估模型适用于各灰类边界清晰, 但最可能属于各灰类的点不明的情形(刘思峰等, 2014a). 其建模步骤如下.

第一步: 确定聚类评估指标及其权重 $\eta_j(j=1,2,\cdots,m)$.

第二步:按照评估要求所需划分的灰类数 s, 将各个指标的取值范围也相应地划分为 s 个灰类. 例如, 将 j 指标的取值范围 $[a_1, a_{s+1}]$ 划分为 s 个小区间

$$[a_1, a_2], \cdots, [a_{k-1}, a_k], \cdots, [a_{s-1}, a_s], [a_s, a_{s+1}]$$

其中, $a_k(k=1, 2, \cdots, s, s+1)$ 的值一般可根据实际评估要求或定性研究结果确定.

第三步: 确定与 $[a_1, a_2]$ 和 $[a_s, a_{s+1}]$ 对应的灰类 1 和灰类 s 的转折点 λ_j^1, λ_j^s; 同时计算其余各个小区间的几何中点, $\lambda_k = (a_k + a_{k+1})/2$, $k = 2, \cdots, s-1$.

第四步: 对于灰类 1 和灰类 s, 构造相应的下限测度可能度函数 $f_j^1[-, -, \lambda_j^1, \lambda_j^2]$ 和上限测度可能度函数 $f_j^s[\lambda_j^{s-1}, \lambda_j^s, -, -]$.

设 x 为指标 j 的一个观测值, 当 $x \in [a_1, \lambda_j^2]$ 或 $x \in [\lambda_j^{s-1}, a_{s+1}]$ 时, 可分别由公式

$$f_j^s(x) = \begin{cases} 0, & x \notin [\lambda_j^{s-1}, a_{s+1}] \\ \dfrac{x - \lambda_j^{s-1}}{\lambda_j^s - \lambda_j^{s-1}}, & x \in [\lambda_j^{s-1}, \lambda_j^s] \\ 1, & x \in (\lambda_j^s, a_{s+1}] \end{cases} \tag{5.4.1}$$

或

$$f_j^s(x) = \begin{cases} 0, & x \notin [\lambda_j^{s-1}, a_{s+1}] \\ \dfrac{x - \lambda_j^{s-1}}{\lambda_j^s - \lambda_j^{s-1}}, & x \in [\lambda_j^{s-1}, \lambda_j^s] \\ 1, & x \in (\lambda_j^s, a_{s+1}] \end{cases} \tag{5.4.2}$$

计算出其属于灰类 1 和灰类 s 的可能度值 $f_j^1(x)$ 或 $f_j^s(x)$.

对于灰类 $k(k \in \{2, 3, \cdots, s-1\})$, 同时连接点 $(\lambda_j^k, 1)$ 与灰类 $k-1$ 的几何中点 $(\lambda_j^{k-1}, 0)$ (或灰类 1 的转折点 $(\lambda_j^1, 0)$) 以及 $(\lambda_j^k, 1)$ 与灰类 $k+1$ 的几何中点 $(\lambda_j^{k+1}, 0)$ (或灰类 s 的转折点 $(\lambda_j^s, 0)$), 得到 j 指标关于灰类 k 的三角可能度函数 $f_j^k[\lambda_j^{k-1}, \lambda_j^k, -, \lambda_j^{k+1}]$, $j = 1, 2, \cdots, m$; $k = 2, 3, \cdots, s-1$ (图 5.4.1).

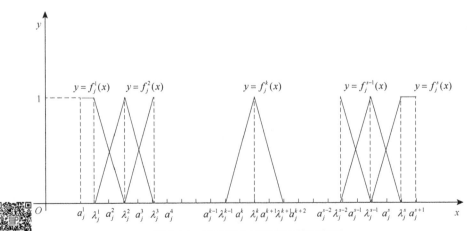

图 5.4.1 端点混合可能度函数示意图

对于指标 j 的一个观测值 x, 可由

$$f_j^k(x) = \begin{cases} 0, & x \notin [\lambda_j^{k-1}, \lambda_j^{k+1}] \\ \dfrac{x - \lambda_j^{k-1}}{\lambda_j^k - \lambda_j^{k-1}}, & x \in [\lambda_j^{k-1}, \lambda_j^k] \\ \dfrac{\lambda_j^{k+1} - x}{\lambda_j^{k+1} - \lambda_j^k}, & x \in (\lambda_j^k, \lambda_j^{k+1}] \end{cases} \tag{5.4.3}$$

计算出其属于灰类 $k(k = 1, 2, \cdots, s)$ 的可能度值 $f_j^k(x)$.

第五步: 计算对象 $i(i = 1, 2, \cdots, n)$ 关于灰类 $k(k = 1, 2, \cdots, s)$ 的综合聚类系数 σ_i^k:

$$\sigma_i^k = \sum_{j=1}^m f_j^k(x_{ij}) \cdot w_j \tag{5.4.4}$$

其中, $f_j^k(x_{ij})$ 为 j 指标 k 子类可能度函数; w_j 为指标 j 在综合聚类中的权重.

第六步: 由 $\max\limits_{1 \le k \le s}\{\sigma_i^k\} = \sigma_i^{k^*}$, 判断对象 i 属于灰类 k^*; 当有多个对象同属于 k^* 灰类时, 还可以进一步根据综合聚类系数的大小确定同属于 k^* 灰类的各个对象的优劣或位次.

5.4.2　基于中心点混合可能度函数的灰色聚类评估模型

基于中心点混合可能度函数的灰色聚类评估模型适用于较易判断最可能属于各灰类的点, 但各灰类边界不清晰的情形 (刘思峰等, 2014a).

我们将属于某灰类程度最大的点称为该灰类的中心点. 基于中心点混合可能度函数的灰色评估模型的建模步骤如下 (刘思峰等, 2014a).

第一步: 确定聚类评估指标及其权重 $\eta_j(j = 1, 2, \cdots, m)$.

第二步: 对于指标 j, 设其取值范围为 $[a_j, b_j]$. 按照评估要求所需划分的灰类数 s, 分别确定灰类 1、灰类 s 的转折点 λ_j^1, λ_j^s 和灰类 $k(k \in \{2, 3, \cdots, s-1\})$ 的中心点 $\lambda_j^2, \lambda_j^3, \cdots, \lambda_j^{s-1}$.

第三步: 对于灰类 1 和灰类 s, 构造相应的下限测度可能度函数 $f_j^1[-, -, \lambda_j^1, \lambda_j^2]$ 和上限测度可能度函数 $f_j^s[\lambda_j^{s-1}, \lambda_j^s, -, -]$.

设 x 为指标 j 的一个观测值, 当 $x \in [a_j, \lambda_j^2]$ 或 $x \in [\lambda_j^{s-1}, b_j]$ 时, 可分别由

$$f_j^1(x) = \begin{cases} 0, & x \notin [a_j, \lambda_j^2] \\ 1, & x \in [a_j, \lambda_j^1] \\ \dfrac{\lambda_j^2 - x}{\lambda_j^2 - \lambda_j^1}, & x \in (\lambda_j^1, \lambda_j^2] \end{cases} \tag{5.4.5}$$

或

$$f_j^s(x) = \begin{cases} 0, & x \notin [\lambda_j^{s-1}, b_j] \\ \dfrac{x - \lambda_j^{s-1}}{\lambda_j^s - \lambda_j^{s-1}}, & x \in [\lambda_j^{s-1}, \lambda_j^s] \\ 1, & x \in (\lambda_j^s, b_j] \end{cases} \tag{5.4.6}$$

计算出其属于灰类 1 和灰类 s 的可能度值 $f_j^1(x)$ 或 $f_j^s(x)$.

对于灰类 $k(k \in \{2,3,\cdots,s-1\})$, 同时连接点 $(\lambda_j^k,1)$ 与灰类 $k-1$ 的中心点 $(\lambda_j^{k-1},0)$ (或灰类 1 的转折点 $(\lambda_j^1,0)$) 以及 $(\lambda_j^k,1)$ 与灰类 $k+1$ 的中心点 $(\lambda_j^{k+1},0)$ (或灰类 s 的转折点 $(\lambda_j^s,0)$), 得到 j 指标关于灰类 k 的三角可能度函数 $f_j^k[\lambda_j^{k-1},\lambda_j^k,-,\lambda_j^{k+1}]$, $j=1,2,\cdots,m$; $k=2,3,\cdots,s-1$ (图 5.4.2).

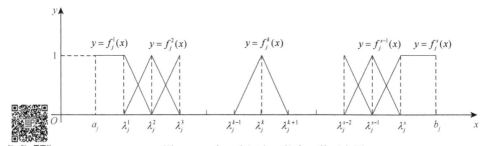

图 5.4.2　中心点混合可能度函数示意图

对于指标 j 的一个观测值 x, 当 $k=2,3,\cdots,s-1$ 时, 可由

$$f_j^k(x) = \begin{cases} 0, & x \notin [\lambda_j^{k-1},\lambda_j^{k+1}] \\ \dfrac{x-\lambda_j^{k-1}}{\lambda_j^k-\lambda_j^{k-1}}, & x \in [\lambda_j^{k-1},\lambda_j^k] \\ \dfrac{\lambda_j^{k+1}-x}{\lambda_j^{k+1}-\lambda_j^k}, & x \in (\lambda_j^k,\lambda_j^{k+1}] \end{cases} \tag{5.4.7}$$

计算出其属于灰类 $k(k \in \{2,3,\cdots,s-1\})$ 的可能度值 $f_j^k(x)$.

第四步: 计算对象 $i(i=1,2,\cdots,n)$ 关于灰类 $k(k=1,2,\cdots,s)$ 的聚类系数 σ_i^k:

$$\sigma_i^k = \sum_{j=1}^m f_j^k(x_{ij}) \cdot w_j \tag{5.4.8}$$

其中, $f_j^k(x_{ij})$ 为 j 指标 k 子类可能度函数; w_j 为指标 j 在综合聚类中的权重.

第五步: 由 $\max_{1 \leqslant k \leqslant s}\{\sigma_i^k\} = \sigma_i^{k^*}$, 判断对象 i 属于灰类 k^*; 当有多个对象同属于 k^* 灰类时, 还可以进一步根据综合聚类系数的大小确定同属于 k^* 灰类之各个对象的优劣或位次.

■ 5.5　"最大值准则"决策悖论及其求解模型

一般决策模型, 通常以"最大值准则"或"最大期望值准则"作为决策依据. 比如, 灰色聚类评估决策就是根据聚类系数向量最大分量判定决策对象所属的灰类. 对于在灰色聚类系数向量各分量无显著性差异情况下的决策对象归属问题, 党耀国等 (2005a) 研究提出了一种解决方案. 刘思峰等 (2014a) 针对灰色综合聚类系数向量 δ_i 之最大分量取值与其他分量区分度很低, 且按照"最大值准则"做出的决策与对决策系数向量进行整体评估所得的结论冲突, 即"最大值准则"决策悖论(paradox of decision-making)发生的情形, 提出了两阶段决策模型.

本节将首先给出聚核权向量组(weight vector group of kernel clustering)和聚核加权决策系数向量(weighted coefficient vector of kernel clustering for decision-making)的定义, 以及几种实用的聚核权向量组, 并基于聚核权向量组和聚核加权决策系数向量构建"最大值准则"决策悖论求解模型.

5.5.1　聚核权向量组的定义

灰色聚类系数向量 σ_i 通常不是归一化向量, 因而相互之间不能进行比较, 因此, 需要首先将灰色聚类系数向量转换为归一化向量.

定义 5.5.1　设 $\sigma_i = (\sigma_i^1, \sigma_i^2, \cdots, \sigma_i^s)(i=1,2,\cdots,n)$ 为灰色聚类系数向量, 令 $\delta_i^k = \dfrac{\sigma_i^k}{\sum\limits_{k=1}^{s} \sigma_i^k}$, 称 δ_i^k 为决策对象 i 属于灰类 k 的归一化灰色聚类系数.

显然, $\delta_i^k(k=1,2,\cdots,s)$ 满足 $\sum\limits_{i=1}^{s} \delta_i^k = 1$.

定义 5.5.2　称 $\delta_i = (\delta_i^1, \delta_i^2, \cdots, \delta_i^s)(i=1,2,\cdots,n)$ 为决策对象 i 的归一化灰色聚类系数向量.

灰色聚类评估结果的不确定性表现在灰色聚类系数向量各分量 $\sigma_i^k(k=1,2,\cdots,s)$ 或对应的归一化聚类系数向量各分量 $\delta_i^k(k=1,2,\cdots,s)$ 取值的接近性上. σ_i 或 δ_i 之各分量取值差异越小, 评估结论就越不确定. 以下关于归一化灰色聚类系数向量 δ_i 的结论对 σ_i 同样适用. 故将"归一化"略去.

定义 5.5.3　若 $\max\limits_{1 \leqslant k \leqslant s}\{\delta_i^k\} = \delta_i^{k^*}$, 则称 $\delta_i^{k^*}$ 为灰色聚类系数向量 δ_i 的最大分量(maximum component).

当灰色综合聚类系数向量 δ_i 之最大分量的值明显大于其余各分量的值时, 根据"最大值准则"易于得到可靠的决策结论. 而当灰色综合聚类系数向量 δ_i 之最大分量取值与其他分量取值区分度很低, 且按照"最大值准则"做出的决策与对决策系数向量进行整体评估所得的结论冲突时, 即发生"最大值准则"决策悖论.

"最大值准则"决策悖论求解的基本思路是运用聚核权向量组将聚类系数向量 δ_i 中 k 分量 δ_i^k 前后的若干个分量所包含的支持对象 i 归入灰类 k 的信息聚集到分量 k 处, 从而获得一个融合了相邻分量支撑因素的新的决策系数向量.

聚核权向量组的一般形式如定义 5.5.4 所示.

定义 5.5.4　设有 s 个不同的决策类别, 实数 $w_k \geqslant 0, k=1,2,\cdots,s,$ 令

$$\eta_1 = \frac{1}{\sum\limits_{k=1}^{s} w_k}(w_s, w_{s-1}, w_{s-2}, \cdots, w_1)$$

$$\eta_2 = \frac{1}{w_{s-1} + \sum\limits_{k=2}^{s} w_k}(w_{s-1}, w_s, w_{s-1}, w_{s-2}, \cdots, w_2)$$

$$\eta_3 = \cfrac{1}{w_{s-1} + w_{s-2} + \sum\limits_{k=3}^{s} w_k}(w_{s-2}, w_{s-1}, w_s, w_{s-1}, \cdots, w_3)$$

$$\vdots$$

$$\eta_k = \cfrac{1}{\sum\limits_{i=s-k+1}^{s-1} w_i + \sum\limits_{i=k}^{s} w_i}(w_{s-k+1}, w_{s-k+2}, \cdots, w_{s-1}, w_s, w_{s-1}, \cdots, w_k)$$

$$\vdots$$

$$\eta_{s-1} = \cfrac{1}{w_{s-1} + \sum\limits_{k=2}^{s} w_k}(w_2, w_3, \cdots, w_{s-1}, w_s, w_{s-1})$$

$$\eta_s = \cfrac{1}{\sum\limits_{k=1}^{s} w_k}(w_1, w_2, w_3, \cdots, w_{s-1}, w_s)$$

称 $\eta_k(k=1,2,\cdots,s)$ 为一个聚核权向量组, 其中 η_k 称为关于灰类 k 的聚核权向量 (weight vector of kernel clustering).

聚核权向量组 $\eta_k(k=1,2,\cdots,s)$ 中的 s 个聚核权向量 $\eta_k = (\eta_k^1, \eta_k^2, \cdots, \eta_k^s)(k=1,2,\cdots,s)$ 均由数乘向量构成, 其中数乘因子的作用是保证每个聚核权向量 $\eta_k(k=1,2,\cdots,s)$ 为单位化向量. 向量部分的第 k 个分量为 w_s, 是 $\eta_k(k=1,2,\cdots,s)$ 的最大分量, 以 w_s 为中心, 其两侧的分量取值依次递减, 体现了第 k 个分量对决策对象属于类别 k 的贡献或支持度最大, 因此被赋予最大的权重 w_s. 其他各分量的值则按"与第 k 个分量距离越近的分量对决策对象属于类别 k 的贡献或支持度越大, 因而被赋予较大的权重; 与第 k 个分量距离越远的分量对决策对象属于类别 k 的贡献或支持度越小, 因而被赋予较小的权重"的原则设定.

聚核权向量的作用就是将聚类系数向量 δ_i 中核 δ_i^k 前后的若干个分量所包含的支持对象 i 归入灰类 k 的信息聚集到分量 k 处, 所得结果融合了与 δ_i^k 相邻的分量关于对象 i 归入灰类 k 的支持信息, 这时对经过聚核权向量组作用后所得新的决策系数向量进行整体评估所得的结论与按照"最大值准则"做出的决策完全一致.

5.5.2 聚核加权决策系数向量与悖论求解模型

定义 5.5.5 设有 n 个决策对象, s 个不同的决策类别, δ_i 为灰色综合聚类系数向量, $\eta_k(k=1,2,\cdots,s)$ 为关于灰类 k 的聚核权向量, 则称 $\omega_i^k = \eta_k \cdot \delta_i^{\mathrm{T}}(k=1,2,\cdots,s)$ 为对象 i 关于灰类 k 的聚核加权决策系数 (weighted coefficient of kernel clustering for decision-making).

并称

$$\omega_i = (\omega_i^1, \omega_i^2, \cdots, \omega_i^s), \quad i=1,2,\cdots,n$$

为对象 i 的聚核加权决策系数向量.

聚核加权决策系数 $\omega_i^k = \eta_k \cdot \delta_i^{\mathrm{T}}(k=1,2,\cdots,s)$ 中融合了聚类系数向量 δ_i 中分量 δ_i^k 前

后的若干个分量所包含的支持对象 i 归入灰类 k 的信息, 因此对聚核加权决策系数向量 $\omega_i = (\omega_i^1, \omega_i^2, \cdots, \omega_i^s), i = 1, 2, \cdots, n$ 进行整体评估所得的结论与按照"最大值准则"做出的决策能够保持一致.

据此, 我们可以得到分两个阶段执行的"最大值准则"决策悖论求解模型的建模步骤如下.

阶段 1

步骤 1: 按照综合评价要求划分的灰类数 s, 分别确定灰类 1、灰类 s 的转折点 λ_j^1, λ_j^s 和灰类 $k(k \in \{2, 3, \cdots, s-1\})$ 的中心点 $\lambda_j^2, \lambda_j^3, \cdots, \lambda_j^{s-1}$; 设定 j 指标关于灰类 k 的可能度函数 $f_j^k(*)$ $(j = 1, 2, \cdots, m; k = 1, 2, \cdots, s)$.

其中灰类 1 和灰类 s 的可能度函数分别取为下限测度可能度函数 $f_j^1[-, -, \lambda_j^1, \lambda_j^2]$ 和上限测度可能度函数 $f_j^s[\lambda_j^{s-1}, \lambda_j^s, -, -]$, 灰类 $k(k \in \{2, 3, \cdots, s-1\})$ 的可能度函数均取为三角可能度函数.

步骤 2: 确定每个指标的聚类权 $w_j, j = 1, 2, \cdots, m$.

步骤 3: 计算对象 i 关于灰类 k 的灰色聚类系数

$$\sigma_i^k = \sum_{j=1}^m f_j^k(x_{ij}) \cdot w_j$$

其中, $f_j^k(x_{ij})$ 为对象 i 在指标 j 下关于灰类 k 的可能度函数; w_j 为指标 j 在灰色评估决策中的权重.

步骤 4: 计算决策对象 i 属于灰类 k 的归一化灰色聚类系数 δ_i^k, 其中

$$\delta_i^k = \frac{\sigma_i^k}{\sum\limits_{k=1}^s \sigma_i^k}$$

步骤 5: 由 $\max\limits_{1 \leq k \leq s} \{\delta_j^k\} = \delta_i^{k^*}$, 若最大分量 $\delta_i^{k^*}$ 的值明显大于其余各分量的值, 则判定对象 i 属于 k^* 灰类. 运算终止; 否则转向步骤 6.

步骤 6: 若最大分量 $\delta_i^{k^*}$ 取值与其他分量取值区分度很低, 且按照"最大值准则"做出的决策与对决策系数向量进行整体评估所得的结论冲突, 发生"最大值准则"决策悖论, 则转向步骤 7.

阶段 2

步骤 7: 确定聚核权向量组 $(\eta_1, \eta_2, \cdots, \eta_s)$.

步骤 8: 计算决策对象 i 关于灰类 k 的聚核加权决策系数向量

$$\omega_i = (\omega_i^1, \omega_i^2, \cdots, \omega_i^s), \quad i = 1, 2, \cdots, n$$

步骤 9: 由 $\max\limits_{1 \leq k \leq s} \{\omega_i^k\} = \omega_i^{k^*}$, 判定对象 i 属于灰类 k^*.

5.5.3 实用聚核权向量组的构造

命题 5.5.1 设

$$\eta_1 = \frac{2}{s(s+1)}(s, s-1, s-2, \cdots, 1)$$

$$\eta_2 = \left(\frac{2}{\dfrac{s(s+1)}{2} + (s-2)}\right)(s-1, s, s-1, s-2, \cdots, 2)$$

$$\eta_3 = \left(\frac{2}{\dfrac{s(s+1)}{2} + (2s-6)}\right)(s-2, s-1, s, s-1, \cdots, 3)$$

$$\vdots$$

$$\eta_k = \left\{\frac{1}{\dfrac{s(s+1)}{2} + \left[(k-1)s - \dfrac{k(k-1)}{2}\right]}\right\}(s-k+1, s-k+2, \cdots, s-1, s, s-1, \cdots, k)$$

$$\vdots$$

$$\eta_{s-1} = \left(\frac{2}{\dfrac{s(s+1)}{2} + (s-2)}\right)(2, 3, \cdots, s-1, s, s-1)$$

$$\eta_s = \frac{2}{s(s+1)}(1, 2, 3, \cdots, s-1, s)$$

则 $\eta_k (k=1,2,\cdots,s)$ 为一个聚核权向量组.

命题 5.5.2 设

$$\eta_1 = \frac{1}{\displaystyle\sum_{k=1}^{s}\frac{1}{2^k}}\left(\frac{1}{2}, \frac{1}{2^2}, \frac{1}{2^3}, \cdots, \frac{1}{2^{s-1}}, \frac{1}{2^s}\right)$$

$$\eta_2 = \left(\frac{1}{\dfrac{1}{2^2} + \displaystyle\sum_{k=1}^{s-1}\frac{1}{2^k}}\right)\left(\frac{1}{2^2}, \frac{1}{2}, \frac{1}{2^2}, \frac{1}{2^3}, \cdots, \frac{1}{2^{s-1}}\right)$$

$$\eta_3 = \left(\frac{1}{\dfrac{1}{2^3} + \dfrac{1}{2^2} + \displaystyle\sum_{k=1}^{s-2}\frac{1}{2^k}}\right)\left(\frac{1}{2^3}, \frac{1}{2^2}, \frac{1}{2}, \frac{1}{2^2}, \frac{1}{2^3}, \cdots, \frac{1}{2^{s-2}}\right)$$

$$\vdots$$

$$\eta_k = \left\{\frac{1}{\displaystyle\sum_{i=2}^{k}\frac{1}{2^i} + \displaystyle\sum_{i=1}^{s-k+1}\frac{1}{2^i}}\right\}\left(\frac{1}{2^k}, \frac{1}{2^{k-1}}, \cdots, \frac{1}{2^2}, \frac{1}{2}, \frac{1}{2^2}, \cdots, \frac{1}{2^{s-k+1}}\right)$$

$$\vdots$$

$$\eta_{s-1} = \frac{1}{\dfrac{1}{2^2} + \displaystyle\sum_{k=1}^{s-1}\frac{1}{2^k}}\left(\frac{1}{2^{s-1}}, \frac{1}{2^{s-2}}, \cdots, \frac{1}{2^2}, \frac{1}{2}, \frac{1}{2^2}\right)$$

则 $\eta_k (k=1,2,\cdots,s)$ 为一个聚核权向量组.

命题 5.5.3　对于 $s=10$ 的情形, 设

$$\eta_1 = \frac{1}{5.5}(1,0.9,0.8,0.7,\cdots,0.1)$$

$$\eta_2 = \frac{1}{6.3}(0.9,1,0.9,0.8,\cdots,0.2)$$

$$\eta_3 = \frac{1}{6.9}(0.8,0.9,1,0.9,\cdots,0.3)$$

$$\vdots$$

$$\eta_k = \frac{1}{1+\sum_{i=1}^{k}0.(10-i)+\sum_{i=k}^{9}0.i}(0.(10-k),0.8,0.9,1,0.9,\cdots,0.k)$$

$$\vdots$$

$$\eta_9 = \frac{1}{6.3}(0.2,\cdots,0.8,0.9,1,0.9)$$

$$\eta_{10} = \frac{1}{5.5}(0.1,\cdots,0.7,0.8,0.9,1)$$

则 $\eta_k (k=1,2,\cdots,10)$ 为一个聚核权向量组.

显然, 对于任意正整数 s, 当 $s<10$ 时, 我们可以仿照命题 5.5.3 构造出不同的聚核权向量组.

"最大值准则"决策悖论求解模型将聚类系数向量 δ_i 视为一个整体进行综合考察, 借助于聚核权向量组解决了决策系数向量最大分量取值与其他分量区分度很低, 且按照"最大值准则"做出的决策与对决策系数向量进行整体评估所得的结论冲突时, 即产生"最大值准则"决策悖论情形的综合决策问题. 聚核权向量组作为破解"最大值准则"决策悖论的重要工具, 关于其性质及其作用特点, 以及各种新型实用聚核权向量组的构造及适用情形等, 皆属于有待进一步深入研究的重要课题.

5.6　应用实例

例 5.6.1　学科建设项目综合评估. 基于广泛的专家调查, 得到表征学科建设项目执行效果评估的 6 个一级指标: 师资队伍、科学研究、人才培养、学科平台、条件建设和学术交流 (图 5.6.1), 对应权重分别为 0.21, 0.24, 0.23, 0.14, 0.1, 0.08.

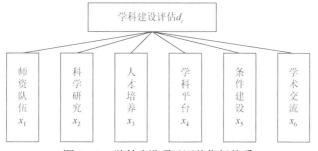

扫一扫　看图片

图 5.6.1　学科建设项目评估指标体系

将各指标评价分值转化为百分制, 分为"优""良""中""差"四个灰类, 根据某高校 41 个学科建设项目最低、最高评价分值和灰类划分要求, 在区间[40, 100]中, 依次确定"优"灰类的转折点 $\lambda_j^4 = 90$ 和"差"灰类的转折点 $\lambda_j^1 = 60$, 以及最可能属于"良"灰类和"中"灰类的点 $\lambda_j^3 = 80$, $\lambda_j^2 = 70$.

因为各指标评价分值均已转化为百分制, 故各指标关于"差""中""良""优"四个灰类的可能度函数相同, 分别为

$$
f_j^1(x) = \begin{cases} 0, & x \notin [40,70] \\ 1, & x \in [40,60] \\ \dfrac{70-x}{70-60}, & x \in [60,70] \end{cases}, \quad
f_j^2(x) = \begin{cases} 0, & x \notin [60,80] \\ \dfrac{x-60}{70-60}, & x \in [60,70] \\ \dfrac{80-x}{80-70}, & x \in [70,80] \end{cases}
$$

$$
f_j^3(x) = \begin{cases} 0, & x \notin [70,90] \\ \dfrac{x-70}{80-70}, & x \in [70,80] \\ \dfrac{90-x}{90-80}, & x \in [80,90] \end{cases}, \quad
f_j^4(x) = \begin{cases} 0, & x \notin [80,100] \\ \dfrac{x-80}{90-80}, & x \in [80,90] \\ 1, & x \in [90,100] \end{cases}
$$

其中各指标关于"差"灰类的可能度函数为下限测度可能度函数, 各指标关于"优"灰类的可能度函数为上限测度可能度函数, 各指标关于"中"和"良"灰类的可能度函数均为三角可能度函数.

某高校某学科建设项目各指标实现值如表 5.6.1 所示.

表 5.6.1　某高校某学科建设项目各指标实现值

类别	师资队伍	科学研究	人才培养	学科平台	条件建设	学术交流
实现值	81	87	92	78	74	53

根据各指标实现值和权重数据, 利用所构建的各灰类可能度函数, 可计算出各指标关于不同灰类的可能度函数值和灰色聚类系数, 如表 5.6.2 所示.

表 5.6.2　各指标关于不同灰类的灰色聚类系数

灰类	x_1	x_2	x_3	x_4	x_5	x_6	δ_i
优	0.1	0.7	1.0	0	0	0	0.419
良	0.9	0.3	0	0.8	0.4	0	0.413
中	0	0	0	0.2	0.6	0	0.088
差	0	0	0	0	0	1.0	0.080

对表 5.6.2 中的结果进行分析, 由 $\max\limits_{1\leqslant k\leqslant 4}\{\delta_i^k\} = \delta_i^4 = 0.419$ 可知, 总体上看该学科建设项目执行效果属于"优"灰类, 说明建设效果显著; 但其关于"良"灰类的聚类系数 $\delta_i^3 = 0.413$ 与 δ_i^4 十分接近, 这说明该学科建设项目执行效果介于"优"灰类和"良"灰类之间. 从分项指标看, 该项目人才培养指标属于"优"灰类, 达到了较高水平; 科学研究指标处于"良"和"优"之间, 接近"优"灰类; 师资队伍建设和学科平台建设指标基本属于"良"灰类, 这说明这两个指标执行情况也较好; 而条件建设指标处于"良"和"中"之间, 更接近"中"灰类; 学术交流指标属于"差"灰类, 这说明该项目在条件建设和学术交流方面还存在明显不足之处, 有待重视和进一步加强.

例 5.6.2　对于例 5.6.1 中学科建设项目评估问题. 假设 4 个学科建设项目的归一化灰色聚类系数向量分别为

$$\delta_1 = \left(\delta_1^1, \delta_1^2, \delta_1^3, \delta_1^4\right) = (0.056, 0.112, 0.323, 0.496)$$
$$\delta_2 = \left(\delta_2^1, \delta_2^2, \delta_2^3, \delta_2^4\right) = (0.099, 0.172, 0.211, 0.518)$$
$$\delta_3 = \left(\delta_3^1, \delta_3^2, \delta_3^3, \delta_3^4\right) = (0.124, 0.292, 0.338, 0.246)$$
$$\delta_4 = \left(\delta_4^1, \delta_4^2, \delta_4^3, \delta_4^4\right) = (0.197, 0.312, 0.352, 0.089)$$

(1) 若下一期计划重点建设两个优势学科, 试确定入选学科.

(2) 试求与 δ_3, δ_4 对应的聚核加权决策系数向量.

(3) 若下一期除计划重点建设两个优势学科外, 还要支持一个培育学科, 试确定入选学科.

解　(1) 由 $\max\limits_{1\leqslant k\leqslant 4}\{\delta_1^k\} = 0.496 = \delta_1^4$, $\max\limits_{1\leqslant k\leqslant 4}\{\delta_2^k\} = 0.518 = \delta_2^4$, $\max\limits_{1\leqslant k\leqslant 4}\{\delta_3^k\} = 0.338 = \delta_3^3$, $\max\limits_{1\leqslant k\leqslant 4}\{\delta_4^k\} = 0.352 = \delta_4^3$, 可知, 学科建设项目 1, 2 为"优", 学科建设项目 3, 4 为"良", 若下一期计划重点建设两个优势学科, 应选择学科建设项目 1, 2 支持的学科.

(2) 设关于"差""中""良""优"4 个灰类的聚核权向量组为

$$\eta_1 = \frac{1}{10}(4, 3, 2, 1), \quad \eta_2 = \frac{1}{12}(3, 4, 3, 2),$$
$$\eta_3 = \frac{1}{12}(2, 3, 4, 3), \quad \eta_4 = \frac{1}{10}(1, 2, 3, 4)$$

由 $\omega_i^k = \eta_k \cdot \delta_i^{\mathrm{T}}$, 可得聚核加权决策系数

$$\omega_3^1 = \eta_1 \cdot \delta_3^{\mathrm{T}} = \sum_{k=1}^{4} \eta_1^k \cdot \delta_3^k = 0.2294$$

$$\omega_3^2 = \eta_2 \cdot \delta_3^{\mathrm{T}} = \sum_{k=1}^{4} \eta_2^k \cdot \delta_3^k = 0.2538$$

$$\omega_3^3 = \eta_3 \cdot \delta_3^{\mathrm{T}} = \sum_{k=1}^{4} \eta_3^k \cdot \delta_3^k = 0.2678$$

$$\omega_3^4 = \eta_4 \cdot \delta_3^{\mathrm{T}} = \sum_{k=1}^{4} \eta_4^k \cdot \delta_3^k = 0.2706$$

$$\omega_3 = \left(\omega_3^1, \omega_3^2, \omega_3^3, \omega_3^4\right) = (0.2294, 0.2538, 0.2678, 0.2706)$$

类似可得

$$\omega_4 = \left(\omega_4^1, \omega_4^2, \omega_4^3, \omega_4^4\right) = (0.2517, 0.2561, 0.2504, 0.2233)$$

(3) 由 (1) 可知, 要从同属于"良"的学科建设项目 3, 项目 4 中选出一个学科. 若直接比较灰色聚类系数, $\delta_4^3 > \delta_3^3$, 似应学科建设项目 4 入选. 但从灰色聚类系数向量 δ_3, δ_4 可以看出, 学科 3 关于"优"灰类的聚类系数明显大于学科 4. 对比 (2) 中所得的聚核加权决策系数向量 ω_3, ω_4 发现, 与"优""良"两个灰类对应的分量, $\omega_3^4 = 0.2706 > \omega_4^4 = 0.2233$, $\omega_3^3 = 0.2678 > \omega_4^3 = 0.2504$; 而对应于"中""差"两个灰类的分量, $\omega_3^2 = 0.2538 < \omega_4^2 = 0.2561$, $\omega_3^1 = 0.2294 < \omega_4^1 = 0.2517$. 由此可以判定, 学科建设项目 3 整体上优于学科建设项目 4, 所以应当是与学科建设项目 3 对应的学科入选培育学科.

➤复习思考题

一、选择题

1. 下面的 A, B, C, D 四个图形中, 哪个为可能度函数 $f_j^k[\lambda_j^{k-1}, \lambda_j^k, -, \lambda_j^{k+1}]$ 对应的图形? (   )

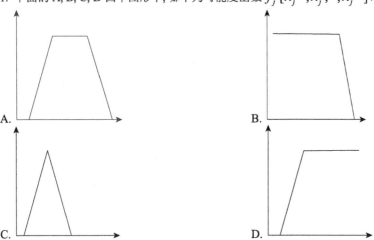

2. 已知某生按优、良、中、差四个等级划分得到的灰色综合评估系数向量为 $(0.529, 0.12, 0.33, 0.04)$, 则可以判定该生属于 (   ) 等级.

A. 优 　　　　　　　 B. 良 　　　　　　　 C. 中 　　　　　　　 D. 差

3. "最大值准则"决策悖论产生的前提是 (   ).

A. 决策系数向量各分量均衡取值

B. 难以识别决策系数向量的最大分量

C. 决策系数向量最大分量取值与其他分量区分度很低, 且按照"最大值准则"做出的决策与对决策系数向量进行整体评估所得的结论冲突

D. 决策系数向量有两个分量的值相等

二、名词解释

1. 适中测度可能度函数.

2. 灰色定权聚类系数的计算公式.

3. 灰色变权聚类系数的计算公式.

4. 中心点混合可能度函数.

三、简答题

1. 绘制下限测度可能度函数、适中测度可能度函数、上限测度可能度函数的示意图.

2. 灰色定权聚类与灰色变权聚类各适用于什么情形?

3. 基于中心点和端点混合可能度函数的灰色聚类评估模型各适用于什么情形?

4. 何谓聚核权向量组?

四、讨论题

1. 灰色关联聚类和基于可能度函数的灰色聚类评估模型各适用于什么情形?

2. 试述聚核权向量组的特点、作用和意义.

五、计算题

1. 设有三个经济区, 三个聚类指标分别为第一产业增加值、第二产业增加值、第三产业增加值. 第 i 个经济区关于第 j 个指标的样本值 x_{ij} $(i, j = 1, 2, 3)$ 如矩阵 A 所示:

$$A = (x_{ij}) = \begin{bmatrix} x_{11} & x_{12} & x_{13} \\ x_{21} & x_{22} & x_{23} \\ x_{31} & x_{32} & x_{33} \end{bmatrix} = \begin{bmatrix} 80 & 20 & 100 \\ 40 & 30 & 30 \\ 10 & 90 & 60 \end{bmatrix}$$

试构造相应的可能度函数, 并运用变权灰色聚类评估模型按高收入类、中等收入类、低收入类对此三个经济区进行分类.

2. 某高校三个学科建设项目的实现值见题 2 表.

题 2 表　某高校三个学科建设项目各指标实现值

指标名称	师资队伍	科学研究	人才培养	学科平台	条件建设	学术交流
项目 1	83	89	93	78	74	63
项目 2	85	92	90	70	82	78
项目 3	78	90	86	81	90	45

试分别采用基于端点混合可能度函数的灰色聚类评估模型和基于中心点混合可能度函数的灰色聚类评估模型对项目 1、项目 2 和项目 3 进行评估, 并对比所得结果(注: 假设各指标权重依次为 0.21, 0.24, 0.23, 0.14, 0.1, 0.08).

第6章

灰色预测模型

信息不完全、数据不准确是不确定性系统的基本特征. 灰色系统理论以部分信息已知、部分信息未知的贫信息不确定性系统为研究对象, 主要运用序列算子, 对部分已知信息进行挖掘, 提取有价值的信息, 实现对系统运行行为、演化规律的正确描述, 并进而实现对其未来变化的定量预测. 灰色预测系列模型是灰色预测理论的基本模型, 尤其是 GM(1, 1)模型, 应用十分广泛. 本章将介绍 GM(1, 1)模型的几种基本形式: 均值 GM(1, 1)模型(even grey model, EGM)、原始差分 GM(1, 1)模型(original difference grey model, ODGM)、均值差分 GM(1, 1)模型(even difference grey model, EDGM)和离散 GM(1, 1)模型(discrete grey model, DGM), 讨论不同模型适用的序列类型, 同时介绍 GM(1, 1)模型群、分数阶灰色模型、自忆性灰色预测模型、GM(0, N)模型和灰色 Verhulst 模型等几种最常用的灰色预测模型.

■ 6.1 GM(1, 1)模型的基本形式

在现实需要的推动下, 多年来, 人们关于 GM(1, 1)模型的研究一直非常活跃, 新的研究成果不断涌现. 多数研究都是围绕如何进一步优化模型, 如何改善模型的模拟、预测效果展开. 按照研究的侧重点, 大致可以将关于 GM(1, 1)模型的研究分为以下几个方面: ①吉培荣等(2001)、王文平和邓聚龙(1997)等关于 GM(1, 1)模型性质和特点的研究; ②党耀国等(2005b)关于初始值选取问题的研究; ③Xiao(2000)关于模型参数优化的研究; ④谭冠军(2005)、李俊峰和戴文战(2004)通过背景值构造改善模型模拟精度的研究; ⑤Song 等(2002)、王义闹(2001)等通过不同建模方法对模型进行优化的研究; ⑥谢乃明和刘思峰(2005)关于离散 GM(1, 1)模型的研究; ⑦Wu 等(2013)、Mao 等(2015)关于分数阶模型的研究; ⑧刘思峰等(2014b)关于 GM(1, 1)模型的基本形式及其适用范围的研究; ⑨郭晓君等(2014)关于自忆性灰色预测模型的研究; ⑩Salmeron(2010)、张岐山(2007)等将灰色系统模型与其他软计算方法结合以提高模型精度的研究.

上述研究对于提高 GM(1,1) 模型的模拟和预测精度, 或帮助从事应用研究的学者正确选择和运用灰色预测模型起到了积极的作用.

本节基于 GM(1,1) 模型的原始形式和均值形式及其求解的两种不同路径——差分方程求解、微分方程求解, 给出 GM(1,1) 模型四种基本形式的定义, 包括均值 GM(1,1) 模型、原始差分 GM(1,1) 模型、均值差分 GM(1,1) 模型和离散 GM(1,1) 模型; 并对不同模型的性质和特点进行深入研究(刘思峰等, 2014b).

定义 6.1.1　设序列 $X^{(0)} = (x^{(0)}(1), x^{(0)}(2), \cdots, x^{(0)}(n))$, 其中 $x^{(0)}(k) \geqslant 0$, $k = 1, 2, \cdots, n$; $X^{(1)}$ 为 $X^{(0)}$ 的 1-AGO 序列:

$$X^{(1)} = (x^{(1)}(1), x^{(1)}(2), \cdots, x^{(1)}(n))$$

其中 $x^{(1)}(k) = \sum_{i=1}^{k} x^{(0)}(i)$, $k = 1, 2, \cdots, n$, 称

$$x^{(0)}(k) + a x^{(1)}(k) = b \tag{6.1.1}$$

为 GM(1,1) 模型的原始形式(邓聚龙, 1985a).

GM(1,1) 模型的原始形式实质上是一个差分方程.

式 (6.1.1) 中的参数向量 $\hat{a} = [a, b]^{\mathrm{T}}$ 可以运用最小二乘法估计

$$\hat{a} = (B^{\mathrm{T}} B)^{-1} B^{\mathrm{T}} Y \tag{6.1.2}$$

其中 Y, B 分别为

$$Y = \begin{bmatrix} x^{(0)}(2) \\ x^{(0)}(3) \\ \vdots \\ x^{(0)}(n) \end{bmatrix}, \quad B = \begin{bmatrix} -x^{(1)}(2) & 1 \\ -x^{(1)}(3) & 1 \\ \vdots & \vdots \\ -x^{(1)}(n) & 1 \end{bmatrix} \tag{6.1.3}$$

定义 6.1.2　基于 GM(1,1) 模型的原始形式和式 (6.1.2) 估计模型参数, 直接以原始差分方程 (6.1.1) 的解作为时间响应式所得到的模型称为原始差分 GM(1,1) 模型(刘思峰等, 2014b).

定义 6.1.3　设 $X^{(0)}, X^{(1)}$ 如定义 6.1.1 所示:

$$Z^{(1)} = (z^{(1)}(2), z^{(1)}(3), \cdots, z^{(1)}(n))$$

其中 $z^{(1)}(k) = \frac{1}{2}(x^{(1)}(k) + x^{(1)}(k-1))$, 称

$$x^{(0)}(k) + a z^{(1)}(k) = b \tag{6.1.4}$$

为 GM(1,1) 模型的均值形式(邓聚龙, 1985b).

GM(1,1) 模型的均值形式实质上也是一个差分方程.

式 (6.1.4) 中的参数向量 $\hat{a} = [a, b]^{\mathrm{T}}$ 同样可以运用式 (6.1.2) 进行估计, 需要注意的是其中矩阵 B 中的元素与式 (6.1.3) 不同:

$$B = \begin{bmatrix} -z^{(1)}(2) & 1 \\ -z^{(1)}(3) & 1 \\ \vdots & \vdots \\ -z^{(1)}(n) & 1 \end{bmatrix} \tag{6.1.5}$$

定义 6.1.4 称

$$\frac{\mathrm{d}x^{(1)}}{\mathrm{d}t} + ax^{(1)} = b \tag{6.1.6}$$

为 GM$(1,1)$ 模型均值形式 $x^{(0)}(k) + az^{(1)}(k) = b$ 的白化微分方程, 也叫影子方程.

定义 6.1.5 将式 (6.1.2) 中的矩阵 B 更换为 (6.1.5), 按照最小二乘法估计式 (6.1.6) 中的参数向量 $\hat{a} = [a,b]^{\mathrm{T}}$, 借助白化微分方程 (6.1.6) 的解构造 GM$(1,1)$ 时间响应式的差分、微分混合模型称为 GM$(1,1)$ 模型的均值混合形式, 简称均值 GM$(1,1)$ 模型 (邓聚龙, 1985b).

定义 6.1.6 称均值 GM$(1,1)$ 模型中的参数 $-a$ 为发展系数, b 为灰色作用量.

发展系数 $-a$ 反映了 $\hat{x}^{(1)}$ 及 $\hat{x}^{(0)}$ 的发展态势.

均值 GM$(1,1)$ 模型是邓聚龙教授首次提出的灰色预测模型, 也是目前影响最大, 应用最为广泛的形式, 人们提到 GM$(1,1)$ 模型往往指的就是均值 GM$(1,1)$ 模型.

定义 6.1.7 基于 GM$(1,1)$ 模型的均值形式估计模型参数, 直接以均值差分方程 (6.1.4) 的解作为时间响应式所得到的模型称为 GM$(1,1)$ 模型的均值差分形式, 简称均值差分 GM$(1,1)$ 模型 (刘思峰等, 2014b).

定义 6.1.8 称

$$x^{(1)}(k+1) = \beta_1 x^{(1)}(k) + \beta_2 \tag{6.1.7}$$

为 GM$(1,1)$ 模型的离散形式, 简称离散 GM$(1,1)$ 模型 (谢乃明和刘思峰, 2005).

式 (6.1.7) 中的参数向量 $\hat{\beta} = [\beta_1, \beta_2]^{\mathrm{T}}$ 估计式与式 (6.1.2) 类似, 其中

$$Y = \begin{bmatrix} x^{(1)}(2) \\ x^{(1)}(3) \\ \vdots \\ x^{(1)}(n) \end{bmatrix}, \quad B = \begin{bmatrix} x^{(1)}(1) & 1 \\ x^{(1)}(2) & 1 \\ \vdots & \vdots \\ x^{(1)}(n-1) & 1 \end{bmatrix}$$

GM$(1,1)$ 模型仅利用系统行为数据序列建立预测模型, 属于较为简洁实用的单序列建模方法. 在时间序列数据情形, 只涉及有规律的时间变量; 在横向序列数据情形, 只涉及有规律的对象序号变量, 而不涉及其他解释变量, 是应用相对简便同时又能够挖掘出有实际价值的发展变化信息的建模方法, 因而应用非常广泛.

事实上, 按照原始形式、均值形式、差分形式、微分形式的不同组合形态划分, 还有一个与原始微分模型对应的可能形式, 但实际数据模型模拟结果表明, 原始微分 GM$(1,1)$ 模型误差较大, 因此不作为 GM$(1,1)$ 模型的一个基本形式向读者推荐.

定理 6.1.1 均值 GM$(1,1)$ 模型的时间响应式为

$$\hat{x}^{(1)}(k) = \left(x^{(0)}(1) - \frac{b}{a} \right) \mathrm{e}^{-a(k-1)} + \frac{b}{a}, \quad k = 1, 2, \cdots, n \tag{6.1.8}$$

(邓聚龙, 1985b).

证明 白化微分方程 $\dfrac{\mathrm{d}x^{(1)}}{\mathrm{d}t} + ax^{(1)} = b$ 的解为

$$x^{(1)}(t) = C\mathrm{e}^{-at} + \frac{b}{a} \tag{6.1.9}$$

当 $t = 1$ 时, 取 $x^{(1)}(1) = x^{(0)}(1)$, 代入式(6.1.9)可得 $C = \left[x^{(0)}(1) - \dfrac{b}{a} \right] e^a$, 将 C 代回式(6.1.9)即得

$$\hat{x}^{(1)}(t) = \left(x^{(0)}(1) - \frac{b}{a} \right) e^{-a(t-1)} + \frac{b}{a} \tag{6.1.10}$$

式(6.1.8)为式(6.1.10)的离散形式. 证毕.

进一步求出式(6.1.8)的累减还原式

$$\hat{x}^{(0)}(k) = \alpha^{(1)} \hat{x}^{(1)}(k) = \hat{x}^{(1)}(k) - \hat{x}^{(1)}(k-1), \quad k = 1, 2, \cdots, n$$

可得对应 $X^{(0)}$ 的时间响应式

$$\hat{x}^{(0)}(k) = (1 - e^a)\left(x^{(0)}(1) - \frac{b}{a} \right) e^{-a(k-1)}, \quad k = 1, 2, \cdots, n \tag{6.1.11}$$

定理 6.1.2　离散 $GM(1, 1)$ 模型式(6.1.7)的时间响应式为

$$\hat{x}^{(1)}(k) = \left[x^{(0)}(1) - \frac{\beta_2}{1 - \beta_1} \right] \beta_1^k + \frac{\beta_2}{1 - \beta_1} \tag{6.1.12}$$

(谢乃明和刘思峰, 2005).

证明　形如

$$x^{(1)}(k+1) = A x^{(1)}(k) + B \tag{6.1.13}$$

的差分方程的通解为

$$x^{(1)}(k) = CA^k + \frac{B}{1 - A} \tag{6.1.14}$$

其中, C 为任意常数, 可根据给定的初始条件确定.

式(6.1.7)是与式(6.1.14)形式完全相同的差分方程, $A = \beta_1, B = \beta_2$, 因此有

$$x^{(1)}(k) = C\beta_1^k + \frac{\beta_2}{1 - \beta_1} \tag{6.1.15}$$

当 $k = 0$ 时, 取 $x^{(1)}(0) = x^{(0)}(1)$, 代入式(6.1.15)可得 $C = \left[x^{(0)}(1) - \dfrac{\beta_2}{1 - \beta_1} \right]$, 将 C 代回式(6.1.15)

即得式(6.1.12).

进一步求出式(6.1.12)的累减还原式

$$\hat{x}^{(0)}(k) = \alpha^{(1)} \hat{x}^{(1)}(k) = \hat{x}^{(1)}(k) - \hat{x}^{(1)}(k-1), \quad k = 1, 2, \cdots, n$$

可得对应 $X^{(0)}$ 的时间响应式

$$\hat{x}^{(0)}(k) = (\beta_1 - 1)\left[x^{(0)}(1) - \frac{\beta_2}{1 - \beta_1} \right] \beta_1^{k-1} \tag{6.1.16}$$

定理 6.1.3　原始差分 $GM(1, 1)$ 模型的时间响应式为

$$\hat{x}^{(1)}(k) = \left(x^{(0)}(1) - \frac{b}{a} \right)\left(\frac{1}{1+a} \right)^k + \frac{b}{a} \tag{6.1.17}$$

(刘思峰等, 2014b).

证明　由 $GM(1, 1)$ 模型的原始形式(6.1.1)可得

$$x^{(1)}(k+1) - x^{(1)}(k) + a x^{(1)}(k+1) = b$$

移项整理得

$$x^{(1)}(k+1) = \left(\frac{1}{1+a}\right)x^{(1)}(k) + \frac{b}{1+a}$$

对照差分方程 (6.1.13)，将 $A = \dfrac{1}{1+a}$，$B = \dfrac{b}{1+a}$，代入式 (6.1.14) 即可得到

$$x^{(1)}(k) = C\left(\frac{1}{1+a}\right)^k + \frac{b}{a} \tag{6.1.18}$$

当 $k = 0$ 时，取 $x^{(1)}(0) = x^{(0)}(1)$，代入式 (6.1.18) 可得 $C = \left[x^{(0)}(1) - \dfrac{b}{a}\right]$，将 C 代回式 (6.1.18) 即得式 (6.1.17)．

进一步求出式 (6.1.17) 的累减还原式

$$\hat{x}^{(0)}(k) = \alpha^{(1)}\hat{x}^{(1)}(k) = \hat{x}^{(1)}(k) - \hat{x}^{(1)}(k-1), \quad k = 1, 2, \cdots, n$$

可得对应 $X^{(0)}$ 的时间响应式

$$\hat{x}^{(0)}(k) = \left(x^{(0)}(1) - \frac{b}{a}\right)\left(\frac{1}{1+a}\right)^k + \frac{b}{a} - \left[\left(x^{(0)}(1) - \frac{b}{a}\right)\left(\frac{1}{1+a}\right)^{k-1} + \frac{b}{a}\right]$$

即

$$\hat{x}^{(0)}(k) = (-a)\left(x^{(0)}(1) - \frac{b}{a}\right)\left(\frac{1}{1+a}\right)^k \tag{6.1.19}$$

定理 6.1.4 均值差分 $\mathrm{GM}(1, 1)$ 模型的时间响应式为

$$x^{(1)}(k) = \left(x^{(0)}(1) - \frac{b}{a}\right)\left(\frac{1-0.5a}{1+0.5a}\right)^k + \frac{b}{a} \tag{6.1.20}$$

(刘思峰等, 2014b)．

证明 由 $\mathrm{GM}(1, 1)$ 模型的均值形式 (6.1.4) 可得

$$x^{(1)}(k+1) - x^{(1)}(k) + a\left(\frac{x^{(1)}(k+1) + x^{(1)}(k)}{2}\right) = b$$

移项整理得

$$x^{(1)}(k+1) = \left(\frac{1-0.5a}{1+0.5a}\right)x^{(1)}(k) + \frac{b}{1+0.5a}$$

对照差分方程 (6.1.13)，将 $A = \dfrac{1-0.5a}{1+0.5a}$，$B = \dfrac{b}{1+0.5a}$，代入式 (6.1.14) 即可得到

$$x^{(1)}(k) = C\left(\frac{2-a}{2+a}\right)^k + \frac{b}{a} \tag{6.1.21}$$

当 $k = 0$ 时，取 $x^{(1)}(0) = x^{(0)}(1)$，代入式 (6.1.21) 可得 $C = \left[x^{(0)}(1) - \dfrac{b}{a}\right]$，将 C 代回式 (6.1.21) 即得式 (6.1.20)．

进一步求出式 (6.1.20) 的累减还原式

$$\hat{x}^{(0)}(k) = \alpha^{(1)}\hat{x}^{(1)}(k) = \hat{x}^{(1)}(k) - \hat{x}^{(1)}(k-1), \quad k = 1, 2, \cdots, n$$

可得对应 $X^{(0)}$ 的时间响应式

$$\hat{x}^{(0)}(k) = \left(x^{(0)}(1) - \frac{b}{a}\right)\left(\frac{1-0.5a}{1+0.5a}\right)^k + \frac{b}{a} - \left[\left(x^{(0)}(1) - \frac{b}{a}\right)\left(\frac{1-0.5a}{1+0.5a}\right)^{k-1} + \frac{b}{a}\right]$$

即

$$\hat{x}^{(0)}(k) = \left(\frac{-a}{1-0.5a}\right)\left(x^{(0)}(1) - \frac{b}{a}\right)\left(\frac{1-0.5a}{1+0.5a}\right)^k \tag{6.1.22}$$

引理 6.1.1 当 $-a \to 0^+$ 时, $\frac{1-0.5a}{1+0.5a} \approx \mathrm{e}^{-a}$.

证明 e^{-a} 和 $\frac{1-0.5a}{1+0.5a}$ 的麦克劳林展开式分别为

$$\mathrm{e}^{-a} = 1 - a + \frac{a^2}{2!} - \frac{a^3}{3!} + \cdots + (-1)^n \frac{a^n}{n!} + o(a^n)$$

$$\frac{1-0.5a}{1+0.5a} = 1 - a + \frac{a^2}{2} - \frac{a^3}{2^2} + \cdots + (-1)^{n+1} \frac{a^{n+1}}{2^n} + o(a^{n+1})$$

精确到 a^3 项, 有

$$\Delta = \mathrm{e}^{-a} - \frac{1-0.5a}{1+0.5a} = -\frac{a^3}{6} + \frac{a^3}{4} = \frac{a^3}{12}$$

故当 $-a \to 0^+$ 时, $\frac{1-0.5a}{1+0.5a} \approx \mathrm{e}^{-a}$.

定理 6.1.5 当 $-a \to 0^+$ 时, 均值 GM$(1,1)$ 模型与离散 GM$(1,1)$ 模型等价.

证明 由 GM$(1,1)$ 模型的均值形式 $(6.1.4)$ 知

$$x^{(1)}(k+1) = \left(\frac{1-0.5a}{1+0.5a}\right)x^{(1)}(k) + \frac{b}{1+0.5a}$$

对照离散形式 $(6.1.7)$ 可得 $\beta_1 = \frac{1-0.5a}{1+0.5a}$, $\beta_2 = \frac{b}{1+0.5a}$, 从而有

$$a = \frac{2(1-\beta_1)}{1+\beta_1}, \quad b = \frac{2\beta_2}{1+\beta_1}, \quad \frac{b}{a} = \frac{\beta_2}{1-\beta_1} \tag{6.1.23}$$

将式 $\frac{b}{a} = \frac{\beta_2}{1-\beta_1}$ 代入式 $(6.1.8)$ 可得

$$\hat{x}^{(1)}(k) = \left(x^{(0)}(1) - \frac{\beta_2}{1-\beta_1}\right)\mathrm{e}^{-a(k-1)} + \frac{\beta_2}{1-\beta_1}, \quad k = 1, 2, \cdots, n \tag{6.1.24}$$

由引理 6.1.1 可知, 当 $-a \to 0^+$ 时, 均值 GM$(1,1)$ 模型与离散 GM$(1,1)$ 模型等价.

类似地, 可以证明, 当 $-a \to 0^+$ 时, 本节给出的 GM$(1,1)$ 模型的四种基本形式: 均值 GM$(1,1)$ 模型、原始差分 GM$(1,1)$ 模型、均值差分 GM$(1,1)$ 模型和离散 GM$(1,1)$ 模型两两相互等价, 只是不同形式之间的近似程度有所区别. 这种区别导致不同形式的 GM$(1,1)$ 模型适用于不同的情形, 也为人们在实际建模过程中提供了多种可能的选择.

定理 6.1.6 原始差分 GM$(1,1)$ 模型、均值差分 GM$(1,1)$ 模型和离散 GM$(1,1)$ 模型均能够精确模拟齐次指数序列.

　　原始差分 GM(1, 1) 模型、均值差分 GM(1, 1) 模型和离散 GM(1, 1) 模型的时间响应式均为等比序列, 因此均能够精确模拟齐次指数序列. 在现实世界中, 大量实际数据往往并非简单的齐次指数序列或者近似齐次指数序列, 这也是人们在小数据、贫信息不确定性系统建模过程中更倾向于选择均值 GM(1, 1) 模型, 并能在大多数情况下取得满意效果的根本原因.

　　由齐次指数序列、非指数增长序列和振荡序列模拟结果可知, 在实际应用过程中, 对于非指数增长序列和振荡序列, 应首先选择微分、差分混合形态的均值 GM(1, 1) 模型; 对于接近齐次指数序列的非指数增长序列和振荡序列, 应优先选择离散形态的原始差分 GM(1, 1) 模型, 均值差分 GM(1, 1) 模型或离散 GM(1, 1) 模型 (刘思峰等, 2014b).

6.2　GM(1, 1) 模型群

　　在实际建模中, 原始序列中的数据不一定全部用来建模. 我们在原始序列中取出一部分数据, 只要能够满足建模条件, 就可以建立一个模型. 一般说来, 取不同的数据, 建立的模型也不一样, 即使都建立同类的 GM(1, 1) 模型, 选择不同的数据, 参数 a, b 的值也不一样. 这种变化, 正是不同情况、不同条件对系统特征的影响在模型中的反映. 例如, 对于我国 2001—2022 年的 GDP 等经济数据, 采用全部数据估计模型参数, 或选择 2001—2019 年, 2001—2010 年, 2015—2019 年不同时段的数据估计模型参数, 得到的发展系数 $-a$ 差别很大. 本节以均值 GM(1, 1) 模型为例说明 GM(1, 1) 模型群的原理.

　　定义 6.2.1　设序列

$$X^{(0)} = (x^{(0)}(1), x^{(0)}(2), \cdots, x^{(0)}(n))$$

将 $x^{(0)}(n)$ 取为时间轴的原点, 则称 $t < n$ 为过去, $t = n$ 为现在, $t > n$ 为未来.

　　定义 6.2.2　设序列 $X^{(0)} = (x^{(0)}(1), x^{(0)}(2), \cdots, x^{(0)}(n))$,

$$\hat{x}^{(0)}(k+1) = (1 - \mathrm{e}^a)\left(x^{(0)}(1) - \frac{b}{a}\right)\mathrm{e}^{-ak}$$

为其均值 GM(1, 1) 模型时间响应式的累减还原值, 则

　　(1) 当 $t \leqslant n$ 时, 称 $\hat{x}^{(0)}(t)$ 为模型模拟值;

　　(2) 当 $t > n$ 时, 称 $\hat{x}^{(0)}(t)$ 为模型预测值.

　　建模的主要目的是预测, 为提高预测精度, 首先要保证有充分高的模拟精度, 尤其是 $t = n$ 时的模拟精度. 因此, 建模数据一般应取为包括 $x^{(0)}(n)$ 在内的一个等时距序列.

　　定义 6.2.3　设原始数据数列

$$X^{(0)} = (x^{(0)}(1), x^{(0)}(2), \cdots, x^{(0)}(n))$$

　　(1) 用 $X^{(0)} = (x^{(0)}(1), x^{(0)}(2), \cdots, x^{(0)}(n))$ 建立的 GM(1, 1) 模型称为全数据 GM(1, 1) 模型;

　　(2) $\forall k_0 > 1$, 用 $X^{(0)} = (x^{(0)}(k_0), x^{(0)}(k_0 + 1), \cdots, x^{(0)}(n))$ 建立的 GM(1, 1) 模型称为部分数据 GM(1, 1) 模型;

　　(3) 设 $x^{(0)}(n+1)$ 为最新信息, 将 $x^{(0)}(n+1)$ 置入 $X^{(0)}$, 称用 $X^{(0)} = (x^{(0)}(1), x^{(0)}(2), \cdots, x^{(0)}(n), x^{(0)}(n+1))$ 建立的模型为新信息 GM(1, 1) 模型;

（4）置入最新信息 $x^{(0)}(n+1)$，去掉最老信息 $x^{(0)}(1)$，称用 $X^{(0)} = ((x^{(0)}(2), \cdots, x^{(0)}(n),$
$x^{(0)}(n+1))$ 建立的模型为新陈代谢 GM(1, 1) 模型.

一般情况下，新陈代谢模型较好地刻画了系统演进趋势. 随着系统的发展，老数据描述系统演化规律的作用将逐步降低，在不断补充新信息的同时，及时地去掉老信息，建模序列能更好地反映系统当前的运行行为特征. 尤其是系统随着量变的积累，发生质的飞跃或突变时，现实系统与过去的系统相比，已是面目全非. 去掉已根本不可能反映系统当前特征的老数据，显然是合理的. 此外，不断地进行新陈代谢，还可以避免随着信息的增加，计算机内存不断扩大，建模运算量不断增大的问题.

例 6.2.1 设有数据序列

$$X^{(0)} = (60.7, 73.8, 86.2, 100.4, 123.3)$$

试用全数据进行模拟，当补充新信息 $x^{(0)}(6) = 149.5$ 后，试建立新信息 GM(1, 1) 模型和新陈代谢模型.

解 （1）原数据序列建模. 由

$$X^{(0)} = (60.7, 73.8, 86.2, 100.4, 123.3)$$

可得参数估计值为

$$\hat{a} = (B^{\mathrm{T}}B)^{-1}B^{\mathrm{T}}Y = \begin{bmatrix} a \\ b \end{bmatrix} = \begin{bmatrix} -0.17241 \\ 55.889264 \end{bmatrix}$$

对应的时间响应式为

$$\hat{x}^{(1)}(k) = \left(x^{(0)}(1) - \frac{b}{a}\right)e^{-a(k-1)} + \frac{b}{a} = 384.865028e^{0.17241k} - 324.165028$$

据此求得模拟值，见表 6.2.1.

表 6.2.1 全数据 GM(1, 1) 模型模拟误差表

序号	实际数据 $x^{(0)}(k)$	模拟数据 $\hat{x}^{(0)}(k)$	残差 $\varepsilon(k) = x^{(0)}(k) - \hat{x}^{(0)}(k)$	相对误差 $\Delta_k = \dfrac{|\varepsilon(k)|}{x^{(0)}(k)}$
2	73.8	72.4180	1.3820	1.87%
3	86.2	86.0446	0.1554	0.18%
4	100.4	102.2351	−1.8351	1.83%
5	123.3	121.4721	1.8278	1.48%

平均相对误差

$$\Delta = \frac{1}{4}\sum_{k=2}^{5} \Delta_k = 1.34\%$$

预测值

$$\hat{x}^{(0)}(6) = 144.3290$$

(2)新信息模型. 新信息序列为
$$X^{(0)} = (60.7, 73.8, 86.2, 100.4, 123.3, 149.5)$$

参数估计值为
$$\hat{a} = (B^\mathrm{T}B)^{-1}B^\mathrm{T}Y = \begin{bmatrix} a \\ b \end{bmatrix} = \begin{bmatrix} -0.180888 \\ 54.254961 \end{bmatrix}$$

时间响应式为
$$\hat{x}^{(1)}(k) = \left(x^{(0)}(1) - \frac{b}{a}\right)\mathrm{e}^{-a(k-1)} + \frac{b}{a} = 360.63748\mathrm{e}^{0.180888k} - 299.93748$$

模拟值见表 6.2.2.

表 6.2.2　新信息 GM(1, 1) 模型模拟误差表

序号	实际数据 $x^{(0)}(k)$	模拟数据 $\hat{x}^{(0)}(k)$	残差 $\varepsilon(k) = x^{(0)}(k) - \hat{x}^{(0)}(k)$	相对误差 $\Delta_k = \dfrac{|\varepsilon(k)|}{x^{(0)}(k)}$
2	73.8	71.5074	2.2926	3.11%
3	86.2	85.6859	0.5141	0.60%
4	100.4	102.6757	−2.2757	2.27%
5	123.3	123.0342	0.2657	0.22%
6	149.5	147.4290	2.0704	1.38%

平均相对误差
$$\Delta = \frac{1}{5}\sum_{k=2}^{6}\Delta_k = 1.51\%$$

(3)新陈代谢模型. 新陈代谢序列为
$$X^{(0)} = (73.8, 86.2, 100.4, 123.3, 149.5)$$

参数估计值为
$$\hat{a} = (B^\mathrm{T}B)^{-1}B^\mathrm{T}Y = \begin{bmatrix} a \\ b \end{bmatrix} = \begin{bmatrix} -0.187862 \\ 62.830896 \end{bmatrix}$$

时间响应式为
$$\hat{x}^{(1)}(k) = \left(x^{(0)}(1) - \frac{b}{a}\right)\mathrm{e}^{-a(k-1)} + \frac{b}{a} = 408.251645\mathrm{e}^{0.187862k} - 334.451645$$

模拟值见表 6.2.3.

表 6.2.3　新陈代谢 GM(1, 1) 模型模拟误差表

序号	实际数据 $x^{(0)}(k)$	模拟数据 $\hat{x}^{(0)}(k)$	残差 $\varepsilon(k) = x^{(0)}(k) - \hat{x}^{(0)}(k)$	相对误差 $\Delta_k = \dfrac{|\varepsilon(k)|}{x^{(0)}(k)}$
2	73.8			
3	86.2	84.37234	1.8277	2.12%

续表

序号	实际数据 $x^{(0)}(k)$	模拟数据 $\hat{x}^{(0)}(k)$	残差 $\varepsilon(k)=x^{(0)}(k)-\hat{x}^{(0)}(k)$	相对误差 $\Delta_k=\dfrac{|\varepsilon(k)|}{x^{(0)}(k)}$
4	100.4	101.8093	−1.4093	1.40%
5	123.3	122.8500	0.4500	0.36%
6	149.5	148.2391	1.2609	0.84%

平均相对误差

$$\Delta=\frac{1}{4}\sum_{k=3}^{6}\Delta_k=1.18\%$$

(4) 精度比较见表 6.2.4.

表 6.2.4　三种模型精度比较

模型类别	参数		模拟预测值	残差	相对误差
	a	b	$\hat{x}^{(0)}(6)$	$\varepsilon(6)$	Δ_6
全数据模型	−0.17241	55.889264	144.3290	5.1710	3.46%
新信息模型	−0.180888	54.254961	147.4290	2.0704	1.38%
新陈代谢模型	−0.187862	62.830896	148.2391	1.2609	0.84%

从对 $x^{(0)}(6)$ 的模拟预测精度看, 新陈代谢模型高于新信息模型, 新信息模型高于全数据模型. 例 6.2.1 中数据序列具有随着系统的发展, 老数据描述系统演化规律的作用逐步降低的特点. 但在实际系统研究过程中, 有时也会出现数据序列呈现周期性波动特征的情形. 这时新信息描述系统演化规律的作用可能会弱于老信息. 因此, 对新、老信息重要性的评价要视实际情况而定, 不能一概而论.

6.3　分数阶灰色模型

定义 6.3.1　设非负序列 $X^{(0)}=\left(x^{(0)}(1),x^{(0)}(2),\cdots,x^{(0)}(n)\right)$, 称

$$x^{\left(\frac{p}{q}\right)}(k)=\sum_{i=1}^{k}C_{k-i+\frac{p}{q}-1}^{k-i}x^{(0)}(i)$$

为 $\dfrac{p}{q}$ 阶累加算子, 令 $C_{\frac{p}{q}-1}^{0}=1$, $C_k^{k+1}=0$, $k=0,1,\cdots,n-1$,

$$C_{k-i+\frac{p}{q}-1}^{k-i}=\frac{\left(k-i+\dfrac{p}{q}-1\right)\left(k-i+\dfrac{p}{q}-2\right)\cdots\left(\dfrac{p}{q}-1\right)\dfrac{p}{q}}{(k-i)!}$$

称 $X^{\left(\frac{p}{q}\right)} = \left(X^{\left(\frac{p}{q}\right)}(1), X^{\left(\frac{p}{q}\right)}(2), \cdots, X^{\left(\frac{p}{q}\right)}(n)\right)$ 为 $\frac{p}{q}$ 阶累加序列 (Wu et al., 2015).

定义 6.3.2 设非负序列 $X^{(0)} = \left(x^{(0)}(1), x^{(0)}(2), \cdots, x^{(0)}(n)\right)$，称

$$\alpha^{(1)} x^{\left(1-\frac{p}{q}\right)}(k) = x^{\left(1-\frac{p}{q}\right)}(k) - x^{\left(1-\frac{p}{q}\right)}(k-1)$$

为 $\frac{p}{q}\left(0 < \frac{p}{q} < 1\right)$ 阶累减算子. 称

$$\alpha^{\left(\frac{p}{q}\right)} X^{(0)} = \alpha^{(1)} X^{\left(1-\frac{p}{q}\right)} = \left(\alpha^{(1)} x^{\left(1-\frac{p}{q}\right)}(1), \alpha^{(1)} x^{\left(1-\frac{p}{q}\right)}(2), \cdots \alpha^{(1)} x^{\left(1-\frac{p}{q}\right)}(n)\right)$$

为 $\frac{p}{q}\left(0 < \frac{p}{q} < 1\right)$ 阶累减序列.

定义 6.3.3 设非负序列 $X^{(0)} = \left(x^{(0)}(1), x^{(0)}(2), \cdots, x^{(0)}(n)\right)$，$\frac{p}{q}$ 阶累加序列为 $X^{\left(\frac{p}{q}\right)} = \left(X^{\left(\frac{p}{q}\right)}(1), X^{\left(\frac{p}{q}\right)}(2), \cdots, X^{\left(\frac{p}{q}\right)}(n)\right)$，称

$$x^{\left(\frac{p}{q}\right)}(k+1) = \beta_1 x^{\left(\frac{p}{q}\right)}(k) + \beta_2 (k = 1, 2, \cdots, n-1) \tag{6.3.1}$$

为 $\frac{p}{q}$ 阶离散灰色模型.

定理 6.3.1 离散灰色模型 $x^{\left(\frac{p}{q}\right)}(k+1) = \beta_1 x^{\left(\frac{p}{q}\right)}(k) + \beta_2$ 参数的最小二乘估计满足

$$\begin{bmatrix} \beta_2 \\ \beta_1 \end{bmatrix} = (B^{\mathrm{T}} B)^{-1} B^{\mathrm{T}} Y$$

其中

$$B = \begin{bmatrix} 1 & x^{\left(\frac{p}{q}\right)}(1) \\ 1 & x^{\left(\frac{p}{q}\right)}(2) \\ \vdots & \vdots \\ 1 & x^{\left(\frac{p}{q}\right)}(n-1) \end{bmatrix}, \quad Y = \begin{bmatrix} x^{\left(\frac{p}{q}\right)}(2) \\ x^{\left(\frac{p}{q}\right)}(3) \\ \vdots \\ x^{\left(\frac{p}{q}\right)}(n) \end{bmatrix}$$

对于实际数据, 如何确定分数阶模型的阶数? 需要进一步研究. 一般地, 根据定性研究结果, 如果认为新信息对于描述系统演进规律作用较大, 阶数 $\frac{p}{q}$ 可以取小一些的数; 反之, 如果认为老信息对于描述系统演进规律作用较大, 则阶数 $\frac{p}{q}$ 可以取大一些的数.

$\dfrac{p}{q}$ 阶累加灰色模型的建模步骤如下:

第一步: 确定累加阶数 $\dfrac{p}{q}$.

第二步: 计算得到 $\dfrac{p}{q}$ 阶累加序列 $X^{\left(\frac{p}{q}\right)}=\left(x^{\left(\frac{p}{q}\right)}(1),x^{\left(\frac{p}{q}\right)}(2),\cdots,x^{\left(\frac{p}{q}\right)}(n)\right)$.

第三步: 将 $X^{\left(\frac{p}{q}\right)}(k)\ (k=1,2,\cdots,n)$ 代入式 (6.3.1), 采用最小二乘法估计参数 $\begin{bmatrix}\hat{\beta}_2\\\hat{\beta}_1\end{bmatrix}$.

第四步: 利用 $X^{\left(\frac{p}{q}\right)}(k)=\left(x^{(0)}(1)-\dfrac{\hat{\beta}_2}{1-\hat{\beta}_1}\right)\hat{\beta}_1^{(k-1)}+\dfrac{\hat{\beta}_2}{1-\hat{\beta}_1}$ 预测得到 $\hat{x}^{\left(\frac{p}{q}\right)}(1),\hat{x}^{\left(\frac{p}{q}\right)}(2),\cdots$.

第五步: 对 $X^{\left(\frac{p}{q}\right)}=\left(\hat{x}^{\left(\frac{p}{q}\right)}(1),\hat{x}^{\left(\frac{p}{q}\right)}(2),\cdots,\hat{x}^{\left(\frac{p}{q}\right)}(n),\cdots\right)$ 作 $\dfrac{p}{q}$ 阶累减. 如果 $0<\dfrac{p}{q}<1$, 作 $\dfrac{p}{q}$

阶累减就是先作 $1-\dfrac{p}{q}$ 阶累加, 再作一次累减, 即

$$\alpha^{\left(\frac{p}{q}\right)}X^{(0)}=\left(\alpha^{(1)}\hat{x}^{\left(1-\frac{p}{q}\right)}(1),\alpha^{(1)}\hat{x}^{\left(1-\frac{p}{q}\right)}(2),\cdots,\alpha^{(1)}\hat{x}^{\left(1-\frac{p}{q}\right)}(n),\alpha^{(1)}\hat{x}^{\left(1-\frac{p}{q}\right)}(n+1),\cdots\right)$$

如果 $\dfrac{p}{q}>1$, 设 $\left[\dfrac{p}{q}\right]=\min\left\{n\in\mathbf{Z}\,\middle|\,\dfrac{p}{q}\geqslant n\right\}$, 作 $\dfrac{p}{q}$ 阶累减就是先作 $\left[\dfrac{p}{q}\right]-\dfrac{p}{q}$ 累加, 再作

$\dfrac{p}{q}$ 次累减, 即

$$\alpha^{\left(\frac{p}{q}\right)}X^{(0)}=\left(\alpha^{(1)}\hat{x}^{\left(\left[\frac{p}{q}\right]-\frac{p}{q}\right)}(1),\alpha^{(1)}\hat{x}^{\left(\left[\frac{p}{q}\right]-\frac{p}{q}\right)}(2),\cdots,\alpha^{(1)}\hat{x}^{\left(\left[\frac{p}{q}\right]-\frac{p}{q}\right)}(n),\alpha^{(1)}\hat{x}^{\left(\left[\frac{p}{q}\right]-\frac{p}{q}\right)}(n+1),\cdots\right)$$

分数阶微积分是将通常意义下的整数阶微积分推广到分数阶. 实际系统大都是分数阶的, 采用分数阶描述那些本身带有分数阶特性的对象时, 能更好地揭示对象的本质特性及其行为. 人们之所以忽略系统的实际阶次(分数阶)而采用整数阶, 主要是因为分数阶较为复杂, 而且缺乏相应的数学工具. 这一"瓶颈"正被逐渐克服, 相关成果不断涌现. 分数阶导数有多种类型, 我们基于卡普托(Caputo)分数阶导数, 将整数阶导数灰色模型推广到分数阶导数灰色模型.

针对缺乏统计规律的小数据系统, 如何挖掘其规律, 一直是一个难点. 此处尝试以 $x^{(0)}(k)$ 的 p 阶差分作为基础数据进行建模.

定义 6.3.4　设非负序列 $X^{(0)}=\left(x^{(0)}(1),x^{(0)}(2),\cdots,x^{(0)}(n)\right)$, $p(0<p<1)$ 阶方程 1 个变量的灰色模型 (GM$(p,1)$) 为

$$\alpha^{(1)}x^{(1-p)}(k)+az^{(0)}(k)=b$$

其中, $\alpha^{(1)}x^{(1-p)}(k)$ 为 $x^{(0)}(k)$ 的 p 阶差分, 即先对 $x^{(0)}(k)$ 进行 $1-p$ 阶累加, 再对 $x^{(1-p)}(k)$ 作 1 阶

差分, $\alpha^{(1)}x^{(1-p)}(k) = x^{(1-p)}(k) - x^{(1-p)}(k-1)$, $z^{(0)}(k) = \dfrac{x^{(0)}(k) + x^{(0)}(k+1)}{2}$. GM$(p, 1)$ 模型参数的最小二乘估计满足

$$\begin{bmatrix} a \\ b \end{bmatrix} = (B^{\mathrm{T}}B)^{-1}B^{\mathrm{T}}Y$$

其中

$$B = \begin{bmatrix} -z^{(0)}(2) & 1 \\ -z^{(0)}(3) & 1 \\ \vdots & \vdots \\ -z^{(0)}(n) & 1 \end{bmatrix}, \quad Y = \begin{bmatrix} \alpha^{(1)}x^{(1-p)}(2) \\ \alpha^{(1)}x^{(1-p)}(3) \\ \vdots \\ \alpha^{(1)}x^{(1-p)}(n) \end{bmatrix}$$

GM$(p, 1)$ 模型的白化方程为

$$\frac{\mathrm{d}^p x^{(0)}(t)}{\mathrm{d}t^p} + ax^{(0)}(t) = b \tag{6.3.2}$$

设 $\hat{x}^{(0)}(1) = x^{(0)}(1)$, 通过分数阶拉普拉斯变换, 方程 (6.3.2) 的解为

$$x^{(0)}(t) = \left(x^{(0)}(1) - \frac{b}{a} \right) \sum_{k=0}^{\infty} \frac{(-at^p)^k}{\Gamma(pk+1)} + \frac{b}{a}$$

所以 GM$(p, 1)$ 模型的拟合值为

$$x^{(0)}(k) = \left(x^{(0)}(1) - \frac{b}{a} \right) \sum_{i=0}^{\infty} \frac{(-at^p)^i}{\Gamma(pi+1)} + \frac{b}{a}$$

其中, $\Gamma(pi+1)$ 为 Gamma 函数.

■ 6.4 自忆性灰色预测模型

自忆性灰色预测模型是一种组合模型. 范习辉和张焰 (2003) 提出了灰色自记忆模型. 陈向东等 (2009) 研究了灰色微分动态模型的自忆预报模式. 自 2014 年起, 郭晓君等在灰色预测模型体系框架下, 结合自忆性原理, 针对饱和增长或单峰特性波动序列、多变量系统序列及区间灰数序列, 提出了自忆性 GM$(1, 1)$ 幂模型、自忆性灰色多变量预测模型、自忆性区间灰数预测模型等多种自忆性灰色预测模型 (郭晓君等, 2014; Guo et al., 2015). 限于篇幅, 此处仅介绍自忆性 GM$(1, 1)$ 幂模型, 对其他自忆性灰色预测模型感兴趣的读者请参看相关文献.

对于具有非线性特征的饱和增长或单峰特性的原始波动序列, 可以建立自忆性 GM$(1, 1)$ 幂模型. 设系统行为序列为 $\{x^{(0)}(k)\}$, $k = 1, 2, \cdots, n$, 自忆性 GM$(1, 1)$ 幂模型的建模步骤如下所示.

第一步: 确定自忆性动力方程.

将 GM$(1, 1)$ 幂模型所内含的白化微分方程 $\dfrac{\mathrm{d}x^{(1)}}{\mathrm{d}t} = -ax^{(1)} + b(x^{(1)})^\gamma$, 确定为自忆性 GM$(1, 1)$ 幂模型的自忆性动力方程:

$$\frac{\mathrm{d}x}{\mathrm{d}t} = F(x, t) \tag{6.4.1}$$

其中, x 为变量; t 为时间; 动力核 $F(x,t) = -ax^{(1)} + b(x^{(1)})^\gamma$. 自忆性动力方程(6.4.1)表达了变量 x 局部时间变化与动力核源函数 $F(x,t)$ 之间的关系.

第二步: 优化幂指数 γ.

求解非线性规划模型: $\min\limits_{\gamma} \dfrac{1}{n-1} \sum\limits_{k=2}^{n} \left| \dfrac{\hat{x}^{(0)}(k) - x^{(0)}(k)}{x^{(0)}(k)} \right|$, 可得最优幂指数 γ.

第三步: 推导自忆性差分—积分方程.

设时间集合 $T = \{t_{-p}, t_{-p+1}, \cdots, t_{-1}, t_0, t\}$, 其中 $t_{-p}, t_{-p+1}, \cdots, t_{-1}$ 表示历史观测时点, t_0 表示基点, t 表示未来预测时点, p 表示回溯的项数. 假设时点样本间隔为 Δt, 记忆函数为 $\beta(t)$, 满足 $|\beta(t)| \leqslant 1$, 且变量 x 与记忆函数 $\beta(t)$ 满足连续、可微且可积的条件, 则自忆性动力方程(6.4.1)可借助内积运算变换为

$$\int_{t_{-p}}^{t_{-p+1}} \beta(\tau) \frac{\partial x}{\partial \tau} d\tau + \int_{t_{-p+1}}^{t_{-p+2}} \beta(\tau) \frac{\partial x}{\partial \tau} d\tau + \cdots + \int_{t_0}^{t} \beta(\tau) \frac{\partial x}{\partial \tau} d\tau = \int_{t_{-p}}^{t} \beta(\tau) F(x,\tau) d\tau$$

该式可以视为以 $\beta(\tau)$ 为权重的加权积分, 由分部积分公式和积分中值定理, 可得如下差分—积分方程:

$$\beta_t x_t - \beta_{-p} x_{-p} - \sum_{i=-p}^{0} x_i^m (\beta_{i+1} - \beta_i) - \int_{t_{-p}}^{t} \beta(\tau) F(x,\tau) d\tau = 0 \tag{6.4.2}$$

其中, $\beta_t \equiv \beta(t)$, $x_t \equiv x(t)$, $\beta_i \equiv \beta(t_i)$, $x_i \equiv x(t_i)$, 中值 $x_i^m \equiv x(t_m)$, $t_i < t_m < t_{i+1}$, $i = -p, -p+1, \cdots, 0$.

此即自忆性预测模型.

令 $x_{-p-1}^m \equiv x_{-p}$, $\beta_{-p-1} \equiv 0$, 式(6.4.2)可变换为

$$x_t = \frac{1}{\beta_t} \sum_{i=-p-1}^{0} x_i^m (\beta_{i+1} - \beta_i) + \frac{1}{\beta_t} \int_{t_{-p}}^{t} \beta(\tau) F(x,\tau) d\tau = S_1 + S_2 \tag{6.4.3}$$

该自忆性差分—积分方程回溯 p 阶, 自忆项 S_1 表征 $p+1$ 个时点的历史统计数据对预测值 x_t 产生的影响, S_2 则表征动力核源函数 $F(x,t) = -ax^{(1)} + b(x^{(1)})^\gamma$ 在回溯时段 $[t_{-p}, t_0]$ 内对 x_t 的影响.

第四步: 离散化自忆性预测方程.

在式(6.4.3)中, 以求和近似替代积分, 微分近似为差分, 中值 x_i^m 则近似为两相邻时点均值, 即 $x_i^m = \dfrac{1}{2}(x_{i+1} + x_i) \equiv y_i$, 同时取等距时点间隔, 令 $\Delta t_i = t_{i+1} - t_i = 1$, 可得离散形式的自忆性预测方程:

$$x_t = \sum_{i=-p-1}^{-1} \alpha_i y_i + \sum_{i=-p}^{0} \theta_i F(x,i) \tag{6.4.4}$$

其中, 记忆系数 $\alpha_i = (\beta_{i+1} - \beta_i)/\beta_t$, $\theta_i = \beta_i/\beta_t$, 动力核源函数 $F(x,t) = -ax^{(1)} + b(x^{(1)})^\gamma$.

第五步: 最小二乘求解记忆系数.

$F(x,t)$ 视为系统的输入, x_t 视为系统的输出, 假设有 $L(L > p)$ 个时点的原始数据序列, 可用最小二乘法来求解记忆系数 α_i 和 θ_i. 记

$$X_t = \begin{bmatrix} x_{t1} \\ x_{t2} \\ \vdots \\ x_{tL} \end{bmatrix}, \quad Y_{L \times (p+1)} = \begin{bmatrix} y_{-p-1,1} & y_{-p,1} & \cdots & y_{-1,1} \\ y_{-p-1,2} & y_{-p,2} & \cdots & y_{-1,2} \\ \vdots & \vdots & & \vdots \\ y_{-p-1,L} & y_{-p,L} & \cdots & y_{-1,L} \end{bmatrix}, \quad A_{(p+1) \times 1} = \begin{bmatrix} \alpha_{-p-1} \\ \alpha_{-p} \\ \vdots \\ \alpha_{-1} \end{bmatrix}$$

$$\Gamma_{L \times (p+1)} = \begin{bmatrix} F(x,-p)_1 & F(x,-p+1)_1 & \cdots & F(x,0)_1 \\ F(x,-p)_2 & F(x,-p+1)_2 & \cdots & F(x,0)_2 \\ \vdots & \vdots & & \vdots \\ F(x,-p)_L & F(x,-p+1)_L & \cdots & F(x,0)_L \end{bmatrix}, \quad \Theta_{(p+1) \times 1} = \begin{bmatrix} \theta_{-p} \\ \theta_{-p+1} \\ \vdots \\ \theta_0 \end{bmatrix}$$

则离散形式下的自忆性预测方程 (6.4.4) 可表示成矩阵形式 $X_t = YA + \Gamma\Theta$. 若令 $Z = [Y, \Gamma]$, $W = \begin{bmatrix} A \\ \Theta \end{bmatrix}$, 则上式变为 $X_t = ZW$, 从而得记忆系数矩阵 $W = \begin{bmatrix} A \\ \Theta \end{bmatrix}$ 的最小二乘估计 $W = (Z^{\mathrm{T}}Z)^{-1} Z^{\mathrm{T}} X_t$.

第六步: 求解自忆性 GM$(1, 1)$ 幂模型.

将第五步确定的记忆系数 α_i 和 θ_i 代入自忆性离散预测方程 (6.4.4), 即可得到相应的模拟值 $\hat{x}^{(1)}(t)$. 而自忆性 GM$(1, 1)$ 幂模型的原始数据模拟序列 $\hat{X}^{(0)}$, 可进一步通过一阶累减还原 $\hat{x}^{(0)}(t) = \hat{x}^{(1)}(t) - \hat{x}^{(1)}(t-1)$, $t = 1, 2, \cdots, n$ 得到, 其中 $\hat{x}^{(0)}(0) \equiv 0$.

例 6.4.1 某地区 2014—2023 年的高中升学率如表 6.4.1 所示, 试用自忆性 GM$(1, 1)$ 幂模型对升学率情况进行模拟和预测.

表 6.4.1 某地区 2014—2023 年高中升学率

类别	2014 年	2015 年	2016 年	2017 年	2018 年	2019 年	2020 年	2021 年	2022 年	2023 年
升学率	63.8%	73.2%	78.8%	83.5%	83.4%	82.5%	76.3%	75.1%	71.8%	72.7%

由于升学率序列呈现先增长后下降的单峰特性, 适合以 GM$(1, 1)$ 幂模型为基础进行建模分析. 取 2014—2023 年中前 8 年统计数据作为建模样本, 同时取后 2 年数据作为预测样本进行预测检验, 根据幂指数优化算法可得最优幂指数 $\gamma = -0.0199$, 白化微分方程为

$$\frac{\mathrm{d}x}{\mathrm{d}t} - 0.0054x = 86.3682x^{-0.0199}$$

则相应时间响应式为

$$\hat{x}^{(1)}(k+1) = (-16022.842 + 1\,609.1512\mathrm{e}^{0.0055k})^{0.98046}$$

以白化方程右端项作为自忆性方程的动力核 $F(x,t)$, 由此建立自忆性 GM$(1, 1)$ 幂模型, 最优回溯阶经试算确定为 $p = 1$, 相应自忆性离散预测方程如下:

$$x_t = \sum_{i=-2}^{-1} \alpha_i y_i + \sum_{i=-1}^{0} \theta_i F(x,i)$$

其中记忆系数矩阵为

$$W = \begin{bmatrix} \alpha_{-2} & \alpha_{-1} & \theta_{-1} & \theta_0 \end{bmatrix}^{\mathrm{T}} = \begin{bmatrix} 0.4708 & 0.4044 & -68.8276 & 71.3669 \end{bmatrix}^{\mathrm{T}}$$

传统 $\mathrm{GM}(1,1)$ 幂模型和自忆性 $\mathrm{GM}(1,1)$ 幂模型的建模预测与误差对比结果见表 6.4.2.

表 6.4.2　两种模型的模拟值误差对比

年份	实际值	传统 $\mathrm{GM}(1,1)$ 幂模型		自忆性 $\mathrm{GM}(1,1)$ 幂模型	
		模拟预测值	模拟误差	模拟预测值	模拟误差
2014	63.8	—			
2015	73.2	79.35	8.40%	—	—
2016	78.8	78.86	0.08%	78.80	0
2017	83.5	78.72	5.72%	83.40	0.12%
2018	83.4	78.74	5.58%	84.05	0.78%
2019	82.5	78.85	4.47%	80.86	1.99%
2020	76.3	79.01	3.55%	78.29	2.61%
2021	75.1	79.21	5.47%	73.93	1.56%
2022	71.8	79.44	10.64%	70.14	2.31%
2023	72.7	79.70	9.63%	68.27	6.09%

传统模型中 7 个样本单点相对误差在 0.08% 与 8.40% 之间, 平均相对误差为 4.75%; 而新模型中 6 个样本单点相对误差大幅降低, 在 0 与 2.61% 之间, 平均相对误差也显著减少至 1.18%, 并且自忆性 $\mathrm{GM}(1,1)$ 幂模型的单点相对误差分布较为稳定. 在预测方面, 自忆性 $\mathrm{GM}(1,1)$ 幂模型的优势更加明显, 单步滚动预测相对误差仅为 2.31%, 远低于传统 $\mathrm{GM}(1,1)$ 幂模型的 10.64%, 而两步滚动预测相对误差虽然伴随预测步长有所增加, 但仍显著低于传统模型的 9.63%.

6.5　$\mathrm{GM}(0,N)$ 模型

定义 6.5.1　设 $X_1^{(0)}=(x_1^{(0)}(1),x_1^{(0)}(2),\cdots,x_1^{(0)}(n))$ 为系统行为特征数据序列, 而

$$X_2^{(0)}=(x_2^{(0)}(1),x_2^{(0)}(2),\cdots,x_2^{(0)}(n))$$
$$X_3^{(0)}=(x_3^{(0)}(1),x_3^{(0)}(2),\cdots,x_3^{(0)}(n))$$
$$\vdots$$
$$X_N^{(0)}=(x_N^{(0)}(1),x_N^{(0)}(2),\cdots,x_N^{(0)}(n))$$

为相关因素序列, $X_i^{(1)}$ 为 $X_i^{(0)}$ 的 1-AGO 序列 $(i=1,2,\cdots,N)$, 则称

$$x_1^{(1)}(k)=b_2x_2^{(1)}(k)+b_3x_3^{(1)}(k)+\cdots+b_Nx_N^{(1)}(k)+a \tag{6.5.1}$$

为 $\mathrm{GM}(0,N)$ 模型.

$\mathrm{GM}(0,N)$ 模型不含导数, 因此为静态模型. 事实上它是一个多元离散模型. $\mathrm{GM}(0,N)$ 模型形如多元线性回归模型, 但与一般的多元线性回归模型有着本质的区别. 一般的多元线性回归建模以原始数据序列作为估计模型参数的基础数据, $\mathrm{GM}(0,N)$ 则是以原始数据的 1-AGO 序列作为估计模型参数的基础数据.

定理 6.5.1　设 $X_i^{(0)}$, $X_i^{(1)}$ 如定义 6.5.1 所述,

$$B = \begin{bmatrix} x_2^{(1)}(2) & x_3^{(1)}(2) & \cdots & x_N^{(1)}(2) \\ x_2^{(1)}(3) & x_3^{(1)}(3) & \cdots & x_N^{(1)}(3) \\ \vdots & \vdots & & \vdots \\ x_2^{(1)}(n) & x_3^{(1)}(n) & \cdots & x_N^{(1)}(n) \end{bmatrix}, \quad Y = \begin{bmatrix} x_1^{(1)}(2) \\ x_1^{(1)}(3) \\ \vdots \\ x_1^{(1)}(n) \end{bmatrix}$$

则参数列 $\hat{a} = [a, b_1, b_2, \cdots, b_N]^{\mathrm{T}}$ 的最小二乘估计为

$$\hat{a} = (B^{\mathrm{T}}B)^{-1}B^{\mathrm{T}}Y$$

例 6.5.1 设系统行为特征数据序列为

$$X_1^{(0)} = (2.874, 3.278, 3.307, 3.39, 3.679) = \{x_1^{(0)}(k)\}_1^5$$

相关因素数据序列为

$$X_2^{(0)} = (7.04, 7.645, 8.075, 8.53, 8.774) = \{x_2^{(0)}(k)\}_1^5$$

试建立 GM$(0, 2)$ 模型.

解 设 GM$(0, 2)$ 模型为 $X_1^{(1)} = bX_2^{(1)} + a$, 由

$$B = \begin{bmatrix} x_2^{(1)}(2) & 1 \\ x_2^{(1)}(3) & 1 \\ x_2^{(1)}(4) & 1 \\ x_2^{(1)}(5) & 1 \end{bmatrix} = \begin{bmatrix} 14.685 & 1 \\ 22.76 & 1 \\ 31.29 & 1 \\ 40.064 & 1 \end{bmatrix}, \quad Y = \begin{bmatrix} x_1^{(1)}(2) \\ x_1^{(1)}(3) \\ x_1^{(1)}(4) \\ x_1^{(1)}(5) \end{bmatrix} = \begin{bmatrix} 6.152 \\ 9.459 \\ 12.849 \\ 16.528 \end{bmatrix}$$

可得 $\hat{b} = [b, a]^{\mathrm{T}}$ 的最小二乘估计

$$\hat{b} = \begin{bmatrix} b \\ a \end{bmatrix} = (B^{\mathrm{T}}B)^{-1}B^{\mathrm{T}}Y = \begin{bmatrix} 0.412435 \\ -0.482515 \end{bmatrix}$$

故由 GM$(0, 2)$ 模型估计式得

$$\hat{x}_1^{(1)}(k) = 0.412435 x_2^{(1)}(k) - 0.482515$$

由此可得模拟值, 见表 6.5.1.

表 6.5.1　误差检验表

序号	实际数据 $x^{(0)}(k)$	模拟数据 $\hat{x}^{(0)}(k)$	残差 $\varepsilon(k) = x^{(0)}(k) - \hat{x}^{(0)}(k)$	相对误差 $\Delta_k = \dfrac{|\varepsilon(k)|}{x^{(0)}(k)}$
2	3.278	3.153	0.125	3.8%
3	3.307	3.331	−0.024	0.7%
4	3.390	3.518	−0.128	3.8%
5	3.679	3.619	0.060	1.6%

■ 6.6　灰色 Verhulst 模型

定义 6.6.1 设 $X^{(0)}$ 为原始数据序列, $X^{(1)}$ 为 $X^{(0)}$ 的 1-AGO 序列, $Z^{(1)}$ 为 $X^{(1)}$ 的均值序列, 则称

$$x^{(0)}(k) + az^{(1)}(k) = b(z^{(1)}(k))^{\alpha} \tag{6.6.1}$$

为 GM$(1,1)$ 幂模型.

定义 6.6.2 称

$$\frac{\mathrm{d}x^{(1)}}{\mathrm{d}t} + ax^{(1)} = b(x^{(1)})^{\alpha} \tag{6.6.2}$$

为 GM$(1,1)$ 幂模型的白化方程(邓聚龙, 1990).

定理 6.6.1 GM$(1,1)$ 幂模型之白化方程的解为

$$x^{(1)}(t) = \left\{ \mathrm{e}^{-(1-a)at} \left[(1-a)\int b\mathrm{e}^{(1-a)at}\mathrm{d}t + c \right] \right\}^{\frac{1}{1-a}} \tag{6.6.3}$$

定理 6.6.2 设 $X^{(0)}$, $X^{(1)}$, $Z^{(1)}$ 如定义 6.6.1 所述,

$$B = \begin{bmatrix} -z^{(1)}(2) & (z^{(1)}(2))^{\alpha} \\ -z^{(1)}(3) & (z^{(1)}(3))^{\alpha} \\ \vdots & \vdots \\ -z^{(1)}(n) & (z^{(1)}(n))^{\alpha} \end{bmatrix}, \quad Y = \begin{bmatrix} x^{(0)}(2) \\ x^{(0)}(3) \\ \vdots \\ x^{(0)}(n) \end{bmatrix}$$

则 GM$(1,1)$ 幂模型参数列 $\hat{a} = [a,b]^{\mathrm{T}}$ 的最小二乘估计为

$$\hat{a} = (B^{\mathrm{T}}B)^{-1}B^{\mathrm{T}}Y$$

定义 6.6.3 当 $\alpha = 2$ 时, 称

$$x^{(0)}(k) + az^{(1)}(k) = b(z^{(1)}(k))^2 \tag{6.6.4}$$

为灰色 Verhulst 模型(邓聚龙, 1990).

定义 6.6.4 称

$$\frac{\mathrm{d}x^{(1)}}{\mathrm{d}t} + ax^{(1)} = b(x^{(1)})^2 \tag{6.6.5}$$

为灰色 Verhulst 模型的白化方程(邓聚龙, 1990).

定理 6.6.3 (1) Verhulst 白化方程的解为

$$\begin{aligned}
x^{(1)}(t) &= \frac{1}{\mathrm{e}^{at}\left[\dfrac{1}{x^{(1)}(0)} - \dfrac{b}{a}(1-\mathrm{e}^{-at}) \right]} \\
&= \frac{ax^{(1)}(0)}{\mathrm{e}^{at}[a - bx^{(1)}(0)(1-\mathrm{e}^{-at})]} \\
&= \frac{ax^{(1)}(0)}{bx^{(1)}(0) + (a - bx^{(1)}(0))\mathrm{e}^{at}}
\end{aligned} \tag{6.6.6}$$

(2) 灰色 Verhulst 模型的时间响应式为

$$\hat{x}^{(1)}(k+1) = \frac{ax^{(1)}(0)}{bx^{(1)}(0) + (a - bx^{(1)}(0))\mathrm{e}^{ak}} \tag{6.6.7}$$

灰色 Verhulst 模型主要用来描述具有饱和状态的过程, 即"S"形过程, 常用于人口预测、生物生长、繁殖预测和产品经济寿命预测等. 由灰色 Verhulst 方程的解可以看出, 当 $t \to \infty$

时，若 $a>0$ ，则 $x^{(1)}(t)\to 0$ ；若 $a<0$ ，则 $x^{(1)}(t)\to \dfrac{a}{b}$ ，即有充分大的 t ，对任意 $k>t$ ， $x^{(1)}(k+1)$ 与 $x^{(1)}(k)$ 充分接近，此时 $x^{(0)}(k+1)=x^{(1)}(k+1)-x^{(1)}(k)\approx 0$ ，系统趋于死亡.

在实际问题中，常遇到原始数据本身呈"S"形的过程. 这时，我们可以取原始数据为 $X^{(1)}$ ，其 1-IAGO 为 $X^{(0)}$ ，建立灰色 Verhulst 模型直接对 $X^{(1)}$ 进行模拟.

例 6.6.1 设某型水下装置研制费用见表 6.6.1，试用灰色 Verhulst 模型进行模拟.

表 6.6.1 某型水下装置研制费用表

类别	2014 年	2015 年	2016 年	2017 年	2018 年	2019 年	2020 年	2021 年	2022 年	2023 年
研制费用/万元	496	779	1187	1025	488	255	157	110	87	79

其累计研制费用见表 6.6.2.

表 6.6.2 某型水下装置累计研制费用表

类别	2014 年	2015 年	2016 年	2017 年	2018 年	2019 年	2020 年	2021 年	2022 年	2023 年
研制费用/万元	496	1275	2462	3487	3975	4230	4387	4497	4584	4663

根据定理 6.6.2，可以求得参数估计值为

$$\hat{a}=[a,b]^{\mathrm{T}}=\begin{bmatrix} -0.98079 \\ -0.00021576 \end{bmatrix}$$

从而，白化方程为

$$\frac{\mathrm{d}x^{(1)}}{\mathrm{d}t}-0.98079x^{(1)}=-0.00021576(x^{(1)})^2$$

取 $x^{(1)}(0)=x^{(0)}(1)=496$ ，可得时间响应式为

$$\hat{x}^{(1)}(k+1)=\frac{ax^{(1)}(0)}{bx^{(1)}(0)+(a-bx^{(1)}(0))\mathrm{e}^{ak}}=\frac{-486.47}{-0.10702-0.87378\mathrm{e}^{-0.98079k}}$$

由此可得 $\hat{x}^{(0)}(k)$ 模拟值见表 6.6.3.

表 6.6.3 误差检验表

序号	实际数据 $x^{(0)}(k)$	模拟数据 $\hat{x}^{(0)}(k)$	残差 $\varepsilon(k)=x^{(0)}(k)-\hat{x}^{(0)}(k)$	相对误差 $\Delta_k=\dfrac{\|\varepsilon(k)\|}{x^{(0)}(k)}$
2	1275	1119.1	155.9	0.12226
3	2462	2116.0	346.0	0.14053
4	3487	3177.5	309.5	0.08876
5	3975	3913.7	61.3	0.01541
6	4230	4286.2	−56.2	0.01328

续表

序号	实际数据 $x^{(0)}(k)$	模拟数据 $\hat{x}^{(0)}(k)$	残差 $\varepsilon(k) = x^{(0)}(k) - \hat{x}^{(0)}(k)$	相对误差 $\Delta_k = \dfrac{\|\varepsilon(k)\|}{x^{(0)}(k)}$
7	4387	4444.8	−57.8	0.0132
8	4497	4507.4	−10.4	0.0023
9	4584	4531.3	52.7	0.0115
10	4663	4540.3	122.7	0.0263

由表 6.6.3 可得平均相对误差

$$\Delta = \frac{1}{9}\sum_{k=2}^{10}\Delta_k = 4.3354\%$$

预测 2024 年该型水下装置的研制费用为

$$\hat{x}_1^{(0)}(11) = \hat{x}_1^{(1)}(11) - \hat{x}_1^{(1)}(10) = 9.0342$$

这说明该型水下装置的研制工作已经接近尾声.

➤复习思考题

一、选择题

1. 以下 (　　) 是 GM(1, 1) 模型的基本形式.

A. 均值 GM(1, 1) 模型　　　　　　　　B. 原始差分 GM(1, 1) 模型

C. 原始微分 GM(1, 1) 模型　　　　　　D. 离散 GM(1, 1) 模型

2. 在 GM(1, 1) 模型中的参数 $-a$ 和 b 分别是模型的 (　　).

A. 发展系数, 发展系数　　　　　　　　B. 灰色作用量, 灰色作用量

C. 发展系数, 灰色作用量　　　　　　　D. 灰色作用量, 发展系数

3. 在 GM(1, 1) 模型进行预测时, 当 $-a$ 在什么范围时 GM(1, 1) 可用于中长期预测. (　　)

A. $-a \leqslant 0.3$ 　　　　B. $0.3 \leqslant -a \leqslant 0.5$ 　　　　C. $0.5 \leqslant -a \leqslant 0.8$ 　　　　D. $-a \geqslant 1$

4. 下面哪个不是 GM(1, 1) 模型的预测形式. (　　)

A. $x^{(0)}(k) + az^{(1)}(k) = b$ 　　　　　　B. $x^{(0)}(k) = (1 - \mathrm{e}^a)\alpha x^{(1)}(k-1)$

C. $x^{(0)}(k) = \beta - \alpha x^{(1)}(k-1)$ 　　　　D. $x^{(0)}(k) = (\beta - \alpha x^{(1)}(1))\mathrm{e}^{-a(k-2)}$

5. 下面哪个模型适用于非单调的摆动序列或 "S" 形序列数据建模. (　　)

A. GM(1, 1) 　　　　B. GM(0, 3) 　　　　C. 离散 GM(1, 1) 模型 　　　　D. 灰色 Verhulst 模型

二、简答题

1. 简述 GM(1, 1) 模型的四种基本形式.

2. 简述灰色作用量的概念及其存在的意义.

3. 试写出均值 GM(1, 1) 模型的原始形式、基本形式、白化方程、时间响应式和参数向量估计的矩阵形式.

4. 什么是均值序列?

5. 什么是新陈代谢 GM(1, 1) 模型? 什么是新信息 GM(1, 1) 模型? 试比较两者的异同.

6. 试述分数阶灰色模型的建模步骤.

7. 试述自忆性灰色预测模型的建模步骤.

8. 简述 $GM(0, N)$ 模型的适用情形.

三、计算题

1. 设原始序列为

$$X^{(0)} = (x^{(0)}(1), x^{(0)}(2), x^{(0)}(3), x^{(0)}(4), x^{(0)}(5))$$
$$= (2.874, 3.278, 3.337, 3.39, 3.679)$$

试按照四种基本形式建立不同的 $GM(1, 1)$ 模型并进行比较.

2. 对于原始数据序列

$$X^{(0)} = (2.874, 3.278, 3.337, 3.39, 3.679)$$

补充新信息 $x^{(0)}(6) = 3.85$. 试建立新信息模型和新陈代谢模型, 并进行比较.

3. 我国新能源汽车 2018 年至 2023 年的销售量数据见题 3 表.

题 3 表　我国新能源汽车 2018 年至 2023 年的销售量数据

类别	2018 年	2019 年	2020 年	2021 年	2022 年	2023 年
销售量/万辆	22.5	120.6	136.7	352.1	688.7	949.5

试用均值 $GM(1, 1)$ 模型 $x^{(0)}(k) + az^{(1)}(k) = b$ 进行模拟.

4. 某市 2017—2023 年居民储蓄存款年末余额 (单位: 亿元) 数据序列为
$$X^{(0)} = (x^{(0)}(1), x^{(0)}(2), x^{(0)}(3), x^{(0)}(4), x^{(0)}(5), x^{(0)}(6), x^{(0)}(7))$$
$$= (102.15, 120.33, 138.79, 146.80, 169.76, 191.12, 223.51)$$

试建立 $GM(1, 1)$ 模型群, 并作发展预测.

5. 干线客机各机型的价格和相关影响因素信息见题 5 表.

题 5 表　干线客机各机型的价格和相关影响因素信息

机型	整机价格/百万美元	座位数/座	最大起飞重量/t	机长/m	最大航程/km	发动机最大推力/kgf	耗油量/L
737-600	55.00	138	66	102.3622	5648	9.34	26020
A320	76.90	150	77	123.0000	5700	12.25	29680
739ER	81.50	202	85.13	138.1234	5925	12.38	29660
787-3	152.75	296	165.18	187.0079	5650	24.08	126918
767-400ER		304	204.12	201.4436	10415	28.80	91370
A330-200	180.90	315	233	192.1100	12500	32.70	139100
A340-300	215.50	295	257.5	208.8000	12700	15.42	139100
777-200ER	218.25	301	297.6	208.9895	9525	33.20	117000
747-400	250.25	416	395	231.6273	13450	28.17	216840
A380	327.40	525	560	239.5013	15200	31.75	310000

注: 1kgf = 9.80665N

试以整机价格为系统行为特征序列, 其余变量为相关因素序列建立 $GM(0, N)$ 模型并对 767-400ER 机型的价格进行预测.

6. 某省农用大中型拖拉机拥有量数据见题 6 表.

题 6 表　某省农用大中型拖拉机拥有量数据

类别	2019 年	2020 年	2021 年	2022 年	2023 年
拥有量/万台	4.1299	5.2382	5.9666	6.4590	6.3160

经绘制序列折线图发现, 原始数据曲线近似为 "S" 形曲线, 试建立灰色 Verhulst 模型并进行预测.

第7章

灰色组合模型

　　灰色组合模型是将灰色系统模型或灰色信息处理技术融入传统模型后得到的有机组合体. 在这个组合体中, 若能直接分解出灰色系统模型, 则称这种组合体为显性灰色组合模型; 若不能直接分解出灰色系统模型, 则称这种组合体为隐性灰色组合模型. 隐性灰色组合模型最常见的有灰色经济计量学模型 (即灰色关联分析模型和均值 $\mathrm{GM}(1,1)$ 模型等融入计量经济学模型)、灰色生产函数模型 (即均值 $\mathrm{GM}(1,1)$ 模型等融入生产函数模型) 等; 显性灰色组合模型最常见的有灰色周期外延组合模型 (即均值 $\mathrm{GM}(1,1)$ 模型与周期外延模型相融合)、灰色时序模型 (即均值 $\mathrm{GM}(1,1)$ 模型与时序模型相融合)、灰色人工神经网络模型 (即均值 $\mathrm{GM}(1,1)$ 模型与人工神经网络模型相融合)、灰色线性回归模型 (即均值 $\mathrm{GM}(1,1)$ 模型与线性回归模型相融合) 等. 这两种组合模型我们称为第一类灰色组合模型. 对于灰色信息处理技术融入其他一般模型后得到的有机组合体, 我们称为第二类灰色组合模型, 第二类灰色组合模型主要有灰色马尔可夫模型 (即灰色转移概率矩阵或灰色状态与马尔可夫模型相融合)、灰色逼近理想解排序法 (technique for order preference by similarity to ideal solution, TOPSIS) 模型 (即灰色关联分析技术融入 TOPSIS 模型) 等几种形式. 本章主要讨论第一类灰色组合模型, 对第二类灰色组合模型只作简单介绍.

　　灰色预测模型具有弱化序列随机性、挖掘系统演化规律的独特功效, 它对一般模型具有很强的融合力和渗透力. 将灰色系统分析方法和建模思想融入一般模型建模的全过程, 实现功能互补, 能够使预测精度大大提高. 主要表现在以下两个方面:

　　(1) 建立模型是系统分析的核心内容, 一般统计模型建模大都需要拥有大量的观测数据, 但在实际中, 由于种种原因, 许多经济数据难以满足统计模型的建模要求. 灰色系统理论在建模过程中一方面提倡尊重原始数据而又不拘泥于原始数据, 并允许以科学的定性分析为基础对研究对象的实验、观测、统计数据进行必要的处理和修正; 另一方面, 需要的数据较少, 在灰色系统预测中最常用的均值 GM(1, 1) 模型仅用四个数据就可以估计出模型参数, 且可达到一定的模拟精度. 因而, 运用灰色系统理论的思想、方法对原始观测数据进行必要处理, 将会大大改善模型的统计特性.

(2) 任何一种模型只是研究对象若干侧面中某一个 (或某几个) 侧面的一种映象, 同时由于系统的发展演化过程往往是许许多多可知因素和未知因素、确定性因素和不确定性因素相互作用的结果, 仅用单一模型难以全面地揭示研究对象的发展变化规律. 在众多模型中, 不同模型各有其特点, 对于揭示研究对象的某一侧面的变化规律有不同优势, 因而将 GM(1, 1) 模型与其他模型有机组合, 有可能深化对系统演化规律的认识.

7.1 灰色经济计量学模型

7.1.1 运用灰关联原理确定进入模型系统的主要变量

在系统分析中, 由于对系统内生变量产生影响的因素错综复杂, 建模伊始, 首要的问题是恰当地选取进入模型的解释变量. 这不仅依赖于建模人员对系统的深入研究和认识, 还必须充分运用定量分析手段. 灰关联原理对这一问题的解决能够发挥积极的作用.

设 y 为系统内生变量 (对于具有多个内生变量的系统, 可以对各个内生变量逐个进行研究), $x_1, x_2, \cdots, x_n$ 为其正相关因素或负相关因素的逆化象. 首先研究 y 与 $x_i (i = 1, 2, \cdots, n)$ 的关联度 ε_i, 给定下阈值 ε_0, 当 $\varepsilon_i < \varepsilon_0$ 时, 将 x_i 从解释变量中删去, 这样可以删去与系统内生变量微弱关联的部分解释变量. 设保留下来的解释变量为 $x_{i_1}, x_{i_2}, \cdots, x_{i_m}$, 进一步研究这些保留变量之间的关联度 $\varepsilon_{i_j i_k} (i_j, i_k = i_1, i_2, \cdots, i_m)$, 给定上阈值 ε_0', 当 $\varepsilon_{i_j i_k} \geqslant \varepsilon_0'$ 时, 视 x_{i_j} 与 x_{i_k} 为同类变量, 从而将保留变量分为若干个子类. 在每一个子类中取一个代表元作为进入模型的变量, 可以在不影响解释力的情况下使经济计量学模型大大简化, 同时还可以在一定程度上避免令人棘手的多重共线问题.

7.1.2 灰色经济计量学组合模型

经济计量学模型有一元线性回归模型、多元线性回归模型、非线性模型、滞后变量模型、联立方程模型等多种形式. 估计经济计量学模型参数, 常常会出现一些难以解释的现象, 如一些重要解释变量的系数不显著或某些参数估计值的符号与实际情况或经济分析结论相矛盾, 个别观测数据的微小变化引起多数估计值发生很大变动等. 其主要原因如下: ①观测期内系统结构发生较大变化; ②解释变量之间存在多重共线问题; ③观测数据的随机波动或误差. 对于第①, ②两种情况, 需要对模型结构或解释变量重新研究、调整, 在第③种情况下, 可以考虑采用观测数据的 GM(1, 1) 模型模拟值建模, 以消除数据随机波动或误差的影响, 所得的灰色经济计量学组合模型更能确切地反映系统变量之间的关系. 同时, 以解释变量的 GM(1, 1) 模型预测值为基础对灰色经济计量学模型系统中的内生变量进行预测, 所得预测结果将具有更为坚实的科学基础. 另外, 将内生变量的灰色预测结果与经济计量学模型预测结果相互印证, 还能够增进预测结果的可靠性.

建立与应用灰色经济计量学模型的步骤如下.

第一步: 理论模型设计. 对所研究的经济活动进行深入分析, 根据研究目的, 选择进入模型的变量, 并根据经济行为理论或经验以及样本数据所呈现出的变量间的关系, 建立描述这些变量之间关系的数学表达式, 即理论模型.

这个阶段是建立模型最重要也是最困难的阶段, 需要做以下工作.

(1) 研究有关经济理论. 建立模型需要理论抽象. 模型是对客观事物的基本特征和发展规律的概括, 是对现实的简化. 这种概括和简化就是理论分析的成果. 因此在模型设计阶段, 首先要注重基于经济理论的定性分析. 不同的理论会导致不同的模型. 例如, 根据劳动力市场均衡学说, 工资增长率 y 与失业率 x_1 和物价上涨率 x_2 有关, $y = f(x_1, x_2)$. 失业率越高, 表明劳动力的供给大大高于劳动力的需求, 从而工资的上升率就越小, 这就是有名的菲力普斯曲线. 这一方程式在西方国家的经济模型中被广泛采用, 但不一定符合我国实际情况. 再如, 根据凯恩斯 (Keynes) 的消费理论: "平均说来, 当人们的收入增多时, 他们倾向于消费, 但其增长的程度并不和收入增加程度一样多." 设 y 为消费, x 为收入, 用数学方程式表示为

$$y = f(x) = b_0 + b_1 x + \varepsilon$$

其中, 参数 $b_1 = dy/dx$ 为边际消费倾向; ε 为随机项, 表明消费的随机性质. 按凯恩斯的观点, $0 < b_1 < 1$. 但库兹涅茨对凯恩斯的这种边际消费倾向下降的观点持否定态度. 他的研究结论是, 消费与国民收入之间存在一种稳定的上升比例. 因此上式只是根据凯恩斯理论设计的消费模型.

(2) 确定模型所包含的变量及函数形式. 模型应该反映客观经济活动, 但这种反映不可能也不应该包罗万象、巨细无遗. 这就需要合理的假设, 按照本节"运用灰色关联原理确定进入模型系统的主要变量"的方法删除次要关系和因素. 对模型进行简化, 既突出主要联系, 又便于模型处理、运用. 模型设计阶段的具体技术工作包括: ① 确定模型包括哪些变量, 哪个变量是因变量, 哪个或哪几个变量是自变量 (自变量又称为解释变量)? ② 模型包括几个参数, 它们的符号 (正或负) 如何? ③ 模型函数的数学形式, 线性还是非线性?

(3) 统计数据的收集与整理. 变量确定之后, 就要全面收集统计数据, 这是建立模型的基础工作. 一般来说, 收集的原始数据都要经过科学的统计分组、整理加工, 使之系统化, 成为能为模型所用、反映问题特征的综合资料. 统计数据的基本类型如第 4 章所述有行为序列、时间序列、指标序列、横向序列等.

第二步: 建立 GM(1, 1) 模型并获得模拟值. 为了消除模型各变量观测数据的随机波动或误差, 采用各变量的观测数据分别建立 GM(1, 1) 模型, 然后运用各变量的 GM(1, 1) 模型模拟值作为建立模型的基础序列.

第三步: 参数估计. 经济计量学模型设计之后, 就要估计参数. 参数是模型中表示变量之间数量关系的常系数. 它将各种变量连接在模型中, 具体说明解释变量对因变量的影响程度. 在未经实际资料估计之前, 参数是未知的. 模型设定后, 应根据由 GM(1, 1) 模型模拟得到的模拟序列, 选择适当的方法, 如最小二乘法, 求出模型参数的估计值. 参数

确定后, 模型中各变量之间的相互关系就确定了, 模型也就随之而定. 这时得到的模型即为灰色经济计量学模型.

参数估计值为经济理论提供了实际数据, 并验证经济理论. 如上述消费模型, 若参数 b_1 的估计值 $\hat{b}_1 = 0.8$, 它既是边际消费倾向的实际数据, 同时也证实了凯恩斯消费理论关于 b_1 介于 0 和 1 之间的假定.

第四步: 模型检验. 参数估计之后, 模型便已确定. 但模型是否符合实际, 能否解释实际经济过程, 还需要进行检验. 检验分两方面, 即经济意义检验和统计检验. 经济意义检验主要是检验各个参数值是否与经济理论和实际经验相符. 统计检验则是利用统计推断的原理, 对参数估计的可靠程度、数据序列的拟合效果、各种经济计量假设的合理性以及模型总体结构预测功能进行检验. 模型通过上述各项检验后, 才能实际应用. 如果检验未通过, 则需对模型进行修正.

第五步: 模型应用. 运用灰色经济计量学模型可对经济系统进行仿真, 应用于分析经济结构、评价经济政策以及预测经济发展等方面. 模型的应用过程, 也是检验模型和理论的过程. 如果预测误差小, 表明模型精度高, 质量好, 对现实解释能力强, 理论符合实际; 反之就要对模型以及对建模所依据的经济理论进行修正.

灰色经济计量学组合模型不仅可用于系统结构已知的情形, 而且特别适用于系统结构有待于进一步研究、探讨的情形.

例 7.1.1　某地区粮食生产系统分析及预测.

基于灰色经济计量学组合模型建模的思想方法, 在某区粮食生产系统分析及预测研究中, 根据向 60 位专家进行三轮德尔菲函询的结果, 归纳出影响粮食单位面积产量的相关因素共有以下 24 种:

x_1: 平均每公顷耕地化肥施用量(实物), 单位为 kg;

x_2: 平均每公顷耕地有机肥施用量, 单位为 100 kg;

x_3: 有效灌溉面积在耕地面积中所占的比重;

x_4: 旱涝保收田面积占耕地面积比重;

x_5: 平均每万公顷耕地机井眼数;

x_6: 平均每公顷耕地年实际投资额, 单位为万元;

x_7: 平均每公顷耕地拥有的农机总动力, 单位为 10 W;

x_8: 机耕地面积占耕地面积比重;

x_9: 每公顷耕地平均用电量, 单位为 kW·h;

x_{10}: 新品种播种面积比重;

x_{11}: 优良品种播种面积比重;

x_{12}: 农业劳动力平均受教育年限;

x_{13}: 农民技术员占农业劳动力比重;

x_{14}: 农业科技人员数, 单位为人;

x_{15}: 农业科研、开发、推广人员数, 单位为人;

x_{16}: 支农支出占财政支出的比重;

x_{17}：水灾成灾面积, 单位为 10 万 ha;

x_{18}：旱灾成灾面积, 单位为 10 万 ha;

x_{19}：病、虫害成灾面积, 单位为 10 万 ha;

x_{20}：风灾、雹灾成灾面积, 单位为 10 万 ha;

x_{21}：霜冻成灾面积, 单位为 10 万 ha;

x_{22}：土地休闲率;

x_{23}：机播面积比重;

x_{24}：机收面积比重.

计算上述各个变量与粮食单位面积产量的关联度 ε_i, 取阈值 $\varepsilon_0 = 0.4$, $\varepsilon_6, \varepsilon_{12}, \varepsilon_{16}, \varepsilon_{19},$ $\varepsilon_{20}, \varepsilon_{21}, \varepsilon_{22}, \varepsilon_{23}, \varepsilon_{24}$ 皆小于 0.4, 故将 $x_6, x_{12}, x_{16}, x_{19}, x_{20}, x_{21}, x_{22}, x_{23}, x_{24}$ 从解释变量中删去, 然后计算保留变量 $x_1, x_2, x_3, x_4, x_5, x_7, x_8, x_9, x_{10}, x_{11}, x_{13}, x_{14}, x_{15}, x_{17}, x_{18}$ 之间的关联度 ε_{ij}, 取阈值 $\varepsilon_0' = 0.7$, 可将上述 15 个保留变量分为以下 7 个子类:

$$\{x_1\}; \quad \{x_2\}; \quad \{x_3, x_4, x_5\}; \quad \{x_7, x_8, x_9\}; \quad \{x_{10}, x_{11}, x_{13}, x_{14}, x_{15}\}; \quad \{x_{17}\}; \quad \{x_{18}\}$$

分别以 x_3, x_7, x_{14} 作为子类 $\{x_3, x_4, x_5\}, \{x_7, x_8, x_9\}, \{x_{10}, x_{11}, x_{13}, x_{14}, x_{15}\}$ 的代表元, 得到影响粮食单位面积产量的 7 个主要解释变量 $x_1, x_2, x_3, x_7, x_{14}, x_{17}, x_{18}$.

在建立夏粮单产 y_1 和秋粮单产 y_2 与前述 7 个主要解释变量的简化式方程时, 先是采用 1975—2023 年的数据估计模型参数, 结果出现多处矛盾; 又采用 1990—2023 年的数据进行估计, 结果仍有矛盾. 采用指数平滑数据进行试验, 效果亦不理想. 最后用 GM(1, 1) 模型模拟值作为基础数据估计模型参数, 得到以下简化式方程:

$$y_1 = 126.4214 + 0.9686x_1 + 1.9669x_2 + 9.4071x_3$$
$$+ 1.0212x_7 + 10.5503x_{14} - 0.6117x_{17} - 0.1853x_{18} + U_1$$
$$F_1 = 679.2191, \quad R_1 = 0.9796, \quad S_1 = 4.0174, \quad DW_1 = 1.3961$$
$$y_2 = 304.5194 + 0.7916x_1 + 1.7981x_2 + 12.8114x_3$$
$$+ 5.3865x_7 + 9.1113x_{14} - 2.5417x_{17} - 3.6313x_{18} + U_2$$
$$F_2 = 716.3874, \quad R_2 = 0.9871, \quad S_2 = 3.9129, \quad DW_2 = 2.5346$$

解释变量对 y_1, y_2 的影响显著, 解释力分别达到 96.96% 和 98.71%.

为进一步研究粮食总产量, 需要建立夏粮、秋粮播种面积模型. 影响播种面积的主要因素有:

x_{25}：全区耕地总面积, 单位为 10 万 ha;

x_{26}：复种指数;

x_{27}：粮食作物播种面积比重;

x_{28}：夏粮播种面积占粮食播种面积比重.

从而夏粮播种面积 y_3 和秋粮播种面积 y_4 的定义式方程为

$$y_3 = x_{25} \cdot x_{26} \cdot x_{27} \cdot x_{28}, \quad y_4 = x_{25} \cdot x_{26} \cdot x_{27} \cdot (1 - x_{28})$$

内生变量的估计或预测, 前提是解释变量为已知. 研究解释变量的变化规律, 运用灰色系统原理, 建立解释变量的 GM(1, 1) 模型, 以解释变量的预测值为基础对内生变量进行预测, 可以提高预测的科学性.

解释变量 $x_1, x_2, x_3, x_7, x_{14}, x_{25}, x_{26}, x_{27}, x_{28}$ 的时间响应还原式如下所示, x_{17} 和 x_{18} 的预测结果由灾变模型给出:

$$\hat{x}_1(2020+k) = 960.42e^{0.0261k} + \eta_1, \qquad \hat{x}_2(2020+k) = 553.41e^{0.0292k} + \eta_2$$

$$\hat{x}_3(2020+k) = 40.06e^{0.0216k} + \eta_3, \qquad \hat{x}_7(2020+k) = 23.16e^{0.0466k} + \eta_7$$

$$\hat{x}_{14}(2020+k) = 20.84e^{0.043k} + \eta_{14}, \qquad \hat{x}_{25}(2020+k) = 70.487e^{-0.003145k} + \eta_{25}$$

$$\hat{x}_{26}(2020+k) = 169.00e^{0.004035k} + \eta_{26}, \quad \hat{x}_{27}(2020+k) = 78.71e^{-0.00455k} + \eta_{27}$$

$$\hat{x}_{28}(2020+k) = 50.93e^{0.00561k} + \eta_{28}$$

这里给出 2024 年、2026 年和 2036 年的预测结果(表 7.1.1), 其中 x_{17}、x_{18} 的预测值是在相应年份取各类水、旱灾害成灾面积的平均值而得.

表 7.1.1　解释变量预测结果

变量	2024 年	2026 年	2036 年
x_1	1152.94	1279.81	1458.22
x_2	678.92	763.03	882.98
x_3	46.50	50.80	56.50
x_7	32.09	38.67	48.81
x_{14}	28.16	33.44	41.47
x_{17}	5.00	1.70	11.70
x_{18}	5.00	11.70	32.38
x_{25}	68.95	68.09	66.03
x_{26}	173.84	176.57	180.27
x_{27}	76.24	74.87	73.18
x_{28}	52.97	54.17	55.71

将表 7.1.1 中的预测值代入夏粮单产和秋粮单产的简化式方程及夏粮播种面积和秋粮播种面积的定义式, 可得 y_1, y_2, y_3, y_4 的预测值见表 7.1.2.

表 7.1.2　夏粮、秋粮单产和播种面积预测值

项目	2024 年	2026 年	2036 年
夏粮单产 y_1	3342.77	3733.80	4282.22
秋粮单产 y_2	3433.52	3806.51	4246.27
夏粮播种面积 y_3	48.41	48.79	49.26
秋粮播种面积 y_4	42.98	41.28	39.16

从而可以得到夏粮总产量 y_5、秋粮总产量 y_6 和粮食总产量 y 的预测值见表 7.1.3.

表 7.1.3 某地区粮食总产量预测值 单位: 万 t

项目	2024 年	2026 年	2036 年
夏粮总产量 y_5	1618.23	1821.72	2109.42
秋粮总产量 y_6	1475.73	1571.37	1663.23
粮食总产量 y	3093.96	3393.09	3772.65

表 7.1.3 中的预测值是考虑了粮食生产系统多种因素的综合作用而得到的, 每种因素作用的重要程度通过对系统历史和现状的分析而确定. 随着系统的发展、演化, 未来若干年中, 系统结构可能会发生变化, 一些主要因素可能产生较大波动, 某些次要因素也可能演变为主要因素, 这都将影响粮食产量. 为提高预测结果的可靠度, 进一步研究不同品种粮食作物年总产量自身的变化规律, 建立不同品种粮食作物年总产量的 GM(1, 1) 模型, 从另一条途径预测全区粮食总产量, 与经济计量模型预测结果相印证. 不同模型的时间响应还原式和粮食总产量定义式如下:

小麦总产量模型: $\hat{y}_5^1(2020+k) = 1582.87\mathrm{e}^{0.0192k} + U_5^1$

夏杂粮总产量模型: $\hat{y}_5^2(2020+k) = 28.18\mathrm{e}^{0.0152k} + U_5^2$

稻谷总产量模型: $\hat{y}_6^1(2020+k) = 193.40\mathrm{e}^{0.02877k} + U_6^1$

玉米总产量模型: $\hat{y}_6^2(2020+k) = 519.66\mathrm{e}^{0.0468k} + U_6^2$

薯类总产量模型: $\hat{y}_6^3(2020+k) = 210.14\mathrm{e}^{0.0135k} + U_6^3$

大豆总产量模型: $\hat{y}_6^4(2020+k) = 99.83\mathrm{e}^{0.0247k} + U_6^4$

高粱总产量模型: $\hat{y}_6^5(2020+k) = 17.39\mathrm{e}^{-0.0502k} + U_6^5$

谷子总产量模型: $\hat{y}_6^6(2020+k) = 30.43\mathrm{e}^{0.0101k} + U_6^6$

其他秋杂粮总产量模型: $\hat{y}_6^7(2020+k) = 21.12\mathrm{e}^{0.0236k} + U_6^7$

夏粮总产量定义式: $\hat{y}_5 = \hat{y}_5^1 + \hat{y}_5^2$

秋粮总产量定义式: $\hat{y}_6 = \hat{y}_6^1 + \hat{y}_6^2 + \hat{y}_6^3 + \hat{y}_6^4 + \hat{y}_6^5 + \hat{y}_6^6 + \hat{y}_6^7$

粮食总产量定义式: $\hat{y} = \hat{y}_5 + \hat{y}_6$

由此可得某地区主要粮食作物总产量及该地区粮食总产量的又一预测结果(表 7.1.4).

表 7.1.4 主要粮食作物总产量 GM(1, 1) 模型预测值 单位: 万 t

项目	2024 年	2026 年	2036 年
小麦总产量 y_5^1	1810.57	1955.10	2152.09
夏杂粮总产量 y_5^2	31.34	33.31	35.94
稻谷总产量 y_6^1	236.55	265.40	306.46
玉米总产量 y_6^2	721.10	869.55	1098.80
薯类总产量 y_6^3	230.97	243.78	260.81
大豆总产量 y_6^4	118.67	131.00	148.22

续表

项目	2024 年	2026 年	2036 年
高粱总产量 y_6^5	12.23	10.01	6.69
谷子总产量 y_6^6	32.66	34.01	35.77
其他秋杂粮总产量 y_6^7	24.91	26.38	30.81
夏粮总产量 y_5	1841.91	1988.41	2188.03
秋粮总产量 y_6	1377.09	1580.13	1887.56
粮食总产量 y	3219.00	3568.54	4075.59

比较两种不同的预测结果,2024 年、2026 年和 2036 年粮食总产量预测误差分别为 4.04%,5.2% 和 8.06%,对于超长期预测,不同方法所得预测结果如此接近,说明这些模型都在一定程度上反映了客观事物的发展规律,预测结果可以用作制定粮食生产和分配政策的依据,随着系统的发展、演变,预测模型的结构、参数应不断地加以调整、修正,以期较好地反映系统的运行机制,提高预测结果的可靠性.

7.2　灰色生产函数模型

定义 7.2.1　设 K 为资金投入, L 为劳动力投入, Y 为产出, 称

$$Y = A_0 e^{\gamma t} K^\alpha L^\beta$$

为 C-D 生产函数模型.其中 α 为资金弹性, β 为劳动力弹性, γ 为技术进步系数.

定义 7.2.2　称

$$\ln Y = \ln A_0 + \gamma t + \alpha \ln K + \beta \ln L$$

为生产函数模型的对数线性形式.

给定产出 Y、资金 K 和劳动力 L 的时间序列数据

$$Y = (y(1), y(2), \cdots, y(n))$$

$$K = (k(1), k(2), \cdots, k(n))$$

$$L = (l(1), l(2), \cdots, l(n))$$

用多元最小二乘回归可以估计出参数 $\ln A_0$, γ, α, β.

而当 Y, K, L 为某一部门、地区或企业的时间序列数据时,常常由于数据波动而导致参数估计误差,甚至得出明显错误的结果.例如,技术进步系数 γ 过小或为负值,弹性 α, β 的估计值亦超出了其合理的取值界限.

在此情形下,可以考虑采用 Y, K, L 的 GM(1, 1) 模型模拟值作为最小二乘回归的原始数据,这能够在一定程度上消除随机波动,使得估计出的参数更为合理,得到的模型也能更为确切地反映产出与资金、劳动力和技术进步的关系.

定义 7.2.3 设

$$\hat{Y} = (\hat{y}(1), \hat{y}(2), \cdots, \hat{y}(n))$$
$$\hat{K} = (\hat{k}(1), \hat{k}(2), \cdots, \hat{k}(n))$$
$$\hat{L} = (\hat{l}(1), \hat{l}(2), \cdots, \hat{l}(n))$$

分别为 Y, K, L 的 GM(1, 1) 模拟序列, 则称 $\hat{Y} = A_0 e^{\gamma t} \hat{K}^\alpha \hat{L}^\beta$ 为灰色生产函数模型 (Liu et al., 2004).

灰色生产函数模型中不显含灰参数, 它是将灰色系统模型融入 C-D 生产函数模型后得到的组合体, 具有十分深刻的"灰色"内涵, 体现了"解的非唯一性原理"和"灰性不灭原理", 因而应用于实践往往会收到满意的效果.

例 7.2.1 某省各时期技术进步贡献率测度 (Liu et al., 2004).

测算技术进步对经济增长的贡献率, 一般借助于丁伯根改进的 C-D 生产函数模型, 采用索洛"余值法".

索洛"余值法"计算技术进步速度的公式为

$$\frac{\Delta A}{A} = \frac{\Delta Y}{Y} - \alpha \frac{\Delta K}{K} - \beta \frac{\Delta L}{L} \tag{7.2.1}$$

如果测算期内非技术进步因素的影响十分突出, 由式 (7.2.1) 往往难以得到合理的结果, 此时可以考虑按照灰色系统理论的思想对原始数据施以某种缓冲算子, 然后对所得数据建立 GM(1, 1) 模型, 用 GM(1, 1) 模型模拟值构建灰色生产函数模型, 将由该模型估计出的结果代入式 (7.2.1) 即可求出技术进步对产出增长速度的贡献份额:

$$E_A = \left[\frac{\Delta \hat{A}}{\hat{A}} \bigg/ \frac{\Delta \hat{Y}}{\hat{Y}} \right] \times 100\% \tag{7.2.2}$$

E_A 通常称为技术进步对经济增长速度的贡献率, 简称技术进步贡献率. 同理, 可以求出资金和劳动力对产出增长速度的贡献率:

$$E_K = \left[\alpha \frac{\Delta \hat{K}}{\hat{K}} \bigg/ \frac{\Delta \hat{Y}}{\hat{Y}} \right] \times 100\% \tag{7.2.3}$$

$$E_L = \left[\beta \frac{\Delta \hat{L}}{\hat{L}} \bigg/ \frac{\Delta \hat{Y}}{\hat{Y}} \right] \times 100\% \tag{7.2.4}$$

为较准确地反映该省不同时期技术进步贡献率演化特征, 分别对 1952—1962 年, 1962—1970 年, 1970—1980 年, 1980—1995 年四个时期建立该省地区生产总值的灰色生产函数模型 $(\hat{Y}_1, \hat{Y}_2, \hat{Y}_3, \hat{Y}_4)$:

$$\hat{Y}_1 = 0.048 e^{0.0581t} \hat{K}_1^{0.2131} \hat{L}_1^{0.7869}, \quad \hat{Y}_2 = 0.088 e^{0.0072t} \hat{K}_2^{0.5015} \hat{L}_2^{0.4984}$$
$$\hat{Y}_3 = 0.16 e^{0.0098t} \hat{K}_3^{0.5101} \hat{L}_3^{0.4899}, \quad \hat{Y}_4 = 0.15 e^{0.0161t} \hat{K}_4^{0.3316} \hat{L}_4^{0.6684}$$

其中, $\hat{Y}_i$ 为地区生产总值 (单位: 亿元); $\hat{K}_i$ 为固定资产 (单位: 亿元); $\hat{L}_i$ 为从业人员 (单位: 万人); t 为时间变量; $i = 1, 2, 3, 4$ 分别表示四个不同的时期. 由计算技术进步速度的公式 (7.2.1) 和计算技术进步对产出增长速度的贡献份额的公式 (7.2.2) 计算出不同时期的技术进步速度和技术进步对地区生产总值增长速度的贡献率见表 7.2.1.

表 7.2.1　某省不同时期技术进步贡献率

时期	α	β	$\Delta\hat{Y}/\hat{Y}$	$\Delta\hat{A}/\hat{A}$	E_A
"一五"	0.2131	0.7869	0.3296	0.1942	58.92%
"二五"	0.2131	0.7869	−0.3833	—	—
1963—1965 年	0.5015	0.4984	0.4969	0.2480	49.91%
"三五"	0.5015	0.4984	0.4815	0.1553	32.25%
"四五"	0.5101	0.4899	0.2573	0.0448	16.41%
"五五"	0.5101	0.4899	0.5259	0.1564	29.75%
"六五"	0.3316	0.6684	0.7397	0.2442	33.02%
"七五"	0.3316	0.6684	0.4406	0.1841	41.78%
"八五"	0.3316	0.6684	0.8389	0.3587	42.75%

由表 7.2.1 可以看出, "一五"时期, 该省技术进步贡献率最高, 达到 58.92%, 这是由于新中国的建立极大地解放了社会生产力, 放大了资金和劳动力增长贡献之外的"余值". 当时的生产技术水平并不高. "二五"时期, 该省遭受严重自然灾害, 加之人为因素, 这一时期在资金和劳动力投入增加的情况下, 1962 年地区生产总值比 1957 年减少了 38.33%, 自然灾害和不切实际的盲目跃进吃掉了技术进步"余值". 1963—1965 年, 技术进步贡献率较高, 实际上, 从该省的地区生产总值看, 1965 年刚刚恢复到 1957 年的水平, 较高的技术进步"余值"中含有经济政策调整的因素. "文化大革命"后期的"四五"时期, 该省技术进步速度和技术进步贡献率皆达到最低点. "五五"以后, 该省技术进步速度和技术进步贡献率皆呈稳定提高趋势, 到"八五"时期达到新时期的最高点. 由于年度数据波动较大, 作年度技术进步分析难以得到有价值的结果. 与国民经济发展五年计划相对应, 分时期计算技术进步贡献率, 能够较好地反映不同时期的技术进步状况.

由资金和劳动力对产出增长速度贡献率的公式(7.2.3)和公式(7.2.4)还可以计算出资金和劳动力对产出增长的贡献率(表 7.2.2). 从表 7.2.2 看出, 劳动力对产出增长速度的贡献率相对较小, 这在一定意义上表明该省经济增长是靠劳动生产率提高实现的. 从技术进步贡献率和资金贡献率看, 除"一五"、1963—1965 年及"七五"时期外, 其余几个五年计划期间的资金贡献率都大于技术进步贡献率, 这说明在此期间, 该省仍然是依赖于资金的高投入维持较高的经济增长速度.

表 7.2.2　某省不同时期资金和劳动贡献率

时期	$\alpha\Delta\hat{K}/\hat{K}$	$\beta\Delta\hat{L}/\hat{L}$	E_K	E_L
"一五"	0.0671	0.0683	20.37%	20.71%
"二五"	0.3541	0.0826	—	—
1963—1965 年	0.2117	0.0372	42.60%	6.49%
"三五"	0.2553	0.0709	53.02%	14.72%
"四五"	0.1287	0.0838	50.02%	32.57%
"五五"	0.3258	0.0437	61.95%	8.31%

时期	$\alpha\Delta\hat{K}/\hat{K}$	$\beta\Delta\hat{L}/\hat{L}$	E_K	E_L
"六五"	0.3606	0.1349	48.75%	18.24%
"七五"	0.1490	0.1075	33.82%	24.39%
"八五"	0.4110	0.0692	48.99%	8.25%

7.3　灰色线性回归组合模型

灰色线性回归组合模型弥补了原线性回归模型不能描述指数增长趋势和 GM$(1,1)$ 模型不能描述变量间的线性关系的不足, 因此该组合模型更适用于既有线性趋势又有指数增长趋势的序列.

定义 7.3.1　设序列

$$X^{(0)} = \{x^{(0)}(1), x^{(0)}(2), \cdots, x^{(0)}(n)\}$$

$X^{(0)}$ 的 1-AGO 序列

$$X^{(1)} = \{x^{(1)}(1), x^{(1)}(2), \cdots, x^{(1)}(n)\}$$

其中

$$x^{(1)}(i) = \sum_{t=1}^{i} x^{(0)}(t) \quad (i = 1, 2, \cdots, n)$$

则称

$$\hat{x}^{(1)}(k) = C_1 \mathrm{e}^{-vk} + C_2 k + C_3 \tag{7.3.1}$$

为灰色线性回归组合模型, 其中 v 及 C_1, C_2, C_3 为待定参数.

在 GM$(1,1)$ 时间响应式 (7.3.2) 中

$$\hat{x}^{(1)}(k+1) = \left(x^{(0)}(1) - \frac{b}{a}\right)\mathrm{e}^{-ak} + \frac{b}{a} \tag{7.3.2}$$

取 $C_1 = \left(x^{(0)}(1) - \dfrac{b}{a}\right), C_2 = \dfrac{b}{a}$, 有

$$\hat{x}^{(1)}(k+1) = C_1 \mathrm{e}^{-ak} + C_2 \tag{7.3.3}$$

在式 (7.3.3) 中增加一个 k 的线性项即得式 (7.3.1).

事实上, 灰色线性回归组合模型是用线性回归方程 $y = ak + b$ 及指数方程 $y = C_1 \mathrm{e}^{-ak} + C_2$ 的和来拟合 $X^{(0)}$ 的 1-AGO 序列 $X^{(1)}$.

引理 7.3.1　设序列

$$X^{(0)} = \{x^{(0)}(1), x^{(0)}(2), \cdots, x^{(0)}(n)\}$$

$X^{(0)}$ 的 1-AGO 序列

$$X^{(1)} = \{x^{(1)}(1), x^{(1)}(2), \cdots, x^{(1)}(n)\}$$

其中

$$x^{(1)}(i) = \sum_{t=1}^{i} x^{(0)}(t), \quad i = 1, 2, \cdots, n$$

则灰色线性回归组合模型(7.3.1)中的参数 v 的估计值 $\hat{V}$ 可以由

$$\hat{V} = \frac{\sum\limits_{m=1}^{n-3}\sum\limits_{k=1}^{n-2-m}\tilde{V}_m(k)}{(n-2)(n-3)/2} \tag{7.3.4}$$

得到.

证明 设

$$\begin{aligned} z(k) &= \hat{x}^{(1)}(k+1) - \hat{x}^{(1)}(k) \\ &= C_1 e^{-v(k+1)} + C_2(k+1) + C_3 - (C_1 e^{-vk} + C_2 k + C_3) \\ &= C_1 e^{-vk}(e^v - 1) + C_2, \quad k = 1, 2, \cdots, n-1 \end{aligned} \tag{7.3.5}$$

再设

$$\begin{aligned} y_m(k) &= z(k+m) - z(k) \\ &= C_1 e^{-v(k+m)}(e^v - 1) + C_2 - [C_1 e^{-vk}(e^v - 1) + C_2] \\ &= C_1 e^{-vk}(e^{vm} - 1)(e^v - 1) \end{aligned} \tag{7.3.6}$$

将式(7.3.6)中的 k 换为 $k+1$,有

$$y_m(k+1) = C_1 e^{-v(k+1)}(e^{vm} - 1)(e^v - 1) \tag{7.3.7}$$

从而有

$$y_m(k+1)/y_m(k) = e^v \tag{7.3.8}$$

由此可以解得

$$v = \ln[y_m(k+1)/y_m(k)] \tag{7.3.9}$$

将式(7.3.5)中的 $\hat{x}^{(1)}(k+1)$, $\hat{x}^{(1)}(k)$ 换成 $x^{(1)}(k+1)$, $x^{(1)}(k)$, 由式(7.3.9)可得 v 的近似解 $\tilde{V}$, 取不同的 m 可得到不同的 $\tilde{V}$, 取其平均值作为 v 的估值 $\hat{V}$ 即可. 具体求解过程如下:

式(7.3.5)变为 $z(k) = x^{(1)}(k+1) - x^{(1)}(k)$, $k = 1, 2, \cdots, n-1$.

对于 $m=1$, 可得 v 的一个近似估计值 $\tilde{V}_1(k)$,

$$y_1(k) = z(k+1) - z(k), \quad k = 1, 2, \cdots, n-2$$

$$\tilde{V}_1(k) = \ln[y_1(k+1)/y_1(k)], \quad k = 1, 2, \cdots, n-3$$

对于 $m=2$, 有

$$y_2(k) = z(k+2) - z(k), \quad k = 1, 2, \cdots, n-3$$

$$\tilde{V}_2(k) = \ln[y_2(k+1)/y_2(k)], \quad k = 1, 2, \cdots, n-4$$

$$\cdots\cdots$$

对于 $m = n-3$, 有

$$y_{n-3}(k) = z(k+n-3) - z(k), \quad k = 1, 2$$

$$\tilde{V}_{n-3}(k) = \ln[y_{n-3}(k+1)/y_{n-3}(k)], \quad k = 1$$

以上计算 $\tilde{V}$ 的个数为 $(n-3) + (n-4) + \cdots + 2 + 1 = (n-2)(n-3)/2$, 取 $\tilde{V}$ 的平均值作为 v 的估值 $\hat{V}$, 即得式(7.3.4).

定理 7.3.1 设序列

$$X^{(0)} = \{x^{(0)}(1), x^{(0)}(2), \cdots, x^{(0)}(n)\}$$

$X^{(0)}$ 的 1-AGO 序列

$$X^{(1)} = \{x^{(1)}(1), x^{(1)}(2), \cdots, x^{(1)}(n)\}$$

其中 $x^{(1)}(i) = \sum_{t=1}^{i} x^{(0)}(t)$ $(i = 1, 2, \cdots, n)$.

令

$$X^{(1)} = \begin{bmatrix} x^{(1)}(1) \\ x^{(1)}(2) \\ \vdots \\ x^{(1)}(n) \end{bmatrix}, \quad C = \begin{bmatrix} C_1 \\ C_2 \\ C_3 \end{bmatrix}, \quad A = \begin{bmatrix} e^v & 1 & 1 \\ e^{2v} & 2 & 1 \\ \vdots & \vdots & \vdots \\ e^{nv} & n & 1 \end{bmatrix}$$

则有灰色线性回归组合模型(7.3.1)的矩阵形式

$$X^{(1)} = AC \tag{7.3.10}$$

和参数向量估计的矩阵形式

$$C = (A^{\mathrm{T}}A)^{-1}A^{\mathrm{T}}X^{(1)} \tag{7.3.11}$$

由此可得 $X^{(1)}$ 的模拟值或预测值如下:

$$\hat{x}^{(1)}(k) = C_1 e^{-\hat{v}k} + C_2 k + C_3 \tag{7.3.12}$$

显然, 当 $C_1 = 0$ 时, 式 (7.3.12) 为一元线性回归模型; 当 $C_2 = 0$ 时, 式 (7.3.12) 为 GM(1,1) 模型; 当 $C_1 \neq 0, C_2 \neq 0$ 时, 式 (7.3.12) 即为既包含指数增长趋势, 又包含线性项的灰色线性回归组合模型.

对式 (7.3.12) 进行一次累减还原即可得到原序列的模拟值或预测值 $\hat{X}^{(0)}$.

例 7.3.1　某高层建筑地基下沉监测数据序列见表 7.3.1, 试对该建筑地基下沉动态进行预测.

表 7.3.1　地基下沉值原始序列

项目	2016	2017	2018	2019	2020	2021	2022	2023
下沉值	12	22	31	43	51	57	75	83

由于原始数据较少, 故用灰色系统模型进行预测. 进一步分析数据变化特点, 决定选择灰色线性回归组合模型对下沉值进行预测.

原始序列和一次累加生成序列分别为

$$X^{(0)} = (12, 22, 31, 43, 51, 57, 75, 83)$$
$$X^{(1)} = (12, 34, 65, 108, 159, 216, 291, 374)$$

根据不同的 m, 利用式 (7.3.4) 可得 v 的估计值 $\hat{V} = 0.02058096$.

再由式 (7.3.11) 得到参数向量 C 的估计结果, 即

$$C = (A^{\mathrm{T}}A)^{-1}A^{\mathrm{T}}X^{(1)} = (21750.995, -439.9523, -21751.078)$$

故一次累加生成序列的灰色线性回归组合模型为

$$\hat{x}^{(1)}(k) = 21750.995 e^{0.02058096k} - 439.9523k - 21751.078$$

由此得到 2016—2023 年的模拟值和 2024—2025 年的预测值见表 7.3.2.

表 7.3.2 各时刻模拟值、预测值及残差

项目	2016	2017	2018	2019	2020	2021	2022	2023	2024	2025
$x^{(0)}$	12	22	31	43	51	57	75	83		
$\hat{x}^{(0)}$	12.34	21.75	31.35	41.15	51.15	61.36	71.79	82.43	93.29	104.38
残差	-2.85%	1.15%	-1.12%	4.31%	-0.30%	-6.56%	4.28%	0.69%		

7.4 灰色人工神经网络模型

7.4.1 BP 人工神经网络模型与算法

人工神经网络是由大量称为神经元或节点的简单信息处理元件组成的. 多层节点模型与误差反向传播(back propagation, BP)算法是目前一种比较成熟而又应用广泛的人工神经网络模型和算法, 它把一组样本的输入输出问题转化为一个非线性优化问题, 是从大量数据中总结规律的有力手段. 人工神经网络拟合序列有几个潜在的优点: 一是能够模仿多种函数, 如非线性函数、分段函数等; 二是不必事先假设数据间存在某种类型的函数关系, 人工神经网络能利用所提供的数据变量自身属性或内涵建立相关的函数关系式, 而且不需要预先假设基本的参数分布; 三是信息利用率高, 且能避免系统参数辨识方法在数据处理过程中因正负抵消而产生信息损失. 因此, 人工神经网络特别适合对 GM(1,1) 模型进行残差修正.

图 7.4.1 是一个三层 BP 人工神经网络, 该网络由一个输入层、一个隐含层和一个输出层构成. 整个训练过程由正向和反向传播过程组成.

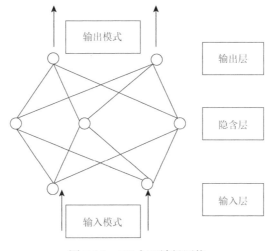

图 7.4.1 BP 人工神经网络

扫一扫 看图片

其学习算法如下.

(1) 用随机数初始化层间节点 i 和 j 间的连接权 W_{ij} 和节点 j 的阈值 θ_j.

(2) 读入经预处理的训练样本 $\{X_{PL}\}$ 和 $\{Y_{PK}\}$.

(3) 计算各层节点的输出 (对第 p 个样本) $O_{pj} = f \sum_i (W_{ij} I_{pi} - \theta_j)$，式中 I_{pi} 既是节点 i 的输出，又是节点 j 的输入.

(4) 计算各层节点的误差信号.

输出层：$\delta_{pk} = O_{pk} (y_{pk} - O_{pk})(1 - O_{pk})$.

隐含层：$O_{pi} = O_{pi}(1 - O_{pi}) \sum_i \delta_{pi} W_{ij}$.

(5) 反向传播.

权值修正：$W_{ij}(t+1) = \alpha \delta_{pi} O_{pi} + W_{ij}(t)$.

阈值修正：$\theta_j(t+1) = \theta_j(t) + \beta \delta_{pi}$.

式中，α 为学习因子；β 为加速收敛的动量因子.

(6) 计算误差 $E_p = \left(\sum_p \sum_k \right)(O_{pk} - Y_{pk})^2 / 2$.

7.4.2　灰色 BP 人工神经网络组合模型建模步骤

设有时间序列 $\{x^{(0)}(i)\}$，$i = 1, 2, \cdots, n$，利用 EGM$(1, 1)$ 模型

$$\frac{\mathrm{d}x^{(1)}}{\mathrm{d}t} = ax^{(1)} + b$$

可得模拟值 $\{\hat{x}^{(0)}(i)\}$，$i = 1, 2, \cdots, n$.

第一步：建立残差序列 $\{e^{(0)}(L) = x^{(0)}(L) - \hat{x}^{(0)}(L)\}$ 的 BP 人工神经网络模型.

若预测阶数为 S，即用 $e^{(0)}(i-1), e^{(0)}(i-2), \cdots, e^{(0)}(i-S)$ 的信息预测时刻 i 的值，可以将 $e^{(0)}(i-1), e^{(0)}(i-2), \cdots, e^{(0)}(i-S)$ 作为 BP 人工神经网络训练的输入样本，将 $e^{(0)}(i)$ 的值作为 BP 人工神经网络训练的预测期望值 (导师值). 采用上述 BP 算法，对足够多的残差序列进行训练，由不同的输入向量得到相应的输出值 (经实践检验值). 这样 BP 人工神经网络的权系数值、阈值等，便是网络经过自适应学习所得的训练值；训练好的 BP 人工神经网络模型可以作为残差序列预测的有效工具.

第二步：确定 $\{e^{(0)}(L)\}$ 的新预测值.

设由 BP 人工神经网络训练模型预测出的残差序列为 $\{\hat{e}^{(0)}(L)\}$，在此基础上构造新的预测值

$$\hat{x}^{(0)}(i, 1) = \hat{x}^{(0)}(i) + \hat{e}^{(0)}(1)$$

则 $\hat{x}^{(0)}(i, 1)$ 就是灰色 BP 人工神经网络组合模型的预测值.

例 7.4.1　某型空舰导弹中一种电子元件的寿命试验数据如表 7.4.1 所示，试建立灰色 BP 人工神经网络组合预测模型 (祝德虎等，2011).

表 7.4.1　某种电子元件寿命试验数据　　　　　　　　单位：10^2h

项目	1	2	3	4	5	6	7	8	9	10
失效时间	1.28	1.40	1.52	1.66	1.80	1.86	1.90	1.92	1.95	2.01

以表 7.4.1 中的前 6 个数据作为建模基础数据, 对后 4 个数据进行预测, 以检验模型预测效果.

基于表 7.4.1 中的前 6 个数据估计模型参数, 可得 $-a = 0.9143, b = 0.9677$, 由此可得如下的均值 GM(1, 1) 模型 (即 EGM)

$$\hat{x}^{(1)}(k+1) = \left(1.28 - \frac{0.9677}{0.9143}\right)e^{0.9143k} + \frac{0.9677}{0.9143}$$

$$\hat{x}^{(0)}(k+1) = \hat{x}^{(1)}(k+1) - \hat{x}^{(1)}(k)$$

由此不难得到 EGM 模拟值 (表 7.4.2), 按照 BP 网络建模步骤, 可得灰色 BP 人工神经网络组合模型 (记为 GNN 模型) 以及灰色 BP 人工神经网络组合模型模拟值 (表 7.4.2).

表 7.4.2　EGM 和灰色 BP 人工神经网络组合模型模拟值　　单位: 10^2h

项目	1	2	3	4	5	6
实际数据	1.28	1.40	1.52	1.66	1.80	1.86
EGM 模拟值	1.28	1.4186	1.5248	1.6388	1.7614	1.8932
GNN 模型模拟值	1.2799	1.4001	1.5202	1.6602	1.8002	1.8601

由表 7.4.2 中的数据, 可得 EGM 和 GNN 模型的模拟平均相对误差分别为

$$\overline{\Delta}_{\text{EGM}} = \frac{1}{6}\sum_{k=1}^{6}\Delta_{\text{EGM}}(k) = 0.0114$$

$$\overline{\Delta}_{\text{GNN}} = \frac{1}{6}\sum_{k=1}^{6}\Delta_{\text{GNN}}(k) = 0.0001$$

显然, 灰色 BP 人工神经网络组合模型的模拟精度更高.

分别运用所得 EGM 和 GNN 模型对表 7.4.1 中的后 4 个数据进行预测, 可得预测结果如表 7.4.3 所示.

表 7.4.3　EGM 和灰色 BP 人工神经网络组合模型预测值　　单位: 10^2h

项目	7	8	9	10
实际数据	1.90	1.92	1.95	2.01
EGM 预测值	2.0348	2.1871	2.3507	2.5265
GNN 模型预测值	1.9087	1.9276	1.9363	1.9339

由表 7.4.3 中的数据, 可得 EGM 和 GNN 模型的预测平均相对误差分别为

$$\overline{\Delta}_{\text{EGM}} = \frac{1}{4}\sum_{k=7}^{10}\Delta_{\text{EGM}}(k) = 0.1681$$

$$\overline{\Delta}_{\text{GNN}} = \frac{1}{4}\sum_{k=7}^{10}\Delta_{\text{GNN}}(k) = 0.0134$$

显然, 灰色 BP 人工神经网络组合模型的预测精度更高.

➢复习思考题

一、选择题

1. 下面模型属于隐性灰色组合模型的是 (　　).

A. 灰色神经网络模型   B. 灰色经济计量学模型

C. 灰色线性回归模型   D. 灰色生产函数模型

2. 灰色系统理论的 EGM(1, 1)模型最少可以用多少个数据就可估计出模型参数, 且可达到一定的模拟精度.(　　)

A. 3 个   B. 4 个   C. 5 个   D. 10 个

3. 估计经济计量学模型参数, 常常会出现一些难以解释的现象, 如一些重要解释变量的系数不显著或某些参数估计值的符号与实际情况或经济分析结论相矛盾, 个别观测数据的微小变化引起多数估计值发生很大变动等. 下列各条中(　　)不是其产生的主要原因.

A. 观测期内系统结构发生较大变化   B. 解释变量之间存在多重共线问题

C. 选择的解释变量过多   D. 观测数据的随机波动或误差

4. 建立灰色经济计量学模型的过程中, 不属于理论模型设计的是(　　).

A. 研究有关经济理论   B. 参数估计

C. 确定模型所包含的变量及函数形式   D. 统计数据的收集与整理

5. 以下参数中(　　)不属于灰色生产函数模型中的待估计参数.

A. α ——资金弹性   B. β ——劳动力弹性

C. γ ——技术进步系数   D. g——地区生产总值影响系数

二、简答题

1. 什么是灰色组合模型? 什么情况下需要建立灰色组合模型?

2. 简述建立与应用灰色经济计量学模型的步骤.

3. 简述灰色线性回归组合模型的建模方法和步骤.

4. 简述灰色 BP 人工神经网络组合模型的建模思路.

三、计算题

1. 某矿岩移动站 2023 年 2 月至 2024 年 4 月观测所得的某点的下沉序列见题 1 表, 试用灰色线性回归组合模型对该点的下沉动态进行预测.

题 1 表　下沉值原始序列

项目	2023/2	2023/4	2023/6	2023/8	2023/10	2023/12	2024/2	2024/4
下沉值	12	22	31	43	51	57	75	83

2. 对于以下数据序列

$$X=(110.20, 146.34, 185.36, 221.14, 255.16, 288.18, 320.54, 352.79)$$

(1)试分别建立 EGM 和 GNN 模型并比较模拟精度;

(2)试用前 6 个数据建立 EGM 和 GNN 模型, 分别对后两个数据进行预测并比较预测精度.

第8章

灰色系统预测方法

8.1 引言

　　预测是指对事物的演化预先做出的科学推测. 广义的预测, 既包括在同一时期根据已知事物推测未知事物的静态预测, 也包括根据某一事物的历史和现状推测其未来的动态预测. 狭义的预测, 仅指动态预测, 也就是指对事物的未来演化预先做出的科学推测. 预测理论作为通用的方法论, 既可以应用于研究自然现象, 又可以应用于研究社会现象. 将预测的方法、技术与实际问题相结合, 就产生了预测的各个分支, 如社会预测、人口预测、经济预测、政治预测、科技预测、军事预测、气象预测等.

　　古人云: "凡事预则立, 不预则废". 我们办任何事情之前, 必须先开展调查研究, 摸清情况, 深思熟虑, 有科学的预见、周密的计划, 才能达到预期的成功. 大至世界事务, 国计民生, 小到个人日常工作和生活, 无不需要进行科学预测. 反之, 不了解实际情况, 凭主观意志想当然办事, 违反客观规律, 必将受到惩罚.

　　灰色系统预测方法通过原始数据的处理和灰色模型的建立, 挖掘、发现、掌握系统演化规律, 对系统的未来状态做出科学的定量预测. 本书第6章和第7章所介绍的所有模型都可以用作预测模型. 对于一个具体问题, 究竟应该选择什么样的预测模型, 应以充分的定性分析结论为依据. 模型的选择不是一成不变的. 一个模型要经过多种检验才能判定其是否合理, 是否有效. 只有通过检验的模型才能用来进行预测.

　　定义 8.1.1 设原始序列

$$X^{(0)} = (x^{(0)}(1), x^{(0)}(2), \cdots, x^{(0)}(n))$$

相应的预测模型模拟序列

$$\hat{X}^{(0)} = (\hat{x}^{(0)}(1), \hat{x}^{(0)}(2), \cdots, \hat{x}^{(0)}(n))$$

残差序列

$$\varepsilon^{(0)} = (\varepsilon(1), \varepsilon(2), \cdots, \varepsilon(n))$$
$$= (x^{(0)}(1) - \hat{x}^{(0)}(1), x^{(0)}(2) - \hat{x}^{(0)}(2), \cdots, x^{(0)}(n) - \hat{x}^{(0)}(n))$$

相对误差序列

$$\Delta = \left(\left| \frac{\varepsilon(1)}{x^{(0)}(1)} \right|, \left| \frac{\varepsilon(2)}{x^{(0)}(2)} \right|, \cdots, \left| \frac{\varepsilon(n)}{x^{(0)}(n)} \right| \right) = \{\Delta_k\}_1^n$$

(1) 对于 $k \le n$, 称 $\Delta_k = \left| \dfrac{\varepsilon(k)}{x^{(0)}(k)} \right|$ 为 k 点模拟相对误差, 称 $\overline{\Delta} = \dfrac{1}{n} \sum_{k=1}^{n} \Delta_k$ 为平均相对误差;

(2) 称 $1 - \overline{\Delta}$ 为平均相对精度, $1 - \Delta_k$ 为 k 点的模拟精度, $k = 1, 2, \cdots, n$;

(3) 给定 α, 当 $\overline{\Delta} < \alpha$ 且 $\Delta_n < \alpha$ 成立时, 称模型为残差合格模型.

定义 8.1.2 设 $X^{(0)}$ 为原始序列, $\hat{X}^{(0)}$ 为相应的模拟序列, ε 为 $X^{(0)}$ 与 $\hat{X}^{(0)}$ 的灰色绝对关联度, 若对于给定的 $\varepsilon_0 > 0$, 有 $\varepsilon > \varepsilon_0$, 则称模型为关联度合格模型.

定义 8.1.3 设 $X^{(0)}$ 为原始序列, $\hat{X}^{(0)}$ 为相应的模拟序列, $\varepsilon^{(0)}$ 为残差序列, 则

$$\overline{x} = \frac{1}{n} \sum_{k=1}^{n} x^{(0)}(k), \quad S_1^2 = \frac{1}{n} \sum_{k=1}^{n} (x^{(0)}(k) - \overline{x})^2$$

分别为 $X^{(0)}$ 的均值、方差;

$$\overline{\varepsilon} = \frac{1}{n} \sum_{k=1}^{n} \varepsilon(k), \quad S_2^2 = \frac{1}{n} \sum_{k=1}^{n} (\varepsilon(k) - \overline{\varepsilon})^2$$

分别为残差的均值、方差.

(1) $C = \dfrac{S_2}{S_1}$ 称为均方差比值, 对于给定的 $C_0 > 0$, 当 $C < C_0$ 时, 称模型为均方差比合格模型.

(2) $p = P(|\varepsilon(k) - \overline{\varepsilon}| < 0.6745 S_1)$ 称为小误差概率, 对于给定的 $p_0 > 0$, 当 $p < p_0$ 时, 称模型为小误差概率合格模型.

上述三个定义给出了检验模型的四种方法. 这四种方法都是通过对残差的考察来判断模型的精度, 其中平均相对误差 $\overline{\Delta}$ 和模拟误差都要求越小越好, 关联度 ε 要求越大越好, 均方差比值 C 越小越好 (因为 C 小说明 S_2 小, S_1 大, 即残差方差小, 原始数据方差大, 说明残差比较集中, 摆动幅度小, 原始数据比较分散, 摆动幅度大, 所以模拟效果好要求 S_2 与 S_1 相比尽可能小), 以及小误差概率 p 越大越好, 给定 α, ε_0, C_0, p_0 的一组取值, 就确定了检验模型模拟精度的一个等级. 常用的精度等级见表 8.1.1, 可供检验模型参考.

表 8.1.1　精度检验等级参照表

精度等级	指标临界值			
	相对误差 α	关联度 ε_0	均方差比值 C_0	小误差概率 p_0
一级	0.01	0.90	0.35	0.95
二级	0.05	0.80	0.50	0.80
三级	0.10	0.70	0.65	0.70
四级	0.20	0.60	0.80	0.60

一般情况下, 最常用的是相对误差检验指标.

8.2　数列预测

数列预测是对系统变量的未来取值进行预测, EGM(1, 1) 模型是较为常用的数列预测模型. 根据实际情况, 也可以考虑采用其他灰色模型. 在定性分析的基础上, 定义适当的序列算子, 对算子作用后的序列建立 EGM 模型, 通过精度检验后, 即可用来进行预测.

例 8.2.1　某省第三产业增加值预测. 由统计资料查得 2020—2023 年该省第三产业增加值序列为
$$X^{(0)} = (x^{(0)}(1), x^{(0)}(2), x^{(0)}(3), x^{(0)}(4)) = (10155, 12588, 23480, 35388)$$
引入二阶弱化算子 D^2, 令
$$X^{(0)}D = (x^{(0)}(1)d, x^{(0)}(2)d, x^{(0)}(3)d, x^{(0)}(4)d)$$
其中
$$x^{(0)}(k)d = \frac{1}{4-k+1}(x^{(0)}(k) + x^{(0)}(k+1) + \cdots + x^{(0)}(4)), \quad k = 1, 2, 3, 4$$
以及
$$X^{(0)}D^2 = (x^{(0)}(1)d^2, x^{(0)}(2)d^2, x^{(0)}(3)d^2, x^{(0)}(4)d^2)$$
其中
$$x^{(0)}(k)d^2 = \frac{1}{4-k+1}(x^{(0)}(k)d + x^{(0)}(k+1)d + \cdots + x^{(0)}(4)d), \quad k = 1, 2, 3, 4$$
于是
$$X^{(0)}D^2 = (27260, 29547, 32411, 35388) \stackrel{\triangle}{=} X = (x(1), x(2), x(3), x(4))$$
X 的 1-AGO 序列为
$$X^{(1)} = (x^{(1)}(1), x^{(1)}(2), x^{(1)}(3), x^{(1)}(4)) = (27260, 56807, 89218, 124606)$$
设
$$x^{(0)}(k) + az^{(1)}(k) = b$$
按最小二乘法求得参数 a, b 的估计值
$$\hat{a} = -0.089995, \quad \hat{b} = 25790.28$$
可得 EGM(1, 1) 模型白化方程
$$\frac{\mathrm{d}x^{(1)}}{\mathrm{d}t} - 0.089995x^{(1)} = 25790.28$$
其时间响应式为
$$\begin{cases} \hat{x}^{(1)}(k+1) = 313834\mathrm{e}^{0.089995k} - 286574 \\ \hat{x}^{(0)}(k+1) = \hat{x}^{(1)}(k+1) - \hat{x}^{(1)}(k) \end{cases}$$
由此得模拟序列
$$\hat{X} = (\hat{x}(1), \hat{x}(2), \hat{x}(3), \hat{x}(4)) = (27260, 29553, 32337, 35381)$$
残差序列

$$\varepsilon^{(0)} = (\varepsilon^{(0)}(1), \varepsilon^{(0)}(2), \varepsilon^{(0)}(3), \varepsilon^{(0)}(4)) = (0, -6, 74, 7)$$

相对误差序列

$$\Delta = \left(\left| \frac{\varepsilon^{(0)}(1)}{x^{(0)}(1)} \right|, \left| \frac{\varepsilon^{(0)}(2)}{x^{(0)}(2)} \right|, \left| \frac{\varepsilon^{(0)}(3)}{x^{(0)}(3)} \right|, \left| \frac{\varepsilon^{(0)}(4)}{x^{(0)}(4)} \right| \right)$$

$$= (0, 0.0002, 0.00228, 0.0002) \stackrel{\Delta}{=} (\Delta_1, \Delta_2, \Delta_3, \Delta_4)$$

平均相对误差

$$\overline{\Delta} = \frac{1}{4} \sum_{k=1}^{4} \Delta_k = 0.00067 = 0.067\% < 0.01$$

模拟误差 $\Delta_4 = 0.0002 = 0.02\% < 0.01$，精度为一级.

计算 X 与 $\hat{X}$ 的灰色绝对关联度 ε：

$$|s| = \left| \sum_{k=2}^{3} [x(k) - x(1)] + \frac{1}{2}[x(4) - x(1)] \right| = 11502$$

$$|\hat{s}| = \left| \sum_{k=2}^{3} [\hat{x}(k) - \hat{x}(1)] + \frac{1}{2}[\hat{x}(4) - \hat{x}(1)] \right| = 11430.5$$

$$|\hat{s} - s| = \left| \sum_{k=2}^{3} [x(k) - x(1) - (\hat{x}(k) - \hat{x}(1))] + \frac{1}{2}[x(4) - x(1) - (\hat{x}(4) - \hat{x}(1))] \right| = 71.5$$

从而

$$\varepsilon = \frac{1 + |s| + |\hat{s}|}{1 + |s| + |\hat{s}| + |\hat{s} - s|} = \frac{1 + 11502 + 11430.5}{1 + 11502 + 11430.5 + 71.5} = 0.997 > 0.90$$

关联度为一级.

计算均方差比 C：

$$\overline{x} = \frac{1}{4} \sum_{k=1}^{4} x(k) = 31151.5, \quad S_1^2 = \frac{1}{4} \sum_{k=1}^{4} (x(k) - \overline{x})^2 = 37252465, \quad S_1 = 6103.48$$

$$\overline{\varepsilon} = \frac{1}{4} \sum_{k=1}^{4} \varepsilon(k) = 18.75, \quad S_2^2 = \frac{1}{4} \sum_{k=1}^{4} (\varepsilon(k) - \overline{\varepsilon})^2 = 4154.75, \quad S_2 = 64.46$$

所以

$$C = \frac{S_2}{S_1} = \frac{64.46}{6103.48} = 0.01 < 0.35$$

均方差比值为一级.

计算小误差概率：

$$0.6745 S_1 = 4116.80$$

$$|\varepsilon(1) - \overline{\varepsilon}| = 18.75, \quad |\varepsilon(2) - \overline{\varepsilon}| = 24.75, \quad |\varepsilon(3) - \overline{\varepsilon}| = 55.25, \quad |\varepsilon(4) - \overline{\varepsilon}| = 11.75$$

所以

$$p = P\left(|\varepsilon(k) - \overline{\varepsilon}| < 0.6745 S_1 \right) = 1 > 0.95$$

小误差概率为一级, 故可用

$$\begin{cases} \hat{x}^{(1)}(k+1) = 313834\mathrm{e}^{0.089995k} - 286574 \\ \hat{x}^{(0)}(k+1) = \hat{x}^{(1)}(k+1) - \hat{x}^{(1)}(k) \end{cases}$$

进行预测. 这里我们给出的 2024—2028 年的预测值如下:

$$\begin{aligned} \hat{X}^{(0)} &= (\hat{x}^{(0)}(5), \hat{x}^{(0)}(6), \hat{x}^{(0)}(7), \hat{x}^{(0)}(8), \hat{x}^{(0)}(9)) \\ &= (38714, 42359, 46348, 50712, 55488) \end{aligned}$$

8.3　区间预测

对于原始数据发生不规则波动的情形, 通常无法找到合适的模型描述其变化趋势, 因此无法对其未来变化进行准确预测. 这时, 可以考虑预测其未来取值的变化范围, 这就是灰色区间预测 (interval prediction).

定义 8.3.1　设 $X(t)$ 为序列折线, $f_u(t)$ 和 $f_s(t)$ 为光滑连续曲线. 若对任意 t, 恒有

$$f_u(t) < X(t) < f_s(t)$$

则称 $f_u(t)$ 为 $X(t)$ 的下界函数, $f_s(t)$ 为 $X(t)$ 的上界函数, 并称

$$S = \left\{ (t, X(t)) \big| X(t) \in [f_u(t), f_s(t)] \right\}$$

为 $X(t)$ 的取值域 (value domain).

例 8.3.1　设 $X^{(0)} = (x^{(0)}(1), x^{(0)}(2), \cdots, x^{(0)}(n))$ 为原始序列, 其 1-AGO 序列为 $X^{(1)} = (x^{(1)}(1), x^{(1)}(2), \cdots, x^{(1)}(n))$. 令

$$\sigma_{\max} = \max_{1 \leqslant k \leqslant n} \{x^{(0)}(k)\}, \quad \sigma_{\min} = \min_{1 \leqslant k \leqslant n} \{x^{(0)}(k)\}$$

$X^{(1)}$ 下界函数 $f_u(n+t)$ 和上界函数 $f_s(n+t)$ 分别取为

$$f_u(n+t) = x^{(1)}(n) + t\sigma_{\min}, \quad f_s(n+t) = x^{(1)}(n) + t\sigma_{\max} \tag{8.3.1}$$

由式 (8.3.1) 可以得到 $X^{(1)}$ 的取值域

$$S = \left\{ (t, X(t)) \big| t > n, X(t) \in [f_u(t), f_s(t)] \right\}$$

$X^{(1)}$ 的预测区域如图 8.3.1 所示.

例 8.3.2　设 $X^{(0)}$ 为原始序列, $X_u^{(0)}$ 是 $X^{(0)}$ 的下缘点连线所对应的序列, $X_s^{(0)}$ 是 $X^{(0)}$ 上缘点连线所对应的序列, 分别取 $X_u^{(0)}$ 和 $X_s^{(0)}$ 对应的 EGM(1, 1) 时间响应式

$$\hat{x}_u^{(1)}(k+1) = \left(x_u^{(0)}(1) - \frac{b_u}{a_u} \right) \exp(-a_u k) + \frac{b_u}{a_u}$$

和

$$\hat{x}_s^{(1)}(k+1) = \left(x_s^{(0)}(1) - \frac{b_s}{a_s} \right) \exp(-a_s k) + \frac{b_s}{a_s}$$

为 $X^{(1)}$ 的下界函数和上界函数, 可得 $X^{(1)}$ 的取值域

$$S = \left\{ (t, X(t)) \mid X(t) \in [\hat{X}_u^{(1)}(t), \hat{X}_s^{(1)}(t)] \right\}$$

并称为 $X^{(1)}$ 的包络域 (wrapping domain), 如图 8.3.2 所示.

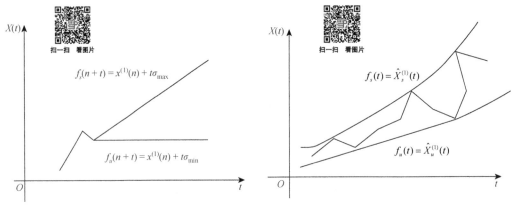

图 8.3.1　喇叭形预测区域　　　　图 8.3.2　包络区域

例 8.3.3　设 $X^{(0)}$ 为原始数据序列, 取 $X^{(0)}$ 中 m 组不同的数据序列可建立 m 个不同的 GM $(1,1)$ 模型, 设对应参数分别为 $\hat{a}_i = [a_i, b_i]^{\mathrm{T}}, i = 1, 2, \cdots, m$. 令

$$-a_{\min} = \min_{1 \leqslant i \leqslant m}\{-a_i\}, \quad -a_{\max} = \max_{1 \leqslant i \leqslant m}\{-a_i\}$$

分别取与 $-a_{\min}$ 和 $-a_{\max}$ 对应的 GM $(1,1)$ 时间响应式,

$$\hat{x}_u^{(1)}(k+1) = \left(x_u^{(0)}(1) - \frac{b_{\min}}{a_{\min}} \right) \exp(-a_{\min}k) + \frac{b_{\min}}{a_{\min}}$$

$$\hat{x}_s^{(1)}(k+1) = \left(x_s^{(0)}(1) - \frac{b_{\max}}{a_{\max}} \right) \exp(-a_{\max}k) + \frac{b_{\max}}{a_{\max}}$$

为 $X^{(1)}$ 的下界函数和上界函数, 可得 $X^{(1)}$ 的取值域

$$S = \left\{ (t, X(t)) \,\middle|\, X(t) \in [\hat{X}_u^{(1)}(t), \hat{X}_s^{(1)}(t)] \right\}$$

定义 8.3.2　设 $X^{(0)} = (x^{(0)}(1), x^{(0)}(2), \cdots, x^{(0)}(n))$ 为原始序列, $f_u(t)$ 和 $f_s(t)$ 为其 1-AGO 序列 $X^{(1)}$ 下界函数和上界函数, 对于任意 $k > 0$, 称

$$\hat{x}^{(0)}(n+k) = \frac{1}{2}[f_u(n+k) + f_s(n+k)] \tag{8.3.2}$$

为 $X^{(0)}$ 的基本预测值,

$$\hat{x}_u^{(0)}(n+k) = f_u(n+k), \quad \hat{x}_s^{(0)}(n+k) = f_s(n+k) \tag{8.3.3}$$

分别为 $X^{(0)}$ 的最低预测值和最高预测值.

例 8.3.4　设有原始数据序列为

$$X^{(0)} = (x^{(0)}(1), x^{(0)}(2), x^{(0)}(3), x^{(0)}(4), x^{(0)}(5), x^{(0)}(6))$$
$$= (4.9445, 5.5828, 5.3441, 5.2669, 4.5640, 3.6524)$$

试根据式 (8.3.1) 计算其一次累加序列中 $x^{(1)}(7), x^{(1)}(8), x^{(1)}(9)$ 的最高预测值、最低预测值和基本预测值.

解 $\sigma_{\max}=\max\limits_{1\leqslant k\leqslant 6}\{x^{(0)}(k)\}=5.5828, \sigma_{\min}=\min\limits_{1\leqslant k\leqslant 6}\{x^{(0)}(k)\}=3.6524$ ，由 $x^{(1)}(k)=\sum\limits_{i=1}^{k}x^{(0)}(i)$ ，得

$X^{(0)}$ 的 1-AGO 序列

$$X^{(1)}=(x^{(1)}(1),x^{(1)}(2),x^{(1)}(3),x^{(1)}(4),x^{(1)}(5),x^{(1)}(6))$$
$$=(4.9445,10.5273,15.8714,21.1383,25.7023,29.3547)$$

所以

$$f_s(6+k)=x^{(1)}(6)+k\sigma_{\max}=29.3547+5.5828k$$
$$f_u(6+k)=x^{(1)}(6)+k\sigma_{\min}=29.3547+3.6524k$$

当 $k=1,2,3$ 时，得最高预测值

$$\hat{x}_s^{(1)}(7)=f_s(6+1)=x^{(1)}(6)+1\cdot\sigma_{\max}=34.9375$$
$$\hat{x}_s^{(1)}(8)=f_s(6+2)=x^{(1)}(6)+2\cdot\sigma_{\max}=40.5203$$
$$\hat{x}_s^{(1)}(9)=f_s(6+3)=x^{(1)}(6)+3\cdot\sigma_{\max}=46.1031$$

最低预测值

$$\hat{x}_u^{(1)}(7)=f_u(6+1)=x^{(1)}(6)+1\cdot\sigma_{\min}=33.0071$$
$$\hat{x}_u^{(1)}(8)=f_u(6+2)=x^{(1)}(6)+2\cdot\sigma_{\min}=36.6595$$
$$\hat{x}_u^{(1)}(9)=f_u(6+3)=x^{(1)}(6)+3\cdot\sigma_{\min}=40.3119$$

基本预测值

$$\hat{x}^{(1)}(7)=\frac{1}{2}[\hat{x}_s^{(1)}(7)+\hat{x}_u^{(1)}(7)]=33.9723$$

$$\hat{x}^{(1)}(8)=\frac{1}{2}[\hat{x}_s^{(1)}(8)+\hat{x}_u^{(1)}(8)]=38.5899$$

$$\hat{x}^{(1)}(9)=\frac{1}{2}[\hat{x}_s^{(1)}(9)+\hat{x}_u^{(1)}(9)]=43.2075$$

8.4 灰色畸变预测

灰色畸变预测实质上是异常值预测，什么样的值算作异常值，往往是人们凭经验主观确定的. 灰色畸变预测的任务是给出下一个或几个异常值出现的时刻，以便人们提前准备，采取对策. 灰色畸变预测亦称灰色灾变预测.

定义 8.4.1 设原始序列 $X=(x(1),x(2),\cdots,x(n))$ ，给定上限异常值（畸变值）ξ ，称 X 的子序列

$$X_\xi=(x[q(1)],x[q(2)],\cdots,x[q(m)])=\left\{x[q(i)]\big|\ x[q(i)]\geqslant\xi,i=1,2,\cdots,m\right\}$$

为上畸变序列（upper distortion sequence）.

定义 8.4.2 设原始序列 $X=(x(1),x(2),\cdots,x(n))$ ，给定下限异常值（畸变值）ζ ，称 X 的子序列

$$X_\zeta=(x[q(1)],x[q(2)],\cdots,x[q(l)])=\left\{x[q(i)]\big|\ x[q(i)]\leqslant\zeta,i=1,2,\cdots,l\right\}$$

为下畸变序列（lower distortion sequence）.

上畸变序列和下畸变序列统称畸变序列. 由于对不同的畸变序列研究思路完全一样, 在以下的讨论中, 我们对上畸变序列和下畸变序列不作区别.

定义 8.4.3 设 X 为原始序列,

$$X_\xi = (x[q(1)], x[q(2)], \cdots, x[q(m)]) \subset X$$

为畸变序列, 则称

$$Q^{(0)} = (q(1), q(2), \cdots, q(m))$$

为畸变日期序列 (distortion date sequence).

畸变预测就是要通过对畸变日期序列的研究, 挖掘其规律性, 并据以预测以后若干次畸变发生的日期, 灰色系统的畸变预测是通过对畸变日期序列建立 GM$(1, 1)$ 模型实现的.

定义 8.4.4 设 $Q^{(0)} = (q(1), q(2), \cdots, q(m))$ 为畸变日期序列, 其 1-AGO 序列为

$$Q^{(1)} = (q(1)^{(1)}, q(2)^{(1)}, \cdots, q(m)^{(1)})$$

$Q^{(1)}$ 的均值序列为 $Z^{(1)}$, 则称 $q(k) + az^{(1)}(k) = b$ 为畸变 GM$(1, 1)$ 模型.

命题 8.4.1 设 $\hat{a} = [a, b]^{\mathrm{T}}$ 为畸变 GM$(1, 1)$ 参数向量的最小二乘估计, 则畸变日期序列的 GM$(1, 1)$ 序号响应式为

$$\begin{cases} \hat{q}^{(1)}(k+1) = \left(q(1) - \dfrac{b}{a} \right) \mathrm{e}^{-ak} + \dfrac{b}{a} \\ \hat{q}(k+1) = \hat{q}^{(1)}(k+1) - \hat{q}^{(1)}(k) \end{cases}$$

即

$$\hat{q}^{(0)}(k+1) = (1 - \mathrm{e}^{a}) \left(q(1) - \dfrac{b}{a} \right) \mathrm{e}^{-ak}$$

定义 8.4.5 设 $X = (x(1), x(2), \cdots, x(n))$ 为原始序列, n 为现在, 给定异常值 ξ, 相应的畸变日期序列

$$Q^{(0)} = (q(1), q(2), \cdots, q(m))$$

其中 $q(m)(\leqslant n)$ 为最近一次畸变发生的日期, 则称 $\hat{q}(m+1)$ 为下一次畸变的预测日期; 对任意 $k > 0$, 称 $\hat{q}(m+k)$ 为未来第 k 次畸变的预测日期.

例 8.4.1 某地区年度平均降雨量数据 (单位: mm) 序列为

$$\begin{aligned} X = &(x(1), x(2), x(3), x(4), x(5), x(6), x(7), x(8), x(9), x(10), \\ &x(11), x(12), x(13), x(14), x(15), x(16), x(17)) \\ = &(390.6, 412.0, 320.0, 559.2, 380.8, 542.4, 553.0, 310.0, 561.0, 300.0, \\ &632.0, 540.0, 406.2, 313.8, 576.0, 586.6, 318.5) \end{aligned}$$

取 $\xi = 320\,\mathrm{mm}$ 为下限异常值 (旱灾), 试作旱灾预测.

解 令 $\xi = 320$, 得下限畸变序列

$$X_\xi = (x(3), x(8), x(10), x(14), x(17)) = (320.0, 310.0, 300.0, 313.8, 318.5)$$

与之对应的畸变日期序列

$$Q^{(0)} = (q(1), q(2), q(3), q(4), q(5)) = (3, 8, 10, 14, 17)$$

其 1-AGO 序列

$$Q^{(1)} = (3, 11, 21, 35, 52)$$

的均值序列

$$Z^{(1)} = (7, 16, 28, 43.5)$$

设 $q(k) + az^{(1)}(k) = b$，由

$$B = \begin{bmatrix} -7 & 1 \\ -16 & 1 \\ -28 & 1 \\ -43.5 & 1 \end{bmatrix}, \quad Y = \begin{bmatrix} 8 \\ 10 \\ 14 \\ 17 \end{bmatrix}$$

得

$$\hat{a} = \begin{bmatrix} a \\ b \end{bmatrix} = (B^{\mathrm{T}}B)^{-1}B^{\mathrm{T}}Y = \begin{bmatrix} -0.25361 \\ 6.258339 \end{bmatrix}$$

故畸变日期序列的 EGM(1, 1)序号响应式

$$\hat{q}^{(1)}(k+1) = 27.667\mathrm{e}^{0.25361k} - 24.667$$

$$\hat{q}(k+1) = \hat{q}^{(1)}(k+1) - \hat{q}^{(1)}(k)$$

即

$$\hat{q}(k+1) = 27.667\mathrm{e}^{0.25361k} - 24.667\mathrm{e}^{0.25361(k-1)} = 6.1998\mathrm{e}^{0.25361k}$$

由此可得 $Q^{(0)}$ 的模拟序列

$$\begin{aligned} \hat{Q}^{(0)} &= (\hat{q}(1), \hat{q}(2), \hat{q}(3), \hat{q}(4), \hat{q}(5)) \\ &= (6.1998, 7.989, 10.296, 13.268, 17.098) \end{aligned}$$

由

$$\varepsilon(k) = q(k) - \hat{q}(k), \quad k = 1, 2, 3, 4, 5$$

得残差序列

$$\begin{aligned} \varepsilon^{(0)} &= (\varepsilon(1), \varepsilon(2), \varepsilon(3), \varepsilon(4), \varepsilon(5)) \\ &= (-3.1998, 0.011, -0.296, 0.732, -0.098) \end{aligned}$$

再由

$$\Delta_k = \left| \frac{\varepsilon(k)}{q(k)} \right|, \quad k = 1, 2, 3, 4, 5$$

得相对误差序列

$$\Delta = (\Delta_2, \Delta_3, \Delta_4, \Delta_5) = (0.1\%, 2.96\%, 5.1\%, 0.6\%)$$

这里未考虑 Δ_1，由此可计算出平均相对误差

$$\overline{\Delta} = \frac{1}{4} \sum_{k=2}^{5} \Delta_k = 2.19\%$$

平均相对精度为 $1 - \overline{\Delta} = 97.81\%$，模拟精度为 $1 - \Delta_5 = 99.4\%$，故可用

$$\hat{q}(k+1) = 6.1998\mathrm{e}^{0.25361k}$$

进行预测

$$\hat{q}(5+1) = \hat{q}(6) = 22, \quad \hat{q}(6) - \hat{q}(5) = 22 - 17 = 5$$

即从最近一次旱灾发生的日期算起, 5 年之后, 可能发生旱灾, 为提高预测的可靠程度, 可以取若干个不同的异常值, 建立多个模型进行预测.

8.5　波形预测

当原始数据频频波动且摆动幅度较大时, 往往难以找到适当的模型进行模拟, 这时若 8.3 节所述的对未来取值变化范围的预测不能满足需要, 可以考虑根据原始数据的波形预测未来行为数据发展变化的波形. 这种预测称为波形预测 (wave form prediction).

定义 8.5.1　设原始序列

$$X = (x(1), x(2), \cdots, x(n))$$

则称

$$x_k = x(k) + (t - k)[x(k+1) - x(k)]$$

为序列 X 的 k 段折线图形, 称

$$\{x_k = x(k) + (t - k)[x(k+1) - x(k)] \mid k = 1, 2, \cdots, n-1\}$$

为序列 X 的折线, 仍记为 X, 即

$$X = \{x_k = x(k) + (t - k)[x(k+1) - x(k)] \mid k = 1, 2, \cdots, n-1\}$$

定义 8.5.2　设

$$\sigma_{\max} = \max_{1 \le k \le n}\{x(k)\}, \quad \sigma_{\min} = \min_{1 \le k \le n}\{x(k)\}$$

(1) 对于 $\forall \xi \in [\sigma_{\min}, \sigma_{\max}]$, 称 $X = \xi$ 为 ζ-等高线 (contour line);

(2) 称方程组

$$\begin{cases} X = \{x(k) + (t-k)[x(k+1) - x(k)] \mid k = 1, 2, \cdots, n-1\} \\ X = \xi \end{cases}$$

的解 $(t_i, x(t_i))(i = 1, 2, \cdots)$ 为 ζ-等高点 (contour point).

ζ-等高点是折线 X 与 ζ-等高线的交点.

命题 8.5.1　若 X 的 i 段折线上有 ξ-等高点, 则其坐标为

$$\left(i + \frac{\xi - x(i)}{x(i+1) - x(i)}, \xi\right)$$

证明　i 段折线方程为

$$X = x(i) + (t_i - i)[x(i+1) - x(i)]$$

联立

$$\begin{cases} X = x(i) + (t_i - i)[x(i+1) - x(i)] \\ X = \xi \end{cases}$$

可解得

$$t_i = i + \frac{\xi - x(i)}{x(i+1) - x(i)}$$

定义 8.5.3　设

$$X_\xi = (P_1, P_2, \cdots, P_m)$$

为 ξ-等高点序列, 其中 P_i 位于第 i 段折线上, 其坐标为

$$(t_i, \xi) = \left(i + \frac{\xi - x(i)}{x(i+1) - x(i)}, \xi \right)$$

记

$$q(i) = i + \frac{\xi - x(i)}{x(i+1) - x(i)}, \quad i = 1, 2, \cdots, m$$

则称 $Q^{(0)} = (q(1), q(2), \cdots, q(m))$ 为 ξ-等高时刻序列.

建立 ξ-等高时刻序列的 GM$(1,1)$ 模型, 可得 ξ-等高时刻的预测值:

$$\hat{q}(m+1), \hat{q}(m+2), \cdots, \hat{q}(m+k)$$

定义 8.5.4　设

$$\xi_0 = \sigma_{\min}, \quad \xi_1 = \frac{1}{s}(\sigma_{\max} - \sigma_{\min}) + \sigma_{\min}, \quad \cdots, \quad \xi_i = \frac{i}{s}(\sigma_{\max} - \sigma_{\min}) + \sigma_{\min}, \quad \cdots,$$

$$\xi_{s-1} = \frac{s-1}{s}(\sigma_{\max} - \sigma_{\min}) + \sigma_{\min}, \quad \xi_s = \sigma_{\max}$$

则称 $X = \xi_i (i = 0, 1, 2, \cdots, s)$ 为 $s+1$ 条等间隔的等高线, 否则称为非等间隔的等高线.

取等高线时应注意使对应的等高时刻序列满足 GM$(1,1)$ 建模条件, 一般可取成等间隔的等高线, 亦可根据实际情况取若干条非等间隔的等高线.

定义 8.5.5　设 $X = \xi_i (i = 1, 2, \cdots, s)$ 为 s 条不同的等高线,

$$Q_i^{(0)} = (q_i(1), q_i(2), \cdots, q_i(m_1)), \quad i = 1, 2, \cdots, s$$

为 ξ_i-等高时刻序列,

$$\hat{q}_i(m_i+1), \hat{q}_i(m_i+2), \cdots, \hat{q}_i(m_i+k_i), \quad i = 1, 2, \cdots, s$$

为 ξ_i-等高时刻的 GM$(1,1)$ 预测值. 若存在 $i \neq j$, 使

$$\hat{q}_i(m_i + l_i) = \hat{q}_j(m_j + l_j)$$

则称 $\hat{q}_i(m_i + l_i)$ 和 $\hat{q}_j(m_j + l_j)$ 为一对无效预测时刻.

命题 8.5.2　设

$$\hat{q}_i(m_i+1), \hat{q}_i(m_i+2), \cdots, \hat{q}_i(m_i+k_i), \quad i = 1, 2, \cdots, s$$

为 ξ_i-等高时刻的 GM$(1,1)$ 预测值, 删去

$$\hat{q}_1(m_1+1), \hat{q}_1(m_1+2), \cdots, \hat{q}_1(m_1+k_1)$$

$$\hat{q}_2(m_2+1), \hat{q}_2(m_2+2), \cdots, \hat{q}_2(m_2+k_2)$$

$$\vdots$$

$$\hat{q}_i(m_i+1), \hat{q}_i(m_i+2), \cdots, \hat{q}_i(m_i+k_i)$$

$$\vdots$$

$$\hat{q}_s(m_s+1), \hat{q}_s(m_s+2), \cdots, \hat{q}_s(m_s+k_s)$$

中的无效时刻, 将其余的预测值从小到大重新排序, 设为
$$\hat{q}(1) < \hat{q}(2) < \cdots < \hat{q}(n_s)$$
其中 $n_s \leqslant k_1 + k_2 + \cdots + k_s$. 若 $X = \xi_{\hat{q}(k)}$ 为 $\hat{q}(k)$ 所对应的等高线, 则 $X^{(0)}$ 的预测波形为
$$X = \hat{X}^{(0)} = \left\{ \xi_{\hat{q}(k)} + [t - \hat{q}(k)][\xi_{\hat{q}(k+1)} - \xi_{\hat{q}(k)}] \mid k = 1, 2, \cdots, n_s \right\}$$

例 8.5.1 某证券交易所综合指数波形预测.

根据某证券交易所综合指数的周收盘指数 (X) 数据, 从 2023 年 1 月 1 日至 2024 年 3 月 31 日的周收盘指数曲线如图 8.5.1 所示.

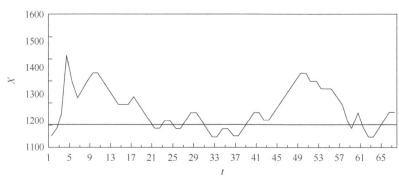

图 8.5.1　收盘指数曲线

横轴数字代表各时间节点编号

取
$$\xi_1 = 1140, \quad \xi_2 = 1170, \quad \xi_3 = 1200, \quad \xi_4 = 1230, \quad \xi_5 = 1260$$
$$\xi_6 = 1290, \quad \xi_7 = 1320, \quad \xi_8 = 1350, \quad \xi_9 = 1380$$

ξ_i-等高时刻序列分别为

(1) 对应于 $\xi_1 = 1140$,
$$Q_1^{(0)} = \{q_1(k)\}_1^7 = (4.4, 31.7, 34.2, 41, 42.4, 77.8, 78.3)$$

(2) 对应于 $\xi_2 = 1170$,
$$Q_2^{(0)} = \{q_2(k)\}_2^{12} = (5.2, 19.8, 23, 25.6, 26.9, 31.2, 34.8, 39.5, 44.6, 76, 76.2, 79.2)$$

(3) 对应于 $\xi_3 = 1200$,
$$Q_3^{(0)} = \{q_3(k)\}_3^{11} = (5.9, 19.5, 24.8, 25.2, 27.5, 30.3, 47.2, 53.4, 55.4, 75.5, 79.7)$$

(4) 对应于 $\xi_4 = 1230$,
$$Q_4^{(0)} = \{q_4(k)\}_4^{10} = (7.5, 19.2, 28.3, 29.5, 49.7, 50.8, 57.2, 77.4, 82.9, 85)$$

(5) 对应于 $\xi_5 = 1260$,
$$Q_5^{(0)} = \{q_5(k)\}_5^7 = (7, 14.2, 17.5, 17.4, 18.8, 57.7, 75.2)$$

(6) 对应于 $\xi_6 = 1290$,
$$Q_6^{(0)} = \{q_6(k)\}_6^5 = (8.3, 13.4, 17.9, 57.2, 74.6)$$

(7) 对应于 $\xi_7 = 1320$,
$$Q_7^{(0)} = \{q_7(k)\}_7^6 = (8.8, 12.8, 60.2, 71.8, 72.7, 73.6)$$

(8) 对应于 $\xi_8 = 1350$，

$$Q_8^{(0)} = \{q_8(k)\}_8^6 = (9.6,\ 12.5,\ 61.8,\ 69.8,\ 70.9,\ 71.8)$$

(9) 对应于 $\xi_9 = 1380$，

$$Q_9^{(0)} = \{q_9(k)\}_9^4 = (10.8,\ 12.4,\ 64.1,\ 69)$$

对 $Q_i^{(0)}(i=1,2,\cdots,9)$ 作一次累加生成，得序列 $Q_i^{(1)}(i=1,2,\cdots,9)$，$Q_i^{(1)}(i=1,2,\cdots,9)$ 的 GM(1, 1) 响应式分别为

$$\hat{q}_1^{(1)}(k+1) = 113.91 e^{0.215k} - 109.51, \quad \hat{q}_2^{(1)}(k+1) = 98.58 e^{0.159k} - 93.83$$

$$\hat{q}_3^{(1)}(k+1) = 102.08 e^{0.166k} - 96.18, \quad \hat{q}_4^{(1)}(k+1) = 151.66 e^{0.160k} - 145.16$$

$$\hat{q}_5^{(1)}(k+1) = 13 e^{0.435k} - 6, \quad\quad\quad \hat{q}_6^{(1)}(k+1) = 21.94 e^{0.539k} - 13.64$$

$$\hat{q}_7^{(1)}(k+1) = 185.08 e^{0.192k} - 176.28, \quad \hat{q}_8^{(1)}(k+1) = 193.19 e^{0.186k} - 182.57$$

$$\hat{q}_9^{(1)}(k+1) = 45.22 e^{0.490k} - 35.39$$

令 $\hat{q}_i(k+1) = \hat{q}_i^{(1)}(k+1) - \hat{q}_i^{(1)}(k)$，可得 ξ_i-等高时刻预测序列 $(i=1,2,\cdots,9)$：

$$\hat{Q}_1^{(0)} = (\hat{q}_1(12), \hat{q}_1(13)) = (99.8, 127.7)$$

$$\hat{Q}_2^{(0)} = (\hat{q}_2(13), \hat{q}_2(14), \hat{q}_2(15)) = (96.8, 116.7, 131.4)$$

$$\hat{Q}_3^{(0)} = (\hat{q}_3(12), \hat{q}_3(13), \hat{q}_3(14)) = (95.7, 114.2, 133.8)$$

$$\hat{Q}_4^{(0)} = (\hat{q}_4(11), \hat{q}_4(12), \hat{q}_4(13)) = (110.9, 134.2, 152.8)$$

$$\hat{Q}_5^{(0)} = (\hat{q}_5(8), \hat{q}_5(9)) = (94.2, 148.8)$$

$$\hat{Q}_6^{(0)} = (\hat{q}_6(6)) = (135.5)$$

$$\hat{Q}_7^{(0)} = (\hat{q}_7(7), \hat{q}_7(8), \hat{q}_7(9)) = (101.9, 123.4, 149.5)$$

$$\hat{Q}_8^{(0)} = (\hat{q}_8(7), \hat{q}_8(8), \hat{q}_8(9)) = (105, 119.8, 144.6)$$

$$\hat{Q}_9^{(0)} = (\hat{q}_9(5)) = (122.3)$$

据此可绘出某证券交易所综合指数 2024 年 4 月 1 日至 2025 年 3 月 31 日的预测波形图，如图 8.5.2 所示.

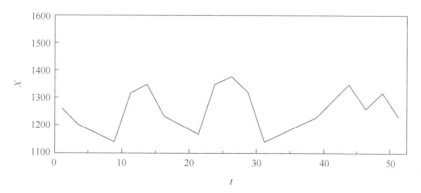

扫一扫 看图片

图 8.5.2 预测波形图

横轴数字代表各时间节点编号

➤ 复习思考题

一、选择题

1. 灰色预测是一种（　　）.

A. 定性预测　　　　　　　　　　　　　　B. 定量预测

C. 定性与定量相结合的预测　　　　　　　D. 都不是

2. 对于预测模型精度检验标准,以下说法中（　　）是错误的.

A. 平均相对误差 $\bar{\Delta}$ 和模拟误差都要求越小越好

B. 关联度 ε 要求越大越好

C. 均方差比值 C 越大越好

D. 小误差概率 p 越大越好

3. 当原始数据频频波动且摆动幅度较大时,往往难以找到适当的模型进行模拟.这时可以考虑采用（　　）.

A. 数列预测　　　　B. 区间预测　　　　C. 波形预测　　　　D. 系统预测

4. 下面哪种预测是异常值预测（　　）.

A. 区间预测　　　　B. 波形预测　　　　C. 灰色畸变预测　　　　D. 系统预测

二、简答题

1. 什么是平均相对误差?

2. 什么是平均相对精度?

3. 简述灰色预测模型检验的主要方法和等级标准.

4. 何谓灰色畸变预测? 试述其主要思想.

5. 何谓波形预测? 试述其主要思想.

6. 请谈谈你对预测模型合格与否判定标准的看法.

三、计算题

1. 某地区 2018—2023 年棉布销售量数据序列为

$$X^{(0)} = (x^{(0)}(1), x^{(0)}(2), x^{(0)}(3), x^{(0)}(4), x^{(0)}(5), x^{(0)}(6))$$
$$= (4.9445, 5.5828, 5.3441, 5.2669, 4.5640, 3.6524)$$

其中, $x^{(0)}(k)(k=1,2,\cdots,6)$ 的单位为亿 m, 试选择合适的方法进行区间预测.

2. 某地区 2018—2023 年农民家庭平均每人每年棉布消费量数据序列为

$$X^{(0)} = (x^{(0)}(1), x^{(0)}(2), x^{(0)}(3), x^{(0)}(4), x^{(0)}(5), x^{(0)}(6))$$
$$= (5.43, 3.90, 3.93, 4.43, 3.97, 2.77)$$

其中, $x^{(0)}(k)(k=1,2,\cdots,6)$ 的单位为 m, 试作包络区间预测.

3. 2023 年 1 月至 2024 年 1 月我国新能源汽车销售量数据如题 3 表所示.

题 3 表　2023 年 1 月至 2024 年 1 月中国新能源汽车销售量　　　　单位：万辆

项目	2023/01	2023/02	2023/03	2023/04	2023/05	2023/06	2023/07
销售量	40.8	52.5	65.3	63.6	71.7	80.6	78
项目	2023/08	2023/09	2023/10	2023/11	2023/12	2024/01	
销售量	84.6	90.4	95.6	102.6	119.1	72.9	

试对 2024 年 2—6 月的销售量作发展区间预测.

4. 某地区平均降雨量数据(单位: mm)序列为

$$X = (x(1), x(2), x(3), x(4), x(5), x(6), x(7), x(8), x(9), x(10),$$
$$x(11), x(12), x(13), x(14), x(15), x(16), x(17))$$
$$= (390.6, 412.0, 320.0, 559.2, 380.8, 542.4, 553.0, 310.0, 561.0, 300.0,$$
$$632.0, 540.0, 407.2, 313.8, 577.0, 587.6, 318.5)$$

其中, $x(1), x(2), \cdots, x(17)$ 分别为 2007, 2008, $\cdots$, 2023 年的数据, 取 $\xi = 320 \, \text{mm}$ 为下限异常值(旱灾), 试对旱灾进行预测.

5. 设有原始数据序列

$$X^{(0)} = \left\{ x^{(0)}(k) \right\}_1^{15} = (35, 28, 31, 40, 38, 25, 29, 36, 32, 22, 41, 45, 23, 27, 33)$$

其中, k 为年份, 取下限异常值 $\xi = 28$, 试预测下一次异常值出现的时间.

6. 某地区小麦干热风预测.

干热风是小麦接近成熟期的一种严重的自然灾害, 可引起小麦过早枯死, 导致大面积减产 2—4 成. 若能提前预测干热风的发生, 就可以采取一些补救措施, 如种植早熟品种, 或提前喷施抗风、催熟农药等, 以减少损失.

该地区历年干热风发生的日期见题 6 表. 若干热风发生在 5 月 29 日以前会成灾, 试根据题 6 表进行预测.

题 6 表 某地区小麦干热风发生日期

类别	1	2	3	4	5	6	7
月	6	5	6	6	5	5	6
日	3	25	7	1	29	26	25
类别	8	9	10	11	12	13	14
月	5	6	5	5	5	5	5
日	27	4	24	31	28	25	25

7. 请查出 2022 年 7 月 1 日至 2024 年 3 月 31 日期间上海证券交易所综合指数的周收盘数据并据以对 2024 年 5 月 1 日至 2024 年 12 月 31 日期间上海证券交易所综合指数周收盘数据波形进行预测.

第9章

灰色决策模型

■ 9.1 灰色决策的基本概念

根据实际情况和预定目标确定应采取的行动便是决策. 决策的本质含义就是"做出决定"或"决定对策". 决策活动不仅是各类管理活动的重要组成部分, 而且贯穿于每个人的工作、学习和生活过程的始终. 对决策的理解有广义和狭义之分. 从广义上讲决策是指提出问题、收集资料、确定目标、拟订备选方案、方案评价与选择, 以及实施、反馈、修正等一系列活动的全过程; 从狭义上讲决策仅指决策全过程中选择方案这一环节, 习惯上称之为"拍板". 也有人仅仅把决策理解为在不确定条件下选择方案, 即做出抉择, 这在很大程度上依赖于决策者个人的经验、态度和决心, 要承担一定的风险. 灰色决策是在决策模型中含灰元或一般决策模型与灰色模型相结合的情况下进行的决策, 重点研究方案选择问题.

在以下讨论中, 我们将需要研究、解决的问题或需要处理的事项以及一个系统运行的现状等统称为事件. 事件是我们进行决策的起点.

定义 9.1.1 事件、对策、目标、效果称为决策四要素 (four elements for decision-making).

定义 9.1.2 某一研究范围内事件的全体称为该研究范围内的事件集, 记为

$$A = \{a_1, a_2, \cdots, a_n\}$$

其中, $a_i(i = 1, 2, 3, \cdots, n)$ 为第 i 个事件, 相应的所有可能的对策全体称为对策集, 记为

$$B = \{b_1, b_2, \cdots, b_m\}$$

其中, $b_j(j = 1, 2, \cdots, m)$ 为第 j 种对策.

定义 9.1.3 事件集 $A = \{a_1, a_2, \cdots, a_n\}$ 与对策集 $B = \{b_1, b_2, \cdots, b_m\}$ 的笛卡儿积

$$A \times B = \left\{ (a_i, b_j) \mid a_i \in A, b_j \in B \right\}$$

称为决策方案集, 记作 $S = A \times B$. 对于任意的 $a_i \in A, b_j \in B$, 称 (a_i, b_j) 为一个决策方案, 记作 $s_{ij} = (a_i, b_j)$.

例 9.1.1 重大装备发展决策.

重大装备工艺复杂、技术含量高, 是国家制造业综合能力和水平的重要标志, 同时也体现了国家基础科学和基础工业的整体水平. 重大装备发展对于保障国家安全和推动经济社会高质量发展具有重大意义. 我国虽然是制造业大国, 但工业技术水平与西方发达国家相比还有很大差距. 尤其是在重大装备研制方面, 还存在严重的瓶颈制约.

我国在重大装备发展决策过程中, 必须充分考虑国际环境的影响.

将国际环境的不同情况设为事件集 A

$$A = \left\{ a_1, a_2, a_3, \cdots \right\}$$

其中, a_1 表示正常; a_2 表示宽松; a_3 表示紧张……

将不同的发展策略设为对策集 B

$$B = \left\{ b_1, b_2, b_3, b_4, b_5, \cdots \right\}$$

其中, b_1 表示外购; b_2 表示租赁; b_3 表示联合研制; b_4 表示外方投资建厂; b_5 表示自主研制……

由此可得决策方案集

$$S = A \times B = \left\{ s_{11}, \cdots, s_{15}, \cdots, s_{21}, \cdots, s_{25}, \cdots, s_{31}, \cdots, s_{35}, \cdots \right\}$$

实际上, 国际环境可能非常复杂, 事件也远非正常、宽松或紧张这些简单情形. 例如, 设

a_1: 美国全面围堵、欧洲形势较为缓和;

a_2: 国际形势紧张, 西方发达国家全面封锁;

……

对策集通常也是按不同类型的装备采取不同的对策. 例如, 设

b_1: 以我为主, 充分利用外部资源联合研制;

b_2: 关键部件自主研制, 严控外协组部件比例;

……

则决策方案

$$s_{11} = (a_1, b_1)$$

表示在美国全面围堵、欧洲形势较为缓和的情况下采取以我为主, 充分利用外部资源联合研制的对策.

又如, 在教学计划安排中, 可把某学校某学期开设的全部课程和学生能够选择的在线开放课程作为事件集, 把该学校的专职、兼职教师和云端资源, 以及课堂教学、远程、电化教学、实验、实习等手段作为对策集. 当然, 根据情况可以是一位教师同时开设几门课程, 也可以是几位教师共同开设一门课程. 课程教学可以是 100%讲授, 也可以是 60%讲授、20%实验、10%实习、10%观看教学录像等.

给定决策方案 $s_{ij} \in S$, 在预定目标下对决策方案的效果进行评估, 根据评估结果决定取舍, 这就是决策. 下面, 我们将讨论几种不同的灰色决策方法.

9.2 灰靶决策

定义 9.2.1 设 $S = \{s_{ij} = (a_i, b_j) \mid a_i \in A, b_j \in B\}$ 为决策方案集, $u_{ij}^{(k)}$ 为决策方案 s_{ij} 在 k 目标下的效果值 (effect value), $\mathbf{R}$ 为实数集, 则称 $u_{ij}^{(k)}: S \mapsto \mathbf{R}$

$$s_{ij} \mapsto u_{ij}^{(k)}$$

为 S 在 k 目标下的效果映射.

定义 9.2.2 (1) 若 $u_{ij}^{(k)} = u_{ih}^{(k)}$, 则称对策 b_j 与 b_h 关于事件 a_i 在 k 目标下等价, 记作 $b_j \cong b_h$, 称集合

$$B_{ih}^{(k)} = \{b \mid b \in B, b \cong b_h\}$$

为 k 目标下关于事件 a_i 对策 b_h 的效果等价类.

(2) 设 k 目标是效果值越大越好的目标, $u_{ij}^{(k)} > u_{ih}^{(k)}$, 则称 k 目标下关于事件 a_i 对策 b_j 优于 b_h, 记作 $b_j \succ b_h$, 称集合

$$B_h^{(k)} = \{b \mid b \in B, b \succ b_h\}$$

为 k 目标下关于事件 a_i 对策 b_h 的优势类.

类似地, 可以定义目标效果值越接近某一适中值越好, 或越小越好情况下的对策优势类.

定义 9.2.3 (1) 若 $u_{ih}^{(k)} = u_{jh}^{(k)}$, 则称事件 a_i 与 a_j 关于对策 b_h 在 k 目标下等价, 记作 $a_i \cong a_j$, 称集合

$$A_{jh}^{(k)} = \{a \mid a \in A, a \cong a_j\}$$

为 k 目标下关于对策 b_h 的事件 a_j 的效果等价类.

(2) 设 k 目标是效果值越大越好的目标, $u_{ih}^{(k)} > u_{jh}^{(k)}$, 则称 k 目标下关于对策 b_h 事件 a_i 优于事件 a_j, 记作 $a_i \succ a_j$, 称集合

$$A_j^{(k)} = \{a \mid a \in A, a \succ a_j\}$$

为 k 目标下关于对策 b_h 的事件 a_j 的优势类.

类似地, 可以定义目标效果值越接近某一适中值越好, 或越小越好情况下的事件优势类.

定义 9.2.4 (1) 若 $u_{ij}^{(k)} = u_{hl}^{(k)}$, 则称决策方案 s_{ij} 在 k 目标下等价于决策方案 s_{hl}, 记作 $s_{ij} \cong s_{hl}$, 称集合

$$S_{hl}^{(k)} = \{s \mid s \in S, s \cong s_{hl}\}$$

为 k 目标下决策方案 s_{hl} 的效果等价类.

(2) 设 k 目标是效果值越大越好的目标, 若 $u_{ij}^{(k)} > u_{hl}^{(k)}$, 则称决策方案 s_{ij} 在 k 目标下优于决策方案 s_{hl}, 记作 $s_{ij} \succ s_{hl}$, 称集合

$$S^{(k)} = \{s \mid s \in S, s \succ s_{hl}\}$$

为 k 目标下决策方案 s_{hl} 的效果优势类.

类似地, 可以定义效果值越小越好或越接近某一适中值越好情况下的决策方案效果优势类.

命题 9.2.1 设

$$S = \{s_{ij} = (a_i, b_j) \mid a_i \in A, b_j \in B\} \neq \varnothing$$

$$U^{(k)} = \{u_{ij}^{(k)} \mid a_i \in A, b_j \in B\}$$

为 k 目标下效果值构成的集合, $\{S_{hl}^{(k)}\}$ 为 k 目标下的决策方案 s_{hl} 的效果等价类所构成的集合, 则映射

$$u^{(k)} : \{S_{hl}^{(k)}\} \to U^{(k)}$$

$$S_{hl}^{(k)} \mapsto u_{hl}^{(k)}$$

是 1-1 到上的.

定义 9.2.5 设 $d_1^{(k)}, d_2^{(k)}$ 为决策方案 s_{ij} 在 k 目标下效果值的上、下临界值, 则称 $S^1 = \{r \mid d_1^{(k)} \leq r \leq d_2^{(k)}\}$ 为 k 目标下的一维决策灰靶 (grey target of one-dimensional decision-making), 并称 $u_{ij}^{(k)} \in [d_1^{(k)}, d_2^{(k)}]$ 为 k 目标下的满意效果, 称相应的决策方案 s_{ij} 为 k 目标下的可取方案 (desirable scheme), b_j 为 k 目标下的关于事件 a_i 的可取对策 (desirable countermeasure).

命题 9.2.2 设 $u_{ij}^{(k)}$ 为决策方案 s_{ij} 在 k 目标下的效果值, $u_{ij}^{(k)} \in S^1$, 即 s_{ij} 为 k 目标下的可取方案, 则对决策方案 s_{ij} 的效果优势类中任意元素 s, s 亦为可取方案, 即当 s_{ij} 可取时, 其效果优势类中的决策方案皆为可取方案.

以上是单目标的情况, 类似地, 可以讨论多目标情形下的决策灰靶.

定义 9.2.6 设 $d_1^{(1)}, d_2^{(1)}$ 为决策方案 s_{ij} 在目标 1 下效果值的临界值, $d_1^{(2)}, d_2^{(2)}$ 为决策方案 s_{ij} 在目标 2 下效果值的临界值, 则称

$$S^2 = \{(r^{(1)}, r^{(2)}) \mid d_1^{(1)} \leq r^{(1)} \leq d_2^{(1)}, d_1^{(2)} \leq r^{(2)} \leq d_2^{(2)}\}$$

为二维决策灰靶. 若决策方案 s_{ij} 的效果向量 $u_{ij} = \{u_{ij}^{(1)}, u_{ij}^{(2)}\} \in S^2$, 则称决策方案 s_{ij} 为目标 1 和目标 2 下的可取方案, b_j 为事件 a_i 在目标 1, 2 下的可取对策.

定义 9.2.7 设 $d_1^{(1)}, d_2^{(1)}$; $d_1^{(2)}, d_2^{(2)}$; $\cdots$; $d_1^{(s)}, d_2^{(s)}$ 分别为决策方案 s_{ij} 在目标 $1, 2, \cdots, s$ 下效果值的临界值, 则称 s 维超平面区域

$$S^s = \{(r^{(1)}, r^{(2)}, \cdots, r^{(s)}) \mid d_1^{(1)} \leq r^{(1)} \leq d_2^{(1)}, d_1^{(2)} \leq r^{(2)} \leq d_2^{(2)}, \cdots, d_1^{(s)} \leq r^{(s)} \leq d_2^{(s)}\}$$

为 s 维决策灰靶 (grey target of s-dimensional decision-making). 若决策方案 s_{ij} 的效果向量

$$u_{ij} = (u_{ij}^{(1)}, u_{ij}^{(2)}, \cdots, u_{ij}^{(s)}) \in S^s$$

其中, $u_{ij}^{(k)}(k=1,2,\cdots,s)$ 为决策方案 s_{ij} 在 k 目标下的效果值, 则称 s_{ij} 为目标 $1,2,\cdots,s$ 下的可取方案, b_j 为事件 a_i 在目标 $1,2,\cdots,s$ 下的可取对策.

决策灰靶实质上是相对优化意义下满意效果所在的区域. 在许多场合下, 要取得绝对的最优是不可能的, 因而人们常常退而求其次, 要求有个满意的结果就可以了. 当然, 根据需要, 可将决策灰靶逐步收缩, 最后退化为一个点, 即为最优效果, 与之对应的决策方案就是最优方案, 相应的对策即为最优对策.

定义 9.2.8 设 $r_0 = (r_0^{(1)}, r_0^{(2)}, \cdots, r_0^{(s)})$ 为最优效果向量, 则称

$$R^s = \{(r^{(1)}, r^{(2)}, \cdots, r^{(s)}) \mid (r^{(1)} - r_0^{(1)})^2 + (r^{(2)} - r_0^{(2)})^2 + \cdots + (r^{(s)} - r_0^{(s)})^2 \leqslant R^2\}$$

为以 $r_0 = (r_0^{(1)}, r_0^{(2)}, \cdots, r_0^{(s)})$ 为靶心, 以 R 为半径的 s 维球形灰靶 (spherical grey target).

定义 9.2.9 设 $r_0 = (r_0^{(1)}, r_0^{(2)}, \cdots, r_0^{(s)})$ 为靶心, 对于 $r_1 = (r_1^{(1)}, r_1^{(2)}, \cdots, r_1^{(s)}) \in \mathbf{R}$, 称

$$|r_1 - r_0| = [(r_1^{(1)} - r_0^{(1)})^2 + (r_1^{(2)} - r_0^{(2)})^2 + \cdots + (r_1^{(s)} - r_0^{(s)})^2]^{\frac{1}{2}}$$

为向量 r_1 的靶心距 (bull's-eye-distance). 靶心距的数值反映了决策方案效果向量的优劣.

定义 9.2.10 设 s_{ij}, s_{hl} 为不同的决策方案, $u_{ij} = (u_{ij}^{(1)}, u_{ij}^{(2)}, \cdots, u_{ij}^{(s)})$, $u_{hl} = (u_{hl}^{(1)}, u_{hl}^{(2)}, \cdots, u_{hl}^{(s)})$ 分别为 s_{ij}, s_{hl} 的效果向量. 若

$$|u_{ij} - r_0| \geqslant |u_{hl} - r_0| \tag{9.2.1}$$

则称决策方案 s_{hl} 优于 s_{ij}, 记作 $s_{hl} \succ s_{ij}$. 当式中等号成立时, 亦称为 s_{ij} 与 s_{hl} 等价, 记作 $s_{hl} \cong s_{ij}$.

定义 9.2.11 若对 $i = 1, 2, \cdots, n$ 与 $j = 1, 2, \cdots, m$, 恒有 $u_{ij} \neq r_0$, 则称最优决策方案不存在.

在最优决策方案不存在时, 既无最优事件, 又无最优对策.

定义 9.2.12 若最优决策方案不存在, 但存在 h, l, 使任意 $i = 1, 2, \cdots, n$ 与 $j = 1, 2, \cdots, m$, 都有

$$|u_{hl} - r_0| \leqslant |u_{ij} - r_0|$$

即对任意的 $s_{ij} \in S$, 有 $s_{hl} \succ s_{ij}$, 则称 s_{hl} 为次优 (suboptimum) 决策方案, 并称 a_h 为次优事件, b_l 为次优对策.

为讨论方便起见, 我们将靶心取为原点, 这只需对决策效果向量进行适当变换即可, 此时靶心距转化为决策效果向量的 2-范数.

定理 9.2.1 设 $S = \{s_{ij} = (a_i, b_j) \mid a_i \in A, b_j \in B\}$ 为决策方案集,

$$R^s = \{(r^{(1)}, r^{(2)}, \cdots, r^{(s)}) \mid (r^{(1)} - r_0^{(1)})^2 + (r^{(2)} - r_0^{(2)})^2 + \cdots + (r^{(s)} - r_0^{(s)})^2 \leqslant R^2\}$$

为球形灰靶, 则 S 在 "优于" 关系下构成有序集.

定理 9.2.2 决策方案集 $(S, \succ)$ 中必有次优决策方案.

例 9.2.1 设某一旧建筑物改造为事件 a_1, 改建、新建、维修分别为对策 b_1, b_2, b_3, 试按费用、功能、建设速度三个目标进行灰靶决策.

解 记费用为目标 1, 功能为目标 2, 建设速度为目标 3, 则三种决策方案分别为

$$s_{11} = (a_1, b_1) = (改造, 改建)$$
$$s_{12} = (a_1, b_2) = (改造, 新建)$$
$$s_{13} = (a_1, b_3) = (改造, 维修)$$

各种决策方案在不同目标下, 其效果显然是不同的, 而衡量效果优劣的标准也各异, 如费用应以少为好, 功能应以高为佳, 而速度则又应以快为好. 把决策方案的效果简

单划分为优、良、一般三级, 分别对应 1, 2, 3 三个不同的效果值. 经专家评议得到, 改建方案的费用、功能和建设速度均为良; 新建方案的功能为优, 但费用和建设速度均为一般; 维修方案的费用和建设速度皆为优, 但功能一般, 即三种决策方案的效果向量分别为

$$u_{11} = (u_{11}^{(1)}, u_{11}^{(2)}, u_{11}^{(3)}) = (2,2,2)$$
$$u_{12} = (u_{12}^{(1)}, u_{12}^{(2)}, u_{12}^{(3)}) = (3,1,3)$$
$$u_{13} = (u_{13}^{(1)}, u_{13}^{(2)}, u_{13}^{(3)}) = (1,3,1)$$

取球心为 $r_0 = (1,1,1)$, 计算靶心距:

$$|u_{11} - r_0| = [(u_{11}^{(1)} - r_0^{(1)})^2 + (u_{11}^{(2)} - r_0^{(2)})^2 + (u_{11}^{(3)} - r_0^{(3)})^2]^{\frac{1}{2}}$$
$$= [(2-1)^2 + (2-1)^2 + (2-1)^2]^{\frac{1}{2}} = 1.73$$
$$|u_{12} - r_0| = [(u_{12}^{(1)} - r_0^{(1)})^2 + (u_{12}^{(2)} - r_0^{(2)})^2 + (u_{12}^{(3)} - r_0^{(3)})^2]^{\frac{1}{2}}$$
$$= [(3-1)^2 + (1-1)^2 + (3-1)^2]^{\frac{1}{2}} = 2.83$$
$$|u_{13} - r_0| = [(u_{13}^{(1)} - r_0^{(1)})^2 + (u_{13}^{(2)} - r_0^{(2)})^2 + (u_{13}^{(3)} - r_0^{(3)})^2]^{\frac{1}{2}}$$
$$= [(1-1)^2 + (3-1)^2 + (1-1)^2]^{\frac{1}{2}} = 2$$

其中, $|u_{11} - r_0|$ 为最小, 决策方案 s_{11} 的效果向量 $u_{11} = (2,2,2)$ 进入了灰靶. 因此, 可以认为改建方案是一种满意方案.

如果我们令各个目标的效果评价优、良、一般分别与 0, 1, 2 对应, 则可得到靶心在圆点的球形灰靶.

在例 9.2.1 中, 虽然确实不存在最优决策方案, 但我们找到了可取的次优的满意方案. 这就是灰靶决策的智能含义或称为灵活性. 比如, 制造商派一个代表团与供应商洽谈业务, 可以提出具有一定灵活性的要求, 如"价格 3000 万美元左右, 质量及供货期符合要求, 就可以成交." 也可以提出更为明确的要求, 如"价格 2800 万美元, 优质品, 严格遵守交货期, 方可成交." 前一种要求就是给了一个灰靶, 代表团有一定的自主权, 谈判较容易取得成功. 而后一种要求仅仅给了一个靶心, 谈判代表没有任何回旋余地, 很难成交. 如果例 9.2.1 中的旧建筑物改造项目, 如果要求必须是费用、功能和建设速度皆为最优的方案 那就可能永远找不到满意的解决方案.

如果将例 9.2.1 中的事件 a_1 调整为对改造后的建筑物功能或完工时间有特定要求, 或是费用有具体限额的事件, 则决策方案效果向量将随之变化. 相应地, 可取方案、次优方案亦可能相应变化.

9.3 多目标加权智能灰靶决策模型

本节首先构造出四种一致效果测度函数, 并据此建立一种新的多目标加权智能灰靶决策模型. 该模型充分考虑了目标效果值和目标效果向量中靶和脱靶两种不同情形, 物理含义十分清晰, 而且综合效果测度的分辨率亦得到大大提高（刘思峰等, 2010c）.

9.3.1 一致效果测度函数

由于不同目标效果值的意义、量纲和性质可能各不相同, 为得到具有可比性的综合效果测度, 首先需要将目标效果值 $u_{ij}^{(k)}$ 化为一致效果测度.

定义 9.3.1 设 $A = \{a_1, a_2, \cdots, a_n\}$ 为事件集, $B = \{b_1, b_2, \cdots, b_m\}$ 为对策集, $S = \{s_{ij} = (a_i, b_j) \mid a_i \in A, b_j \in B\}$ 为决策方案集,

$$U^{(k)} = (u_{ij}^{(k)}) = \begin{bmatrix} u_{11}^{(k)} & u_{12}^{(k)} & \cdots & u_{1m}^{(k)} \\ u_{21}^{(k)} & u_{22}^{(k)} & \cdots & u_{2m}^{(k)} \\ \vdots & \vdots & & \vdots \\ u_{n1}^{(k)} & u_{n2}^{(k)} & \cdots & u_{nm}^{(k)} \end{bmatrix}$$

为决策方案集 S 在 k ($k = 1, 2, \cdots, s$) 目标下的效果样本矩阵, 则

(1) 设 k 为效益型目标, 即目标效果样本值越大越好; $u_{i_0 j_0}^{(k)}$ 为 k 目标效果临界值; k 目标下的一维决策灰靶设为 $u_{ij}^{(k)} \in \left[u_{i_0 j_0}^{(k)}, \max_i \max_j \{u_{ij}^{(k)}\} \right]$, 则

$$r_{ij}^{(k)} = \frac{u_{ij}^{(k)} - u_{i_0 j_0}^{(k)}}{\max_i \max_j \{u_{ij}^{(k)}\} - u_{i_0 j_0}^{(k)}} \tag{9.3.1}$$

称为效益型目标效果测度函数 (effect measure for benefit type objective);

(2) 设 k 为成本型目标, 即目标效果样本值越小越好; $u_{i_0 j_0}^{(k)}$ 为 k 目标效果临界值; k 目标下的决策一维灰靶设为 $u_{ij}^{(k)} \in \left[\min_i \min_j \{u_{ij}^{(k)}\}, u_{i_0 j_0}^{(k)} \right]$, 则

$$r_{ij}^{(k)} = \frac{u_{i_0 j_0}^{(k)} - u_{ij}^{(k)}}{u_{i_0 j_0}^{(k)} - \min_i \min_j \{u_{ij}^{(k)}\}} \tag{9.3.2}$$

称为成本型目标效果测度函数 (effect measure for cost type objective);

(3) 设 k 为适中型目标, 即目标效果样本值越接近某一适中值 A 越好; $u_{i_0 j_0}^{(k)}$ 为允许 k 目标效果值偏离适中值 A 的界限; k 目标下的一维决策灰靶设为 $u_{ij}^{(k)} \in [A - u_{i_0 j_0}^{(k)}, A + u_{i_0 j_0}^{(k)}]$, 即 $A - u_{i_0 j_0}^{(k)}, A + u_{i_0 j_0}^{(k)}$ 分别为 k 目标下的下限效果临界值和上限效果临界值, 则

① 当 $u_{ij}^{(k)} \in [A - u_{i_0 j_0}^{(k)}, A]$ 时, 称

$$r_{ij}^{(k)} = \frac{u_{ij}^{(k)} - A + u_{i_0 j_0}^{(k)}}{u_{i_0 j_0}^{(k)}} \tag{9.3.3}$$

为适中型目标下限效果测度函数 (lower effect measure for moderate objective);

② 当 $u_{ij}^{(k)} \in [A, A + u_{i_0 j_0}^{(k)}]$ 时, 称

$$r_{ij}^{(k)} = \frac{A + u_{i_0 j_0}^{(k)} - u_{ij}^{(k)}}{u_{i_0 j_0}^{(k)}} \tag{9.3.4}$$

为适中型目标上限效果测度函数 (upper effect measure for moderate objective).

效益型目标效果测度函数反映效果样本值与最大效果样本值的接近程度及其远离

目标效果临界值的程度; 成本型目标效果测度函数反映效果样本值与最小效果样本值的接近程度及其远离目标效果临界值的程度; 适中型目标下限效果测度函数反映小于适中值 A 的效果样本值与适中值 A 的接近程度及其远离下限效果临界值的程度, 适中型目标上限效果测度函数反映大于适中值 A 的效果样本值与适中值 A 的接近程度及其远离上限效果临界值的程度.

对于脱靶的情形亦可以相应分为以下四种:

(1) 效益型目标效果值小于临界值 $u_{i_0j_0}^{(k)}$, 即 $u_{ij}^{(k)} < u_{i_0j_0}^{(k)}$;

(2) 成本型目标效果值大于临界值 $u_{i_0j_0}^{(k)}$, 即 $u_{ij}^{(k)} > u_{i_0j_0}^{(k)}$;

(3) 适中型目标效果值小于下限效果临界值 $A - u_{i_0j_0}^{(k)}$, 即 $u_{ij}^{(k)} < A - u_{i_0j_0}^{(k)}$;

(4) 适中型目标效果值大于上限效果临界值 $A + u_{i_0j_0}^{(k)}$, 即 $u_{ij}^{(k)} > A + u_{i_0j_0}^{(k)}$.

为使各类目标效果测度满足规范性, 即

$$r_{ij}^{(k)} \in [-1, 1]$$

对于效益型目标, 不妨设 $u_{ij}^{(k)} \geqslant -\max_i \max_j \{u_{ij}^{(k)}\} + 2u_{i_0j_0}^{(k)}$;

对于成本型目标, 不妨设 $u_{ij}^{(k)} \leqslant -\min_i \min_j \{u_{ij}^{(k)}\} + 2u_{i_0j_0}^{(k)}$;

对于适中型目标效果值小于下限效果临界值 $A - u_{i_0j_0}^{(k)}$ 的情形, 不妨设 $u_{ij}^{(k)} \geqslant A - 2u_{i_0j_0}^{(k)}$;

对于适中型目标效果值大于上限效果临界值 $A + u_{i_0j_0}^{(k)}$ 的情形, 不妨设 $u_{ij}^{(k)} \leqslant A + 2u_{i_0j_0}^{(k)}$.

由此可得如下的命题 9.3.1.

命题 9.3.1　定义 9.3.1 中给出的目标效果测度函数

$$r_{ij}^{(k)} \quad (i = 1, 2, \cdots, n; j = 1, 2, \cdots, m; k = 1, 2, \cdots, s)$$

满足以下条件:

(1) $r_{ij}^{(k)}$ 无量纲;

(2) 效果越理想, $r_{ij}^{(k)}$ 越大;

(3) $r_{ij}^{(k)} \in [-1, 1]$.

在 k 目标效果值中靶情形, $r_{ij}^{(k)} \in [0, 1]$; 在 k 目标效果值脱靶情形, $r_{ij}^{(k)} \in [-1, 0]$.

定义 9.3.2　效益型目标效果测度函数、成本型目标效果测度函数、适中型目标下限效果测度函数、适中型目标上限效果测度函数 $r_{ij}^{(k)}$ ($i = 1, 2, \cdots, n; j = 1, 2, \cdots, m; k = 1, 2, \cdots, s$) 通称为一致效果测度函数(uniform effect measure).

一致效果测度函数反映了各个目标实现或偏离的程度. 对于效益型目标, 即希望效果样本值"越大越好""越多越好"这一类的目标, 可采用效益型目标效果测度函数表达目标实现或偏离的程度. 对于成本型目标, 即希望效果样本值"越小越好""越少越好"这一类的目标, 可采用成本型目标效果测度函数表达目标实现或偏离的程度. 对于适中型目标, 即希望效果样本值"既不太大又不太小""既不太多又不太少"这一类的目标, 分为效果样本值小于和大于设定适中值两种情形. 对于小于设定适中值的效果样本值, 可采用适中型目标下限效果测度函数表达目标实现或偏离的程度; 对于大于设定适中值的效果样本值, 可采用适中型目标上限效果测度函数表达目标实现或偏离的程度.

9.3.2 综合效果测度函数

定义 9.3.3 设 $\eta_k(k=1,2,\cdots,s)$ 为目标 k 的决策权, $\sum_{k=1}^{s}\eta_k=1$,

$$R^{(k)}=(r_{ij}^{(k)})=\begin{bmatrix} r_{11}^{(k)} & r_{12}^{(k)} & \cdots & r_{1m}^{(k)} \\ r_{21}^{(k)} & r_{22}^{(k)} & \cdots & r_{2m}^{(k)} \\ \vdots & \vdots & & \vdots \\ r_{n1}^{(k)} & r_{n2}^{(k)} & \cdots & r_{nm}^{(k)} \end{bmatrix}$$

为决策方案集 S 在 k 目标下的一致效果测度矩阵, 则对于 $s_{ij}\in S$, 称

$$r_{ij}=\sum_{k=1}^{s}\eta_k\cdot r_{ij}^{(k)} \tag{9.3.5}$$

为决策方案 s_{ij} 的综合效果测度函数, 并称

$$R=(r_{ij})=\begin{bmatrix} r_{11} & r_{12} & \cdots & r_{1m} \\ r_{21} & r_{22} & \cdots & r_{2m} \\ \vdots & \vdots & & \vdots \\ r_{n1} & r_{n2} & \cdots & r_{nm} \end{bmatrix}$$

为综合效果测度矩阵 (synthetic effect measure matrix).

命题 9.3.2 由式 (9.3.5) 得到的综合效果测度 $r_{ij}(i=1,2,\cdots,n;j=1,2,\cdots,m)$ 满足以下条件:

(1) r_{ij} 无量纲;

(2) 效果越理想, r_{ij} 越大;

(3) $r_{ij}\in[-1,1]$.

综合效果测度 $r_{ij}\in[0,1]$ 属于中靶情形, 综合效果测度 $r_{ij}\in[-1,0]$ 属于脱靶情形; 在中靶情形, 我们还可以通过比较综合效果测度 $r_{ij}(i=1,2,\cdots,n;j=1,2,\cdots,m)$ 数值的大小判断事件 $a_i(i=1,2,\cdots,m)$、对策 $b_j(j=1,2,\cdots,n)$ 和决策方案 $s_{ij}(i=1,2,\cdots,n;j=1,2,\cdots,m)$ 的优劣.

9.3.3 多目标加权灰靶决策评估模型的算法步骤

定义 9.3.4 (1) 若 $\max_{1\leqslant j\leqslant m}\{r_{ij}\}=r_{ij_0}$, 则称 b_{j_0} 为事件 a_i 的最优对策;

(2) 若 $\max_{1\leqslant i\leqslant n}\{r_{ij}\}=r_{i_0j}$, 则称 a_{i_0} 为与对策 b_j 相对应的最优事件;

(3) 若 $\max_{1\leqslant i\leqslant n}\max_{1\leqslant j\leqslant m}\{r_{ij}\}=r_{i_0j_0}$, 则称 $s_{i_0j_0}$ 为最优方案.

多目标加权灰靶决策评估模型的算法步骤如下.

第一步: 根据事件集 $A=\{a_1,a_2,\cdots,a_n\}$ 和对策集 $B=\{b_1,b_2,\cdots,b_m\}$ 构造决策方案集

$$S=\{s_{ij}=(a_i,b_j)\,|\,a_i\in A,b_j\in B\}$$

第二步: 确定决策目标 $k=1,2,\cdots,s$;

第三步: 确定各目标的决策权 $\eta_1,\eta_2,\cdots,\eta_s$;

第四步: 对目标 $k=1,2,\cdots,s$, 求相应的目标效果样本矩阵

$$U^{(k)} = (u_{ij}^{(k)}) = \begin{bmatrix} u_{11}^{(k)} & u_{12}^{(k)} & \cdots & u_{1m}^{(k)} \\ u_{21}^{(k)} & u_{22}^{(k)} & \cdots & u_{2m}^{(k)} \\ \vdots & \vdots & & \vdots \\ u_{n1}^{(k)} & u_{n2}^{(k)} & \cdots & u_{nm}^{(k)} \end{bmatrix}$$

第五步: 设定目标效果临界值;

第六步: 求 k 目标下一致效果测度矩阵

$$R^{(k)} = (r_{ij}^{(k)}) = \begin{bmatrix} r_{11}^{(k)} & r_{12}^{(k)} & \cdots & r_{1m}^{(k)} \\ r_{21}^{(k)} & r_{22}^{(k)} & \cdots & r_{2m}^{(k)} \\ \vdots & \vdots & & \vdots \\ r_{n1}^{(k)} & r_{n2}^{(k)} & \cdots & r_{nm}^{(k)} \end{bmatrix}$$

第七步: 由 $r_{ij} = \sum_{k=1}^{s} \eta_k \cdot r_{ij}^{(k)}$ 计算综合效果测度矩阵

$$R = (r_{ij}) = \begin{bmatrix} r_{11} & r_{12} & \cdots & r_{1m} \\ r_{21} & r_{22} & \cdots & r_{2m} \\ \vdots & \vdots & & \vdots \\ r_{n1} & r_{n2} & \cdots & r_{nm} \end{bmatrix}$$

第八步: 按照定义 9.3.4 确定最优对策 b_{j_0} 或最优决策方案 $s_{i_0 j_0}$.

例 9.3.1 商用大型飞机某关键组件国际供应商选择决策.

我国商用大型飞机项目采用的"主制造商—供应商"管理模式, 大量关键组件需要国际供应商的协作与配合. 因此, 供应商选择决策的科学性是直接关系项目成败的关键环节. 作为复杂产品制造过程中的典型决策问题, 供应商选择通常通过"招投标"的方式完成. 一般由主制造商提出明确要求, 各家供应商根据主制造商的要求制订投标方案, 然后主制造商对各供应商提交的方案进行综合比较, 选择最优方案, 签订采购合同书. 影响供应商选择决策的因素十分复杂, 为实现科学决策, 需要对各种因素进行综合分析.

在商用大型飞机某关键组件国际供应商选择决策中, 首轮有三家国际供应商入围.

第一步: 建立事件集、对策集及决策方案集. 我们将商用大型飞机某关键组件国际供应商选择决策作为事件 a_1, 事件集 $A = \{a_1\}$. 选择供应商 1、供应商 2 和供应商 3 分别作为对策 b_1, b_2, b_3, 对策集 $B = \{b_1, b_2, b_3\}$. 由事件集 A 和对策集 B 构造决策方案

$$S = \{s_{ij} = (a_i, b_j) \mid a_i \in A, b_j \in B, i = 1; j = 1, 2, 3\} = \{s_{11}, s_{12}, s_{13}\}$$

第二步: 确定决策目标. 通过 3 轮专家调查, 确定了以下 5 个决策目标: 质量, 价格, 交货期, 设计方案, 竞争力.

其中竞争力、质量、设计方案为定性目标, 需要通过专家打分的办法进行评价, 评价分值越大越好, 均为效益型指标; 价格越低越好, 属于成本型指标; 交货期属于适中型指标.

第三步: 确定各目标的决策权. 此处采用德尔菲专家调查法确定各个目标及相应指标的决策权, 详见表 9.3.1.

表 9.3.1 某关键组件国际供应商选择决策评价目标体系

序号	评价目标	单位	权重
1	质量	定性	0.25
2	价格	百万美元	0.22
3	交货期	月	0.18
4	设计方案	定性	0.18
5	竞争力	定性	0.17

第四步: 求各目标的效果样本向量.

$$U^{(1)} = (9.5, 9.4, 9), \quad U^{(2)} = (14.2, 15.1, 13.9), \quad U^{(3)} = (15.5, 17.5, 19)$$
$$U^{(4)} = (9.6, 9.3, 9.4), \quad U^{(5)} = (9.5, 9.7, 9.2)$$

第五步: 设定目标效果临界值.

竞争力、质量、设计方案三个同类效益型指标的临界值取为 $u_{i_0 j_0}^{(k)} = 9, k = 1, 4, 5$; 价格指标的临界值取为 $u_{i_0 j_0}^{(2)} = 15$; 交货期属于适中型指标, 主制造商计划交货期为 16 个月, 容忍限为 2 个月, 即 $u_{i_0 j_0}^{(3)} = 2$, 下限效果临界值为 $16 - 2 = 14$, 上限效果临界值为 $16 + 2 = 18$.

第六步: 求一致效果测度向量. 竞争力、质量、设计方案三个定性分值目标采用效益型目标效果测度; 价格目标采用成本型目标效果测度; 交货期为适中型目标. 对相应目标分别采用定义 9.3.1 中给出的效益型目标效果测度、成本型目标效果测度、适中型目标下限效果测度、适中型目标上限效果测度, 可得一致效果测度向量如下:

$$R^{(1)} = [1, 0.8, 0], \quad R^{(2)} = [0.73, -0.09, 1], \quad R^{(3)} = [0.75, 0.25, -0.5]$$
$$R^{(4)} = [1, 0.5, 0.67], \quad R^{(5)} = [0.71, 1, 0.29]$$

第七步: 由 $r_{ij} = \sum_{k=1}^{5} \eta_k \cdot r_{ij}^{(k)}$ 得综合效果测度向量

$$R = [r_{11}, r_{12}, r_{13}] = [0.8463, 0.4852, 0.2999]$$

第八步: 决策.

由于 $r_{11} > 0, r_{12} > 0, r_{13} > 0$, 三家供应商均中靶, 说明初选这三家供应商入围是合理的. 再由 $\max_{1 \leq j \leq 3} \{r_{1j}\} = r_{11} = 0.8463$, 则最终选择供应商 1 谈判、签约.

➤复习思考题

一、选择题

1. 下列决策四要素中, 哪个是进行决策的起点.(   )

A. 目标   B. 对策   C. 事件   D. 效果

2. 下列叙述正确的是(   ).

A. 效益型目标效果测度函数反映效果样本值与最大效果样本值的接近程度及其远离目标效果临界值的程度

B. 效益型目标效果测度反映效果样本值与平均效果样本值的偏离程度

C. 成本型目标效果测度函数反映效果样本值与最小效果样本值的接近程度及其远离目标效果临界值的程度

D. 成本型目标效果测度反映效果样本值与平均效果样本值的偏离程度

3. 对于一致效果测度 $r_{ij}^{(k)}$, 以下论述错误的是 (　　).

A. $r_{ij}^{(k)}$ 无量纲

B. 效果越理想, $r_{ij}^{(k)}$ 越大

C. $r_{ij}^{(k)} \in [-1, 1]$

D. 效果越理想, $r_{ij}^{(k)}$ 越小

二、简答题

1. 简述灰靶决策的方法步骤.

2. 试举例说明什么是事件集、对策集及决策方案集.

3. 什么是灰色决策以及灰色决策的四要素?

4. 什么是一致效果测度矩阵?

5. 什么是综合效果测度矩阵?

三、计算题

设某一重大科研招标课题共有 3 份申请书通过通信评议入围, 评价指标和权重信息见题三表 1, 3 项申请关于不同指标的评价值见题三表 2, 试根据多目标加权智能灰靶决策模型确定最终中标的申请.

题三表 1　某重大科研招标课题评价指标体系

类别	科学意义	应用价值	创新性	方案设计	前期基础	研究队伍
权重	0.22	0.14	0.23	0.15	0.12	0.14

题三表 2　某重大科研招标课题 3 份入围申请书评价值

类别	科学意义	应用价值	创新性	方案设计	前期基础	研究队伍
项目 1	93	89	94	78	84	87
项目 2	85	92	90	70	81	78
项目 3	88	90	86	81	90	65

第 10 章

课 程 实 验

1982 年, 我国著名学者邓聚龙教授创立灰色系统理论. 方便实用的灰色系统建模软件为推动灰色系统理论的大规模应用发挥了重要作用. 随着信息技术的迅速发展、高级编程语言的日趋成熟, 灰色系统建模软件也在不断升级.

1986 年, 王学萌、罗建军运用 BASIC 语言编写了灰色系统建模软件, 并出版了《灰色系统预测决策建模程序集》; 1991 年, 李秀丽、杨岭分别应用 GW-BASIC 和 Turbo C 开发了灰色建模软件; 2001 年, 王学萌、张继忠、王荣出版了《灰色系统分析及实用计算程序》, 该书列出了灰色建模的软件结构及程序代码. 上述软件都是基于磁盘操作系统 (disk operating system, DOS) 平台进行开发, 已不能适应不断更新的 Windows 视窗界面.

2003 年, 刘斌应用 Visual Basic 6.0 开发了第一套基于 Windows 视窗界面的灰色系统建模软件, 该软件一经问世就得到灰色系统领域学者的广泛好评, 成为灰色系统建模的首选软件.

随着软件开发技术的日新月异、人们操作习惯的不断变化以及灰色系统理论本身的不断发展完善, 人们对灰色系统建模软件的要求也不断提高. 2009 年, 曾波基于面向对象的编程语言 Visual C#开发了新的灰色系统建模软件, 极大促进了灰色系统理论的应用和普及, 该软件现已更新至 10.0 版, 软件用户已达数十万人.

10.1 灰色系统建模软件的主要特点

灰色系统建模软件一方面需要实现模型的计算功能, 另一方面又涉及用户的登录及注册等功能, 因此该系统充分结合了 C/S[①]与 B/S[②]模式的优点, 其中 C/S 部分完成系统的运算功能, 而 B/S 部分则主要处理用户与服务器交互的相关操作. 在对原系统进行针对

---

① C/S 表示 client/server (客户机/服务器)
② B/S 表示 browser/server (浏览器/服务器)

性改进的基础上, 该系统在设计时更注重系统的可靠性、实用性、兼容性、扩充性、精确性以及操作界面的易用性及美观性, 体现出如下特点(Zeng et al., 2011).

1) 数据录入方便快捷

对相同类型的数据序列, 系统只提供了一个长条形的文本框(textbox), 用户可以将同类型的数据序列一次性地拷贝到文本框中; 对灰色聚类及灰色决策需要大量数据的模块, 采用传统的文本框进行数据录入则稍显不便, 针对这种情况, 用户可先在 Excel 文件中录入相关的数据, 然后通过程序将 Excel 的数据信息导入系统中. 系统整合了 Excel 的强大数据编辑处理功能, 实现了数据录入的方便快捷.

2) 按功能划分模块

软件工程中所谓的模块是指系统中一些相对独立的程序单元, 每个程序单元完成和实现一个相对独立的软件功能. 通俗来说模块就是一些独立的程序段, 每个程序模块要有自己的名称、标识符、接口等外部特征. 在该系统中, 开发者对灰色系统模型进行梳理, 并根据模型功能及特点进行模块划分.

3) 向用户提供运算过程和阶段性结果

对一些计算过程比较复杂、中间结果比较重要的模块, 在系统中增加了一个专门用于存储计算过程的多行显示文本控件. 用户能够监测到输入数据在每一步骤中的变化过程, 从而对模型的运行规律有更加清晰的理解和认识. 为了让用户清楚模型所用公式, 软件操作界面上作了相关的提示.

4) 对模块功能进行了扩展

根据各类灰色系统模型的应用情况, 同时结合最新研究成果, 在新系统中增补了一些功能. 主要包括: 弱化算子(平均弱化缓冲算子、几何平均弱化缓冲算子、加权平均弱化缓冲算子)、强化算子(平均强化缓冲算子、几何平均强化缓冲算子、加权平均强化缓冲算子等)、灰色关联分析(相对关联度、接近关联度)、聚类分析(基于中心点和端点混合三角白化权函数聚类)、灰色预测(GM(1, N)模型, DGM(1, 1)模型)、灰色决策分析(多目标加权灰靶决策)等内容.

5) 计算结果精度可调

不同的系统对计算结果的精度有不同的要求. 在新系统中增加了一个组合框(Combobox)控件, 该控件接受用户输入(或选择)计算结果小数点后面的位数, 这样, 用户可以根据实际情况灵活设置精度.

6) 系统操作简便, 易于应用

系统主要采用菜单方式和窗口界面将灰色系统理论中常用的建模方法进行了有效的集成, 用户只需具备一般的计算机操作技能即可顺利完成, 同时, 系统具有较强的容错处理能力, 对用户的非法操作, 系统将给予准确而详细的提示.

7) 基于 Visual C#进行开发

C#是微软开发的一种面向对象的编程语言, 是微软.NET 开发环境的重要组成部分. 而 Microsoft Visual C#是微软开发的 C#编程集成开发环境(integrated development environment, IDE), 它是为生成在 NET Framework 上运行的多种应用程序而设计的. C#功能强大、类型安全, 面向对象, 具有很多优点, 是目前 C/S 软件的主流开发工具.

10.2 灰色系统建模软件的模块构成

基于灰色系统理论现有研究成果, 灰色系统建模软件 10.0 版对软件基本组成框架和灰色序列算子模块构成、灰色关联分析模型模块构成、灰色聚类评估模型模块构成、灰色预测模型模块构成、灰色决策模型模块构成作了全面调整, 详见图 10.2.1 至图 10.2.6, 这些模块覆盖了最为常用的灰色系统模型.

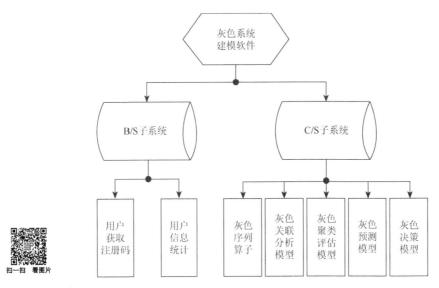

图 10.2.1　灰色系统建模软件的基本组成框架

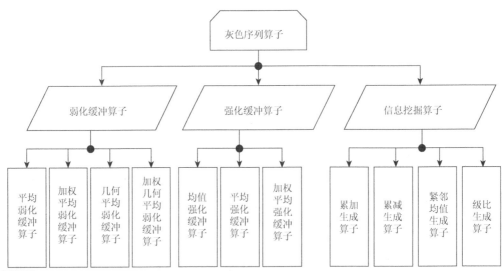

图 10.2.2　灰色序列算子模块构成

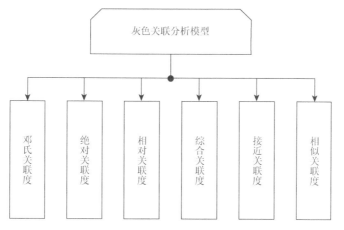

图 10.2.3　灰色关联分析模型模块构成

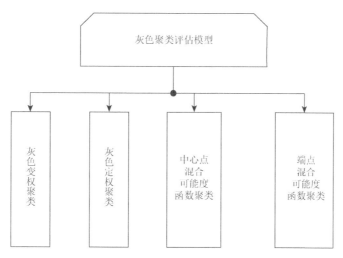

图 10.2.4　灰色聚类评估模型模块构成

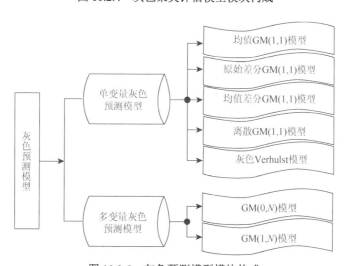

图 10.2.5　灰色预测模型模块构成

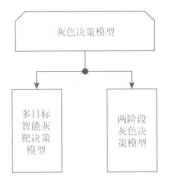

图 10.2.6　灰色决策模型模块构成

扫一扫　看图片

10.3　灰色系统建模软件应用实验

实验一　登录系统

实验目的

查找、登录南京航空航天大学灰色系统研究所网站, 登录灰色系统建模软件.

实验步骤

步骤 1: 搜索"南京航空航天大学灰色系统研究所"或直接登录: http://igss.nuaa.edu.cn.

步骤 2: 若用户尚无账号及密码, 此时需要点击登录窗口的"用户注册"进行免费注册 (B/S); 若用户忘记密码, 则可以通过登录窗口的"找回密码"功能实现密码的找回 (B/S). 图 10.3.1 和图 10.3.2 分别为系统的登录窗口示意图及登录流程图.

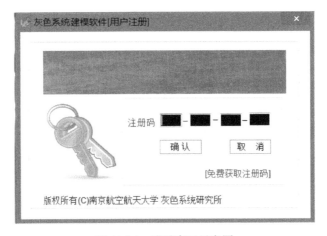

扫一扫　看图片

图 10.3.1　登录窗口示意图

为了验证系统用户身份的合法性, 需要用户在进入系统前进行账号和密码的校验, 但是, 假如每次用户进入系统都需要进行一次身份校验, 又略显烦琐. 为了既能保证系统使用者身份的合法性, 又能满足系统使用的简便性, 在系统设计时应用基于可扩展标记语言 (extensible markup language, XML) 的客户端技术进行程序处理, 当用户第一次登录的时候, 系统提示需要输入账号及密码, 提交之后通过网络远程连接到系统服务器的数据库, 以校验账号

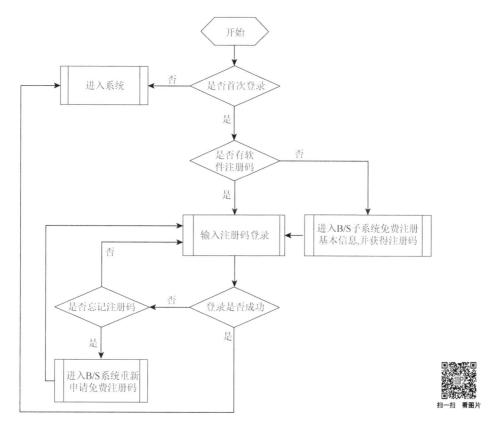

图 10.3.2   登录流程图

和密码的合法性; 当用户第二次使用系统的时候, 则可以直接跳过登录窗口进入系统主界面, 以避免用户每次使用系统需要输入登录信息的烦琐.

实验二   软件下载与数据输入

实验目的

下载(免费)、安装灰色系统建模软件, 熟悉数据输入方式.

实验步骤

步骤 1: 用户成功登录之后, 进入系统主界面(图 10.3.3), 灰色系统理论的各个模块(及其子模块)主要通过菜单的方式进行调用和管理. 图10.3.4 显示的是系统中子模块的使用流程图.

步骤 2: 数据输入. 建立模型之前, 需要首先向系统输入数据以及设置系统参数. 系统分别提供了两种数据输入方式, 即直接通过系统提供的控件进行数据输入以及通过 Excel 文件从外部导入数据, 现在分别介绍这两种输入方式.

1) 从控件中输入数据

在 Visual C#中, 有两种控件支持直接输入数据: 一种是文本框控件; 一种是组合框控件. 文本框控件是用于创建被称为文本框的标准 Windows 编辑控件, 用于获取用户输入或者显示的文本信息. 在文本框中输入数据时, 用鼠标右键点击文本框, 看到光标在文本框中闪动之后即可进行数据输入.

图 10.3.3　系统主界面

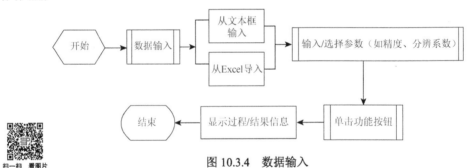

图 10.3.4　数据输入

Windows 窗体的组合框控件主要用于在下拉列表框(listbox)中显示数据. 在默认情况下, 组合框控件由两个部分构成: 顶部是一个允许用户输入数据的文本框; 下面部分是一个下拉列表框, 这是一个提供给用户进行选择的选项列表. 组合框由上部的文本框以及下部的下拉列表框组合而成, 因此称这种控件为组合框. 用户在使用组合框进行数据录入的时候, 首先检查下拉列表框中是否包含自己希望录入的数据, 假如有则直接使用鼠标选中即可; 否则, 需要在组合框顶部的文本框中录入数据(具体录入过程与操作文本框类似, 略).

注意事项: 在文本框或者组合框中录入数据的时候, 需要首先将输入法状态调整为半角, 在全角状态下录入的数据, 系统将默认为非法数据, 这将直接影响程序的正常运行, 甚至导致无法预知的异常.

2) 从 Excel 文件中导入数据

文本框或者组合框只能接受小批量数据的录入, 对大批量的信息, 使用文本框或者组合框, 不仅数据的录入效率低, 而且容易出错. 为了解决该系统中大批量数据(在灰色聚类、灰色决策中经常需要用到大量信息)的录入问题, 系统借助 Excel 强大的功能, 先在 Excel 表中将需要的数据进行录入和编辑, 然后再通过软件提供的接口将 Excel 表中的数据导入系统中. Excel 是微软公司的办公软件 Microsoft Office 的组件之一, 是由 Microsoft 为 Windows 和 Apple Macintosh 操作系统的电脑而编写与运行的一款试算表软件. 直观的界面、出色的计算功能和图表工具, 使 Excel 成为目前最流行的计算机数据处理软件. 通过 Excel, 系统将比较方便地进行数据的录入.

一个 Excel 文件通常由三个表组成, 表名分别为 Sheet1, Sheet2 和 Sheet3, 当打开 Excel 文件的时候, 通常显示的是 Sheet1. 在录入数据时, 按照系统的要求, 在对应的行和列中录入相关的数据即可. 当 Excel 文件中的数据录入完毕之后, 可以使用系统提供的导入功能, 将 Excel 文件中的数据导入系统中. 导入 Excel 文件时, 首先需要选择 Excel 文件所在的路径, 确认路径之后, 即可进行数据导入. 数据导入的过程实际上就是, 根据 Excel 文件的路径建立系统和 Excel 文件的连接并将其中的数据映射(绑定)到数据库控件 DataGridView 中的过程.

DataGridView 是 Visual C#中的一个数据库控件, 能将数据源中的数据完整地显示出来, 通过 Visual C#的 DataGridView 控件, 实现了 Excel 文件中的数据在系统中的获取及显示. 但是, 该系统没有提供 DataGridView 中数据的编辑功能, 换言之, 假如在 DataGridView 中发现有数据录入错误, 这个时候不能直接在 DataGridView 中对错误数据进行修改, 而需要重新返回到 Excel 文件中, 将错误数据修改之后再重新导入.

注意事项:

(1) DataGridView 控件不具备编辑功能, 对错误数据只能在 Excel 中修改后重新导入;

(2) 在 Excel 数据表中录入数据的时候, 需要首先将输入法状态调整为半角, 在全角状态下录入的数据, 系统将默认为非法数据, 这会直接影响程序的正常运行, 甚至导致无法预知的异常;

(3) Excel 的表名只能为默认表名, 即不能对 Sheet1, Sheet2 和 Sheet3 作任何修改, 否则将影响数据的正常导入;

(4) Excel 文件表中数据录入区域非常宽阔, 但是我们通常只用到其中很少的一部分行和列, 不能随便在其他区域出现任何内容(含空格字符), 否则将影响数据的正常导入.

实验三　缓冲算子计算软件应用

实验目的

掌握缓冲算子计算方法与数据输入格式.

实验步骤

步骤 1: 点击"灰序列生成", 从弹出的菜单中根据实际建模的需要点击相应子模块, 并进入相应的模型处理界面. 现以平均弱化缓冲算子为例介绍灰序列生成的使用方法. 图 10.3.5 所示的是平均弱化缓冲算子的处理界面.

图 10.3.5 平均弱化缓冲算子计算示意图

图 10.3.5 所示的视窗界面主要包括三个区域: 一是"原始数据序列"区域, 主要用于原始数据的输入或导入; 二是"阶数及结果精度设置"区域, 主要是根据实际的模型需要选择或输入算子的阶数以及结果的精度; 三是运算结果的显示区域. 当数据输入(选择)完毕之后, 点击"平均弱化缓冲算子(AWBO)"按钮, 即可生成原始序列的平均弱化缓冲序列.

步骤 2: 图 10.3.6 是 Excel 文件中数据的编辑格式, 在使用该部分功能的时候, 假如选择从 Excel 中导入数据, 则用户在 Excel 文件中编辑数据的时候, 需要严格按照图 10.3.6 的格式编辑.

图 10.3.6 数据格式示意图

实验四 灰色预测模型建模软件应用

实验目的

掌握主要灰色预测模型建模软件的使用方法和过程, 并能够运用软件进行预测.

实验背景

贫信息、小样本预测问题, 根据数据特点和结构, 选择相应的灰色系统预测模型.

实验步骤

灰色预测模型软件的操作基本一致, 现以 GM(1,1) 模型为例说明如下.

步骤 1: 在操作界面上方点击"灰色预测模型", 在菜单中选择 GM(1,1) 模型.

步骤 2: 在输入框中输入(或导入)数据.

步骤 3: 点击"计算—模拟—预测"按钮, 计算模型参数以及模拟值及模拟精度.

步骤 4: 输入预测步长(预测值的个数)并点击"预测结果"得到预测值, 图 10.3.7 显示的是 GM(1,1) 模型的操作界面.

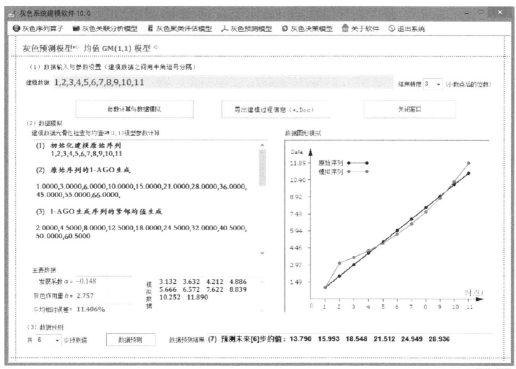

图 10.3.7　灰色预测模型操作界面

实验五　灰色关联分析模型建模软件应用

实验目的

正确使用灰色关联分析模型建模软件.

实验步骤

步骤 1: 在操作界面上方点击"灰色关联分析模型", 在菜单中选择一种关联度.

步骤 2: 通过 Excel 文件导入数据. 图 10.3.8 显示是 Excel 文件中数据的编辑格式.

图 10.3.8　灰色关联分析模型数据输入格式

步骤 3: 点击"计算"按钮, 即可得到结果. 如果要对同一组数据计算不同的关联度, 只需要点击相应的命令按钮即可. 图 10.3.9 显示的是完整的处理界面.

图 10.3.9　灰色关联分析模型操作界面

实验六　灰色聚类评估模型建模软件应用

实验目的

正确使用灰色聚类评估模型建模软件.

实验步骤

步骤 1: 在操作界面上方点击"灰色聚类评估", 在菜单中选择一种模型.

步骤 2: 通过 Excel 文件导入数据. 灰色聚类评估软件仅提供了从 Excel 文件中导入数

据这样一种方式. 使用该部分功能的关键是正确编辑 Excel 文件中的各类数据. 在 Sheet1 中保存对象\指标数据 (图 10.3.10), Sheet2 中保存对应的白化权函数 (图 10.3.11), Sheet3 中保存指标权重数据 (图 10.3.12).

	A	B	C	D	E
	灰色定权聚类.xls				
	对象\指标	指标1	指标2	指标3	指标4
1					
2	对象1	22.5	4	0	0
3	对象2	79.37	6	600	0.75
4	对象3	144	7	300	0.75
5	对象4	300	6.1	189	12
6	对象5	456	12	250	12
7	对象6	189	8	700	1.5
8	对象7	369	8	1300	2.25
9	对象8	1127.11	16.2	550	3
10	对象9	260	11	600	1
11	对象10	200	8	600	1.25
12	对象11	475	10	1000	0.75
13	对象12	314.1	8	900	0.75
14	对象13	282.8	7.4	1300	0.5
15	对象14	240	8	1200	0.5
16	对象15	160	5	1000	0.25
17	对象16	270	8	1200	0.25
18	对象17	9	1	200	0
19					

Sheet1 / Sheet2 / Sheet3

图 10.3.10　灰色聚类评估模型数据输入格式示意图

扫一扫 看图片

	A	B	C	D	E
	灰色定权聚类.xls				
1	子类\指标	指标1	指标2	指标3	指标4
2	子类1	100, 300, -, -	3, 10, -, -	200, 1000, -, -	0.25, 1.25, -, -
3	子类2	50, 150, -, 250	2, 6, -, 10	100, 600, -, 1100	0, 0.5, -, 1
4	子类3	-, -, 50, 100	-, -, 4, 8	-, -, 300, 600	-, -, 0.25, 0.5
5					
6					

Sheet1 / Sheet2 / Sheet3

图 10.3.11　可能度函数数据输入格式示意图

	A	B	C	D	E	F	G	H	I
	灰色定权聚类.xls								
1	权\指标	指标1	指标2	指标3	指标4				
2	权	0.3	0.25	0.25	0.2				
3									
4									
5									

Sheet1 / Sheet2 / Sheet3

扫一扫 看图片

图 10.3.12　权重数据输入格式示意图

步骤 3: 点击 "计算" 按钮, 即可得到结果. 图 10.3.13 显示的是灰色定权聚类的操作界面, 灰色变权聚类及基于端点混合三角白化权函数和中心点混合三角白化权函数的灰色聚类评估模型操作类似.

图 10.3.13　灰色定权聚类评估模型操作界面

扫一扫　看图片

实验七　多目标加权智能灰靶决策模型建模软件应用

实验目的

正确使用多目标加权智能灰靶决策模型建模软件.

实验步骤

步骤 1: 在操作界面上方点击"灰色决策模型", 在菜单中选择多目标加权智能灰靶决策模型.

步骤 2: 通过 Excel 文件导入数据. 在 Excel 的 Sheet1 表中, 第一行是标题栏, 表示数字的含义, A—D 列中的内容是局势的综合评分矩阵, E 列显示的是指标的临界值, F 列中的内容是指标对应的权重, G 列显示的是指标的测度类型. 用户在使用该部分功能的时候, 一定要按照图 10.3.14 中的顺序排列原始数据.

扫一扫　看图片

图 10.3.14　多目标加权智能灰靶决策模型数据输入格式

步骤 3: 点击"计算"按钮, 即可得到结果. 图 10.3.15 显示的是多目标加权智能灰靶决策模型的操作界面.

图 10.3.15　多目标加权智能灰靶决策模型操作界面

参 考 文 献

陈德军, 张玉民, 陈绵云. 2005. 系统云灰色宏观调控预测模型及其应用研究. 控制与决策, 20(5): 553-556, 588.

陈绵云. 1982. 镗床控制系统的灰色动态. 华中工学院学报, (6): 7-11.

陈向东, 夏军, 徐倩. 2009. 灰色微分动态模型的自忆预报模式. 中国科学(E辑: 技术科学), 39(2): 341-350.

崔建鹏, 辛永平, 刘肖健. 2012. 基于多目标灰色决策的地空导弹选型研究. 战术导弹技术, (1): 7-10, 25.

崔杰, 党耀国, 刘思峰, 等. 2010. 一类新的强化缓冲算子及其数值仿真. 中国工程科学, 12(2): 108-112.

崔立志, 刘思峰, 吴正朋. 2010. 新的强化缓冲算子的构造及其应用. 系统工程理论与实践, 30(3): 484-489.

党耀国, 刘斌, 关叶青. 2005c. 关于强化缓冲算子的研究. 控制与决策, 20(12): 1332-1336.

党耀国, 刘思峰, 刘斌, 等. 2004. 关于弱化缓冲算子的研究. 中国管理科学, 12(2): 108-111.

党耀国, 刘思峰, 刘斌, 等. 2005a. 聚类系数无显著差异下的灰色综合聚类方法研究. 中国管理科学, 13(4): 69-73.

党耀国, 刘思峰, 刘斌. 2005b. 以 $x^{(1)}(n)$ 为初始条件的 GM 模型. 中国管理科学, 13(1): 133-136.

党耀国, 刘思峰, 王正新, 等. 2009. 灰色预测与决策模型研究. 北京: 科学出版社.

邓聚龙. 1965. 多变量线性系统并联校正装置的一种综合方法. 自动化学报, (1): 13-26.

邓聚龙. 1982. 灰色控制系统. 华中工学院学报, 10(3): 9-18.

邓聚龙. 1984. 社会经济灰色系统的理论与方法. 中国社会科学, (6): 47-60.

邓聚龙. 1985a. 灰色系统: 社会·经济. 北京: 国防工业出版社.

邓聚龙. 1985b. 灰色控制系统. 武汉: 华中工学院出版社.

邓聚龙. 1987. 累加生成灰指数律: 灰色控制系统的优化信息处理问题. 华中工学院学报, (5): 7-12.

邓聚龙. 1990. 灰色系统理论教程. 武汉: 华中理工大学出版社.

邓聚龙. 1996. 灰色系统理论与应用进展的若干问题//刘思峰, 徐忠祥. 灰色系统研究新进展. 武汉: 华中理工大学出版社: 1-10.

邓聚龙. 2002. 灰理论基础. 武汉: 华中科技大学出版社.

鄂加强, 王耀南, 梅炽, 等. 2005. 铜精炼过程能耗模糊自适应变权重组合预测模型及其应用. 矿冶, 14(3): 46-48.

范习辉, 张焰. 2003. 灰色自记忆模型及应用. 系统工程理论与实践, 23(8): 114-117, 129.

方辉, 谭建荣, 殷国富, 等. 2009. 基于灰理论的质量屋用户需求分析方法研究. 计算机集成制造系统, 15(3): 576-584, 591.

方晓彤, 陈宇, 李绍泉. 2012. 多维灰色评估方法在煤与瓦斯突出预测中的应用. 工业安全与环保, 38(12): 81-83.

方志耕, 刘思峰. 2004. 基于区间灰数列的 GM(1, 1) 模型(GMBIGN(1, 1))研究. 中国管理科学, 12(S1): 130-134.

高凡, 张友鹏, 高平. 2012. 基于灰色遗传的高速列车速度控制器模型研究. 计算机测量与控制, 20(5): 1272-1275.

高玮, 冯夏庭. 2004. 基于灰色: 进化神经网络的滑坡变形预测研究. 岩土力学, (4): 514-517.

关叶青, 刘思峰. 2007. 基于不动点的强化缓冲算子序列及其应用. 控制与决策, 22(10): 1189-1192.

郭海庆, 吴中如, 杨杰. 2001. 堆石坝变形监测的灰色非线性时序组合模型. 河海大学学报, 29(6): 51-55.

郭晓君, 刘思峰, 方志耕, 等. 2014. 灰色 GM(1,1, t^{α}) 模型与自忆性原理的耦合及应用. 控制与决策, 29(8): 1447-1452.

韩晓东, 贺兆礼. 1997. 灰色 GM(1,1) 与线性回归组合模型及其在变形预测中的应用. 淮南矿业学院学报, (4): 51-54.

韩晓明, 南海阳, 陈俊杰, 等. 2014. 防空反导导弹战斗部研制方案灰色聚类综合评价. 空军工程大学学报 (自然科学版), 15(1): 29-33.

何沙玮, 刘思峰, 方志耕. 2012. 基于 I-GM(0, N) 模型的干线客机价格预测方法. 系统工程理论与实践, 32(8): 1761-1767.

胡方, 黄建国, 张群飞. 2007. 基于灰色系统理论的水下航行器效能评估方法研究. 西北工业大学学报, 25(3): 411-415.

黄铭, 葛修润, 王浩. 2001. 灰色模型在岩体线法变形测量中的应用. 岩石力学与工程学报, 20(2): 235-238.

黄新波, 欧阳丽莎, 王娅娜, 等. 2011. 输电线路覆冰关键影响因素分析. 高电压技术, 37(7): 1677-1682.

吉培荣, 黄巍松, 胡翔勇. 2001. 灰色预测模型特性的研究. 系统工程理论与实践, 21(9): 105-108, 139.

贾振元, 马建伟, 王福吉, 等. 2009. 多零件几何要素影响下的装配产品特性预测方法. 机械工程学报, 45(7): 168-173.

菅利荣, 刘思峰. 2005. 杂合 VPRS 与 PNN 的知识发现方法. 情报学报, 24(4): 426-432.

菅利荣, 刘思峰, 谢乃明. 2010. 杂合灰色聚类与扩展优势粗集的概率决策方法. 系统工程学报, 25(4): 554-560.

李炳军, 刘思峰, 朱永达, 等. 2000. 灰区间可靠度的确定方法. 系统工程理论与实践, 20(4): 104-106.

李长洪. 1997. 矿井淹井事故成因的灰色关联分析方法及应用. 工业安全与防尘, (7): 20-21, 48.

李俭, 孙才新, 陈伟根, 等. 2003. 灰色聚类与模糊聚类集成诊断变压器内部故障的方法研究. 中国电机工程学报, 23(2): 112-115.

李俭, 孙才新, 廖瑞金, 等. 2004. 以模糊聚类标准谱与灰色关联序诊断变压器内部故障的方法研究. 仪器仪表学报, 25(5): 587-589.

李俊峰, 戴文战. 2004. 基于插值和 Newton-Cores 公式的 GM(1,) 模型的背景值构造新方法与应用. 系统工程理论与实践, 24(10): 122-126.

李培华, 杨海龙, 孙伶俐, 等. 2011. 灰预测与时间序列模型在航天器故障预测中的应用. 计算机测量与控制, 19(1): 111-113.

李桥兴. 2017. 灰色运算基础与灰色投入产出分析. 北京: 科学出版社.

李树人, 赵勇, 刘思峰, 等. 1994. 河南省森林生态系统类型划分及稳定性分析. 河南农业大学学报, 28(2): 111-118.

李桐, 任明法, 陈浩然. 2010. 基于灰色系统理论的疲劳裂纹扩展速率计算方法. 机械强度, 32(3): 472-475.

李晓斌, 孙海燕, 吴燕翔. 2009. 阳极焙烧燃油供给温度的模糊预测函数控制. 计算机工程与应用, 45(9): 200-203.

李晓红, 王宏图, 贾剑青, 等. 2005. 隧道及地下工程围岩稳定性及可靠性分析的极限位移判别. 岩土力学, 26(6): 850-854.

李新其, 谭守林, 唐保国. 2007. 基于灰色决策原理的导弹核武器最佳配置模型. 火力与指挥控制, 32(2): 44-47.

李雪梅, 党耀国, 王正新. 2012. 调和变权缓冲算子及其作用强度比较. 系统工程理论与实践, 32(11): 2486-2492

梁冰, 代媛媛, 陈天宇, 等. 2014. 复杂地质条件页岩气勘探开发区块灰关联度优选. 煤炭学报, 39(3): 524-530.

梁庆卫, 宋保维, 贾跃. 2005. 鱼雷研制费用的灰色 Verhulst 模型. 系统仿真学报, 17(2): 257-258.

廖健, 何琳, 吕志强, 等. 2017. 船用操舵装置系统架构方案的综合评价方法研究. 机床与液压, 45(7): 59-63.

林加剑, 任辉启, 沈兆武. 2009. 应用灰色系统理论研究爆炸成型弹丸速度的影响因素. 弹箭与制导学报, 29(3): 112-116.

林跃忠, 王铁成, 王来, 等. 2005. 三峡工程高边坡的稳定性分析. 天津大学学报, 38(10): 936-940.

刘斌, 刘思峰, 翟振杰, 等. 2003. GM(1, 1)模型时间响应函数的最优化. 中国管理科学, 11(4): 54-57.

刘秋妍, 钟章队, 艾渤. 2010. 基于粗糙集灰色聚类理论的 GSM-R 系统频率规划研究. 铁道学报, 32(5): 53-58.

刘思峰. 1993. 定权灰色聚类评估分析//罗庆成, 等. 灰色系统新方法. 北京: 农业出版社: 178-184.

刘思峰. 1997. 冲击扰动系统预测陷阱与缓冲算子. 华中理工大学学报, 25(1): 25-27.

刘思峰. 1998. 灰数学新方法与科技管理灰系统量化研究. 武汉: 华中理工大学.

刘思峰. 2021. 灰色系统理论及其应用. 9 版. 北京: 科学出版社.

刘思峰. 2022. 灰色系统理论创立、发展大事记(1982—2021). 南京航空航天大学学报(社会科学版), 24(4): 39-40.

刘思峰. 2022. 灰色系统理论的发展及其在自然科学和工程技术领域的广泛应用. 南京航空航天大学学报, 54(5): 851-866.

刘思峰, 蔡华, 杨英杰, 等. 2013. 灰色关联分析模型研究进展. 系统工程理论与实践, 33(8): 2041-2046.

刘思峰, 党耀国. 1997. LPGP 的漂移与定位解的满意度. 华中理工大学学报, 25(1): 28-31.

刘思峰, 党耀国, 方志耕. 2004. 灰色系统理论及其应用. 3 版. 北京: 科学出版社.

刘思峰, 邓聚龙. 2000. GM(1, 1)模型的适用范围. 系统工程理论与实践, 20(5): 121-124.

刘思峰, 方志耕, 谢乃明. 2010a. 基于核和灰度的区间灰数运算法则. 系统工程与电子技术, 32(2): 313-316.

刘思峰, 方志耕, 杨英杰. 2014a. 两阶段灰色综合测度决策模型与三角白化权函数的改进. 控制与决策, 29(7): 1232-1238.

刘思峰, 郭天榜. 1991. 灰色系统理论及其应用. 开封: 河南大学出版社.

刘思峰, 林益. 2004. 灰数灰度的一种公理化定义. 中国工程科学, 6(8): 91-94.

刘思峰, 谢乃明. 2008. 灰色系统理论及其应用. 4 版. 北京: 科学出版社.

刘思峰, 谢乃明. 2011. 基于改进三角白化权函数的灰评估新方法. 系统工程学报, 26(2): 244-250.

刘思峰, 谢乃明, Forrest J. 2010b. 基于相似性和接近性视角的新型灰色关联分析模型. 系统工程理论与实践, 30(5): 881-887.

刘思峰, 杨英杰. 2015. 灰色系统研究进展(2004—2014). 南京航空航天大学学报, 47(1): 1-18.

刘思峰, 袁文峰, 盛克勤. 2010c. 一种新型多目标智能加权灰靶决策模型. 控制与决策, 25(8): 1159-1163.

刘思峰, 曾波, 刘解放, 等. 2014b. GM(1, 1)模型的几种基本形式及其适用范围研究. 系统工程与电子技术, 36(3): 501-508.

刘思峰, 张红阳, 杨英杰. 2018. "最大值准则"决策悖论及其求解模型. 系统工程理论与实践, 38(7): 1830-1835.

刘思峰, 朱永达. 1993. 区域经济评估指标与三角隶属函数评估模型. 农业工程学报, 9(2): 8-13.

刘思峰, Forrest J. 2011. 不确定性系统与模型精细化误区. 系统工程理论与实践, 31(10): 1960-1965.

刘耀鑫, 杨天华, 李润东, 等. 2007. 高温固硫物相硫铝酸钙生成反应灰色关联分析及预测模型. 热力发电, (6): 37-40, 57.

刘业翔, 陈湘涛, 张更容, 等. 2004. 铝电解控制中灰关联规则挖掘算法的应用. 中国有色金属学报, 14(3): 494-498.

刘以安, 陈松灿, 杨华明. 2002. 灰色优势分析在多雷达低空小目标跟踪中的应用. 南京航空航天大学学报, 34(4): 354-358.

刘以安, 陈松灿, 张明俊, 等. 2006. 缓冲算子及数据融合技术在目标跟踪中的应用. 应用科学学报, 24(2): 154-158.

刘勇, 刘思峰, Forrest J. 2012. 一种新的灰色绝对关联度模型及其应用. 中国管理科学, 20(5): 173-177.

陆小红, 王长林. 2013. 基于预测型灰色控制的列车自动运行速度控制器建模与仿真. 城市轨道交通研究, 16(2): 62-65, 70.

罗党, 刘思峰, 党耀国. 2003. 灰色模型 GM(1, 1)优化. 中国工程科学, 5(8): 50-53.

罗党, 王洁方. 2012. 灰色决策理论与方法. 北京: 科学出版社.

罗战友, 董清华, 龚晓南. 2004. 未达到破坏的单桩极限承载力的灰色预测. 岩土力学, 25(2): 304-307.

罗战友, 龚晓南, 杨晓军. 2003. 全过程沉降量的灰色 verhulst 预测方法. 水利学报, 34(3): 29-32, 36.

马伟东, 古德生. 2008. 我国铁矿资源基础安全评价研究. 矿冶工程, 28(6): 5-7.

孟伟, 刘思峰, 曾波. 2012. 区间灰数的标准化及其预测模型的构建与应用研究. 控制与决策, 27(5): 773-776.

米根锁, 杨润霞, 梁利. 2014. 基于组合模型的轨道电路复杂故障诊断方法研究. 铁道学报, 36(10): 65-69.

苗晓鹏, 夏新涛. 2006. 基于灰色系统理论的圆锥滚子轴承振动控制方法的研究. 机床与液压, (7): 236-237.

彭放, 吴国平, 方敏. 2005. 灰色规划聚类及其在油气盖层评价中的应用. 湖南科技大学学报(自然科学版), 20(2): 5-10.

钱吴永, 党耀国, 刘思峰. 2012. 含时间幂次项的灰色 GM(1, 1, $t{\sim}\alpha$)模型及其应用. 系统工程理论与实践, 32(10): 2247-2252.

乔桂玲, 张文明, 薛山, 等. 2009. 深海行走机构灰色预测-模糊 PID 速度控制. 煤炭学报, 34(11): 1550-1553.

施红星, 刘思峰, 方志耕, 等. 2008. 灰色周期关联度模型及其应用研究. 中国管理科学, 16(3): 131-136.

史向峰, 申卯兴. 2007. 基于灰色关联的地空导弹武器系统的使用保障能力研究. 弹箭与制导学报, 27(3): 83-85.

宋中民, 同小军, 肖新平. 2001. 中心逼近式灰色 GM(1, 1)模型. 系统工程理论与实践, 21(5): 110-113.

孙才新. 2005. 输变电设备状态在线监测与诊断技术现状和前景. 中国电力, 38(2): 1-7.

孙才新, 毕为民, 周湶, 等. 2003. 灰色预测参数模型新模式及其在电气绝缘故障预测中的应用. 控制理论与应用, 20(5): 797-801.

孙才新, 李俭, 郑海平, 等. 2002. 基于灰色面积关联度分析的电力变压器绝缘故障诊断方法. 电网技术, 26(7): 24-29.

谭冠军. 2005. GM(1, 1)模型的背景值构造方法和应用. 系统工程理论与实践, 25(1): 98-103.

谭守林, 唐保国, 黄国鹏, 等. 2004. 机场目标打击顺序灰色决策分析. 火力与指挥控制, 29(4): 36-38.

谭学瑞, 邓聚龙. 1995. 灰色关联分析: 多因素统计分析新方法. 统计研究, 12(3): 46-48.

田建艳, 鲁毅. 2007. 加热炉钢坯温度灰色预报模型的研究. 东北大学学报, 28(S1): 6-10.

王洁方, 刘思峰, 刘牧远. 2010. 不完全信息下基于交叉评价的灰色关联决策模型. 系统工程理论与实践, 30(4): 732-737.

王勤, 匡立中, 曾申波. 2010. 基于电弧信号的焊接过程最优参数的灰关联分析. 电焊机, 40(3): 75-78.

王伟, 吴敏, 曹卫华, 等. 2010. 基于组合灰色预测模型的焦炉火道温度模糊专家控制. 控制与决策, 25(2): 185-190.

王文平, 邓聚龙. 灰色系统中 GM(1, 1)模型的混沌特性研究. 系统工程, 1997, 15(2): 15-18.

王晓佳, 杨善林. 2012. 基于组合插值的 GM(1, 1)模型预测方法的改进与应用. 中国管理科学, 20(2): 129-134.

王旭亮, 聂宏. 2008. 基于灰色系统 GM(1,1) 模型的疲劳寿命预测方法. 南京航空航天大学学报, 40(6): 845-848.

王学萌, 郭常莲, 李晋陵. 2017. 中国经济灰色投入产出分析: 基于对全国投入产出表的实证研究. 北京: 科学出版社.

王衍洋, 曹义华. 2010. 航空运行风险的灰色神经网络模型. 航空动力学报, 25(5): 1036-1042.

王义闹, 刘开第, 李应川. 2001. 优化灰导数白化值的 GM(1,1) 建模法. 系统工程理论与实践, 21(5): 124-128.

王月, 陈宗海, 王红艳, 等. 2011. 灰色关联聚类在宇宙射线 μ 子成像中的应用. 核电子学与探测技术, 31(8): 871-873.

王云云, 周涛发, 张明明, 等. 2013. 灰关联分析在姚家岭锌金多金属矿床预测中的应用. 合肥工业大学学报(自然科学版), 36(10): 1236-1241.

王正新, 党耀国, 赵洁珏. 2012. 优化的 GM(1,1) 幂模型及其应用. 系统工程理论与实践, 32(9): 1973-1978.

王子亮. 1998. 灰色建模技术理论. 武汉: 华中理工大学.

魏航, 林励, 张元, 等. 2013. 灰色系统理论在中药色谱指纹图谱模式识别中的应用研究. 色谱, 31(2): 127-132.

魏勇, 孔新海. 2010. 几类强弱缓冲算子的构造方法及其内在联系. 控制与决策, 25(2): 196-202.

吴雅, 杨叔子, 陶建华. 1988. 灰色预测和时序预测的探讨. 华中理工大学学报, 16(3): 27-34.

吴正朋, 刘思峰, 米传民, 等. 2010. 弱化缓冲算子性质研究. 控制与决策, 25(6): 958-960.

吴正朋, 周宗福, 刘思峰. 2010. 灰色缓冲算子理论及其应用. 合肥: 安徽大学出版社.

吴中如, 顾冲时, 沈振中, 等. 1998. 大坝安全综合分析和评价的理论、方法及其应用. 水利水电科技进展, 18(3): 2-6.

吴中如, 潘卫平. 1997. 应用李雅普诺夫函数分析岩土边坡体的稳定性. 水利学报, (8): 29-33.

吴中如, 徐波, 顾冲时, 等. 2012. 大坝服役状态的综合评判方法. 中国科学: 技术科学, 42(11): 1243-1254.

夏军. 2000. 灰色系统水文学: 理论、方法及应用. 武汉: 华中理工大学出版社.

夏军, 赵红英. 1996. 灰色人工神经网络模型及其在径流短期预报中的应用. 系统工程理论与实践, 16(11): 82-90

肖新平, 宋中民, 李峰. 2005. 灰技术基础及其应用. 北京: 科学出版社.

谢乃明, 刘思峰. 2005. 离散 GM(1,1) 模型与灰色预测模型建模机理. 系统工程理论与实践, 25(1): 93-99.

谢乃明, 刘思峰. 2006a. 一类离散灰色模型及其预测效果研究. 系统工程学报, 21(5): 520-523.

谢乃明, 刘思峰. 2006b. 离散灰色模型的拓展及其最优化求解. 系统工程理论与实践, 26(6): 108-112.

谢乃明, 刘思峰. 2008. 近似非齐次指数序列的离散灰色模型特性研究. 系统工程与电子技术, 30(5): 863-867.

谢延敏, 于沪平, 陈军, 等. 2007. 基于灰色系统理论的方盒件拉深稳健设计. 机械工程学报, 43(3): 54-59.

解建喜, 宋笔锋, 刘东霞. 2004. 飞机顶层设计方案优选决策的灰色关联分析法. 系统工程学报, 19(4): 350-354.

熊浩, 孙才新, 张昀, 等. 2007. 电力变压器运行状态的灰色层次评估模型. 电力系统自动化, 31(7): 55-60.

熊和金, 陈绵云, 瞿坦. 2000. 灰色关联度公式的几种拓广. 系统工程与电子技术, 22(1): 8-10, 80.

徐忠祥, 吴国平. 1993. 灰色系统理论与矿床灰色预测. 武汉: 中国地质大学出版社.

杨俊, 郑良桂, 周继烈, 等. 1996. EDM 灰色控制系统的研究. 电加工, (5): 22-23, 45.

杨天社, 杨萍, 董小社, 等. 2008. 基于灰色系统理论的航天器故障状态预测方法. 计算机测量与控制, 16(9): 1284-1285, 1307.

姚军勃, 胡伟文. 2008. 超视距地波雷达作战效能的灰色评估. 兵工自动化, 27(4): 12-14.

姚天祥, 刘思峰, 谢乃明. 2010. 新信息离散 GM(1, 1)模型及其特性研究. 系统工程学报, 25(2): 164-170.

余锋杰, 柯映林, 应征. 2009. 飞机自动化对接装配系统的故障维修决策. 计算机集成制造系统, 15(9): 1823-1830.

袁志坚, 孙才新, 袁张渝, 等. 2005. 变压器健康状态评估的灰色聚类决策方法. 重庆大学学报(自然科学版), 28(3): 22-25.

岳建平, 华锡生. 1994. 灰色回归模型及其精度分析. 大坝与安全, (2): 23-28.

曾波, 刘思峰. 2011a. 一种基于区间灰数几何特征的灰数预测模型. 系统工程学报, 26(2): 174-180.

曾波, 刘思峰. 2011b. 近似非齐次指数序列的 DGM(1, 1)直接建模法. 系统工程理论与实践, 31(2): 297-301.

张峰, 汪鹏为, 肖支荣, 等. 2010. 灰色理论在舰载机系统安全评估中的应用. 飞机设计, 30(3): 56-61.

张富丽, 尹全, 王东, 等. 2020. Bt 抗虫棉秸秆还田对土壤养分特征的影响. 生物安全学报, 29(1): 69-77.

张广立, 付莹, 杨汝清. 2004. 一种新型自调节灰色预测控制器. 控制与决策, 19(2): 212-215.

张继春, 钮强, 徐小荷. 1993. 用灰关联分析方法确定影响岩体爆破质量的主要因素. 爆炸与冲击, 13(3): 212-218.

张杰, 梁尚明, 周荣亮, 等. 2012. 基于灰色关联的二齿差摆动活齿传动故障树分析. 机械设计与制造, (6): 183-185.

张可, 刘思峰. 2010. 灰色关联聚类在面板数据中的扩展及应用. 系统工程理论与实践, 30(7): 1253-1259.

张岐山. 2007. 提高灰色 GM(1,1)模型精度的微粒群方法. 中国管理科学, 15(5):126-129.

张岐山, 郭喜江, 邓聚龙. 1996. 灰关联熵分析方法. 系统工程理论与实践, 16(8): 7-11.

张雪元, 王志良, 永井正武. 2006. 机器人情感交互模型研究. 计算机工程, 32(24): 6-8, 12.

张阳, 张伟, 赵威军, 等. 2020. 基于主成分与灰色关联分析的饲草小黑麦品种筛选与配套技术研究. 作物杂志, (3): 117-124.

章程, 丁松滨, 王兵. 2014. 基于灰色关联分析的飞机客制化模型研究. 交通信息与安全, 32(3): 131-136.

赵呈建, 王慧, 苏敏. 1996. 关联度分析在股市中的应用. 经济经纬, (5): 100-102.

赵国钢, 孙永侃, 徐永杰, 等. 2007. 水面舰艇反导作战中威胁评估的灰色决策分析. 战术导弹技术, (3): 32-35.

赵鹏大, 夏庆霖. 2009. 中国学者在数学地质学科发展中的成就与贡献. 地球科学(中国地质大学学报), 34(2): 225-231.

周渌, 任海军, 李健, 等. 2010. 层次结构下的中长期电力负荷变权组合预测方法. 中国电机工程学报, 30(16): 47-52.

周晓贤, 吴中如. 2002. 大坝安全监控模型中灰参数的识别. 水电自动化与大坝监测, 26(1): 45-48.

朱坚民, 黄之文, 翟东婷, 等. 2012. 基于强化缓冲算子的灰色预测 PID 控制仿真研究. 上海理工大学学报, 34(4): 327-332.

朱西平, 支希哲, 刘永寿, 等. 2002. 转子系统振动的灰色预测控制研究. 机械科学与技术, 21(1): 97-98, 101.

祝德虎, 冯佳晨, 宋汉强, 等. 2011. 灰色神经网络在空舰导弹寿命预测中的应用研究. 战术导弹技术, (5): 54-58.

Abdulshahed A M, Longstaff A P, Fletcher S. 2017. A cuckoo search optimisation-based grey prediction model for thermal error compensation on CNC machine tools. Grey Systems: Theory and Application, 7(2): 146-155.

Andrew A M. 2011. Why the world is grey. Grey Systems:Theory and Application, 1(2): 112-116.

Aydemir E, Bedir F, Ozdemir G. 2015. Degree of greyness approach for an EPQ model with imperfect items in copper wire industry. Journal of Grey System, 27(2): 13-26.

Bristow M, Fang L P, Hipel K W. 2012. System of systems engineering and risk management of extreme events: concepts and case study. Risk Analysis, 32(11): 1935-1955.

Carmona Benítez R B, Carmona Paredes R B, Lodewijks G, et al. 2013. Damp trend grey model forecasting method for airline industry. Expert Systems with Applications, 40(12): 4915-4921.

Cempel C. 2008. Decomposition of the symptom observation matrix and grey forecasting in vibration condition monitoring of machines. International Journal of Applied Mathematics and Computer Science, 18(4): 569-580.

Chang C J, Li D C, Chen C C, et al. 2014. A forecasting model for small non-equigap data sets considering data weights and occurrence possibilities. Computers & Industrial Engineering, 67: 139-145.

Dang Y G, Liu S F, Chen K J. 2004. The GM models that $x(n)$ be taken as initial value. Kybernetes, 33(2): 247-254.

Dang Y G, Liu S F, Mi C M. 2006. Multi-attribute grey incidence decision model for interval number. Kybernetes, 35(7/8): 1265-1272.

Delcea C, Ioana-Alexandra B, Scarlat E. 2013. A computational grey based model for companies risk forecasting. Journal of Grey System, 25(3): 70-83.

Delcea C, Scarlat E, Cotfas L A. 2013. Grey relational analysis of the financial sector in Europe. Journal of Grey System, 25(4): 19-30.

Delgado A, Romero I. 2016. Environmental conflict analysis using an integrated grey clustering and entropy-weight method: a case study of a mining project in Peru. Environmental Modelling & Software, 77: 108-121.

Deng J L. 1982. Control problems of grey systems. Systems & Control Letters, 1(5): 288-294.

Deng J L, Zhou C S. 1986. Sufficient conditions for the stability of a class of interconnected dynamic systems. Systems & Control Letters, 7(2): 105-108.

Dong W J, Liu S F, Fang Z G, et al. 2017. Study of a discrete grey forecasting model based on the quality cost characteristic curve. Grey Systems: Theory and Application, 7(3): 376-384.

Du J L, Liu S F, Liu Y. 2022. Grey variable dual precision rough set model and its application. Grey Systems: Theory and Application, 12(1): 156-173.

Dymova L, Sevastjanov P, Pilarek M. 2013. A method for solving systems of linear interval equations applied to the Leontief input-output model of economics. Expert Systems with Applications, 40(1): 222-230.

Ejnioui A, Otero C E, Otero L D. 2013. Prioritisation of software requirements using grey relational analysis. International Journal of Computer Applications in Technology, 47(2/3): 100-109.

Fang Z G, Liu S F, Shi H G, et al. 2009. Grey Game Theory and its Applications in Economic Decision-Making. New York: Auerbach Publications.

Fang Z G, Liu S F, Xu B G. 2004. Algorithm model research of the logical cutting tree on the network maximum flow. Kybernetes, 33(2): 255-262.

Goel B, Singh S, Sarepaka R V. 2015. Optimizing single point diamond turning for mono-crystalline germanium using grey relational analysis. Materials and Manufacturing Processes, 30(8): 1018-1025.

Guo X J, Liu S F, Wu L F, et al. 2015. A multi-variable grey model with a self-memory component and its application on engineering prediction. Engineering Applications of Artificial Intelligence, 42: 82-93.

Gupta A, Vaishya R, Khan K L A, et al. 2019. Multi-response optimization of the mechanical properties of pultruded glass fiber composite using optimized hybrid filler composition by the gray relation grade analysis. Materials Research Express, 6(12):125322.

Gupta B, Tiwari M. 2017. A tool supported approach for brightness preserving contrast enhancement and mass segmentation of mammogram images using histogram modified grey relational analysis. Multidimensional Systems and Signal Processing, 28 (4) : 1549-1567.

Hajiagha S H R, Akrami H, Hashemi S S. 2012. A multi-objective programming approach to solve grey linear programming. Grey Systems: Theory and Application, 2 (2) : 259-271.

Haken H. 2011. Book reviews: grey information: theory and practical applications. Grey Systems: Theory and Application, 1 (1) : 105-106.

Hamzaçebi C, Pekkaya M. 2011. Determining of stock investments with grey relational analysis. Expert Systems with Applications, 38 (8) : 9186-9195.

Hao Y H, Wang X M. 2000. Period residual modification of GM (1, 1) modeling. Journal of Grey System, 12 (2) : 181-183.

Hipel K W. 2011. Grey systems: theory and applications. Grey Systems: Theory and Application, 1 (3) : 274-275.

Hu H Y. 2013. Grey system theory and application. 6th ed. Journal of Grey System, 25 (1) : 110-111.

Huang S J, Chiu N H, Chen L W. 2008. Integration of the grey relational analysis with genetic algorithm for software effort estimation. European Journal of Operational Research, 188 (3) : 898-909.

Jahan A, Zavadskas E K. 2019. ELECTRE-IDAT for design decision-making problems with interval data and target-based criteria. Soft Computing, 23: 129-143.

Javed S A, Liu S F. 2018. Predicting the research output/growth of selected countries: application of Even GM (1, 1) and NDGM models. Scientometrics, 115 (1) : 395-413.

Jena M, Manjunatha C, Shivaraj B W, et al. 2019. Optimization of parameters for maximizing photocatalytic behaviour of $Zn_{1-x}Fe_xO$ nanoparticles for methyl orange degradation using Taguchi and grey relational analysis approach. Materials Today Chemistry, 12: 187-199.

Jian L R, Liu S F, Lin Y. 2010. Hybrid Rough Sets and Applications in Uncertain Decision-Making. New York: Auerbach Publications.

Jiang S Q, Liu S F, Liu Z X. 2021. General grey number decision-making model and its application based on intuitionistic grey number set. Grey Systems: Theory and Application, 11 (4) :556-570.

Kayacan E, Kaynak O. 2011. Single-step ahead prediction based on the principle of concatenation using grey predictors. Expert Systems with Applications, 38 (8) : 9499-9505.

Khan M A, Jaffery S H I, Khan M, et al. 2020. Multi-objective optimization of turning titanium-based alloy Ti-6Al-4V under dry, wet, and cryogenic conditions using gray relational analysis (GRA). The International Journal of Advanced Manufacturing Technology, 106 (9/10) : 3897-3911.

Kose E, Burmaoglu S, Kabak M. 2013. Grey relational analysis between energy consumption and economic growth. Grey Systems: Theory and Application, 3 (3) : 291-304.

Kose E, Forrest J Y L. 2015. N-person grey game. Kybernetes, 44 (2) : 271-282.

Kose E, Tasci L. 2015. Prediction of the vertical displacement on the crest of Keban dam. Journal of Grey System, 27 (1) : 12.

Kose E, Tasci L. 2019. Geodetic deformation forecasting based on multi-variable grey prediction model and regression model. Grey Systems:Theory and Application, 9 (4) : 464-471.

Kothandaraman R, Lavanya S, Lakshmi P. 2015. Grey fuzzy sliding mode controller for vehicle suspension system. Control Engineering and Applied Informatics, 17 (3) : 12-19.

Kuzu A, Bogosyan S, Gokasan M. 2016. Predictive input delay compensation with grey predictor for networked control system. International Journal of Computers, Communications & Control, 11 (1) : 67-76.

Lai H H, Lin Y C, Yeh C H. 2005. Form design of product image using grey relational analysis and neural network models. Computers & Operations Research, 32(10): 2689-2711.

Leephakpreeda T. 2008. Grey prediction on indoor comfort temperature for HVAC systems. Expert Systems with Applications, 34(4): 2284-2289.

Li C, Yang Y J, Liu S F. 2019. Comparative analysis of properties of weakening buffer operators in time series prediction models. Communications in Nonlinear Science and Numerical Simulation, 68: 257-285.

Li D C, Chang C J, Chen W C, et al. 2011. An extended grey forecasting model for omnidirectional forecasting considering data gap difference. Applied Mathematical Modelling, 35(10): 5051-5058.

Li G D, Yamaguchi D, Nagai M. 2007. A GM(1, 1)−Markov chain combined model with an application to predict the number of Chinese international airlines. Technological Forecasting and Social Change, 74(8): 1465-1481.

Li Q, Liu S F, Javed S A. 2022. Two-stage multi-level equipment grey state prediction model and application, Grey Systems: Theory and Application, 12(2): 462-482.

Li Y, Li J. 2019. Study on unbiased interval grey number prediction model with new information priority. Grey Systems: Theory and Application, 10(1): 1-11.

Li Y P, Liu S F, Fang Z G. 2013. Grey target model for quality overall parameters design of large complex product based on multi-participant collaborating. Journal of Grey System, 25(2): 36-45.

Lim D, Anthony P, Mun H C. 2012. Maximizing bidder's profit in online auctions using grey system theory's predictor agent. Grey Systems: Theory and Application, 2(2): 105-128.

Lin C H, Liu S F, Fang Z G, et al. 2021. Spectrum analysis of moving average operator and construction of time-frequency hybrid sequence operator. Grey Systems: Theory and Application, 12(1): 101-116.

Lin C H, Song Z Y, Liu S F, et al. 2020. Study on mechanism and filter efficacy of AGO/IAGO in the frequency domain. Grey Systems: Theory and Application, 11(1): 1-21.

Lin C H, Wang Y, Liu S F, et al. 2019. On spectrum analysis of different weakening buffer operators. Journal of Grey System, 31: 111-121.

Lin Y, Liu S F. 2000. Law of exponentiality and exponential curve fitting. Systems Analysis Modelling Simulation, 38(4): 621-636.

Liu J F, Liu S F, Fang Z G. 2015. Fractional-order reverse accumulation generation GM(1, 1) model and its applications. Journal of Grey System, 27(4): 52-62.

Liu S F. 1989. On Perron-Frobenius theorem of grey nonnegative matrix. Journal of Grey System, 1(2): 157-166.

Liu S F. 1991. The three axioms of buffer operator and their application. Journal of Grey System, 3(1): 39-48.

Liu S F. 1992. Generalized degree of grey incidence//Zhang S K. Information and Systems. Dalian: DMU Publishing House: 113-116.

Liu S F. 2013. Farewell to our tutor. Journal of Grey System, 25(2): III-IV.

Liu S F. 2023. Negative grey relational model and measurement of the reverse incentive effect of fields medal. Grey Systems: Theory and Application, 13(1):1-13.

Liu S F, Fan Y, Yang Y J, et al. 2019. Research on index system for disabled elders evaluation and grey clustering model based on end-point mixed possibility functions. Journal of Grey System, 31(4):1-12.

Liu S F, Fang Z G, Yang Y J, et al. 2012a. General grey numbers and their operations. Grey Systems: Theory and Application, 2(3): 341-349.

Liu S F, Fang Z G, Yuan C Q, et al. 2012b. Research on ACPI system frame for R&D management of complex equipments . Kybernetes, 41 (5/6): 750-760.

Liu S F, Forrest J Y L. 1997. The role and position of grey system theory in science development. Journal of Grey System, 9 (4): 351-356.

Liu S F, Forrest J Y L. 2010. Advances in Grey Systems Research. Berlin: Springer-Verlag.

Liu S F, Forrest J Y L, Yang Y J. 2015. Grey system: thinking, methods, and models with Applications//Zhou M C, Li H X, Weijnen M. Contemporary Issues in Systems Science and Engineering. New York: John Wiley & Sons: 153-224

Liu S F, Li Q, Yang Y J. 2020. A novel synthetic index of two counts and mathematical model for researcher evaluation. Grey Systems: Theory and Application, 10 (2): 85-95.

Liu S F, Lin C H, Tao L Y, et al. 2020. On spectral analysis and new research directions in grey system theory. Journal of Grey System, 32 (1): 108-117.

Liu S F, Lin Y. 2006. Grey information Theory and Practical Applications. London: Springer-Verlag.

Liu S F, Lin Y. 2011. Grey Systems: Theory and Applications. Berlin: Springer-Verlag.

Liu S F, Liu T, Yuan W F, et al. 2021. Solving the dilemma in supplier selection by the group of weight vector with kernel. Grey Systems: Theory and Application, 12 (3); 624-634.

Liu S F, Tang W. 2022. On general uncertainty data and general uncertainty variable for reliability growth analysis of major aerospace equipment. Grey Systems: Theory and Application,13 (2):261-276.

Liu S F, Tang W, Song D J, et al. 2019. A novel GREY-ASMAA model for reliability growth evaluation in the large civil aircraft test flight phase. Grey Systems: Theory and Application, 10 (1): 46-55.

Liu S F, Xie N M, Yuan C Q, et al. 2011. Systems Evaluation: Methods, Models, and Applications. Boca Raton: CRC Press .

Liu S F, Xu B, Forrest J Y L, et al. 2013. On uniform effect measure functions and a weighted multi-attribute grey target decision model. Journal of Grey System, 25 (1): 1-11.

Liu S F, Yang Y J, Fang Z G, et al. 2015. Grey cluster evaluation models based on mixed triangular whitenization weight functions. Grey Systems: Theory and Application, 5 (3): 410-418.

Liu S F, Yang Y J, Forrest J Y L. 2017. Grey Data Analysis:Methods, Models and Applications. Berlin: Springer-Verlag.

Liu S F, Yang Y J, Forrest J Y L. 2022. Grey Systems Analysis:Methods, Models and Applications. Berlin: Springer-Verlag.

Liu S F, Yang Y J, Xie N M, et al. 2016. New progress of grey system theory in the new millennium. Grey Systems Theory and Application, 6 (1): 2-31.

Liu S F, Zhao L, Dang Y G, et al. 2004. The G-C-D model and technical change. Kybernetes, 33 (2) : 303-309.

Liu S F, Zhu Y D. 1996. Grey-econometrics combined model. Journal of Grey System, 8 (1): 103-110.

Lloret-Climent M, Nescolarde-Selva J. 2014. Data analysis using circular causality in networks. Complexity, 19 (4): 15-19.

Loganathan D, Kumar S S, Ramadoss R. 2020. Grey relational analysis-based optimisation of input parameters of incremental forming process applied to the AA6061 alloy. Transactions of FAMENA, 44 (1): 93-104.

Mahmoudi A, Feylizadeh M R, Darvishi D, et al. 2018. Grey-fuzzy solution for multi-objective linear programming with interval coefficients. Grey Systems: Theory and Application, 8 (3): 312-327.

Mao S H, Gao M Y, Xiao X P. 2015. Fractional order accumulation time-lag $GM(1, N, \tau)$ model and its application. Xitong Gongcheng Lilun yu Shijian/Systems Engineering: Theory and Practice, 35 (2): 430-436.

Memon M S, Lee Y H, Mari S I. 2015. Group multi-criteria supplier selection using combined grey systems theory and uncertainty theory. Expert Systems with Applications, 42(21): 7951-7959.

Murat Ar I, Hamzaçebi C, Baki B. 2013. Business school ranking with grey relational analysis: the case of Turkey. Grey Systems: Theory and Application, 3(1): 76-94.

Newton I. 1672. A new theory about light and colors. Philosophical Transactions of the Royal Society B: Biological Sciences, (80): 3075-3087.

Olson D L, Wu D S. 2006. Simulation of fuzzy multiattribute models for grey relationships. European Journal of Operational Research, 175(1): 111-120.

Oztaysi B. 2014. A decision model for information technology selection using AHP integrated TOPSIS-Grey: the case of content management systems. Knowledge-Based Systems, 70: 44-54.

Pagar N D, Gawande S H. 2020. Parametric design analysis of meridional deflection stresses in metal expansion bellows using gray relational grade. Journal of the Brazilian Society of Mechanical Sciences and Engineering, 42: 256.

Pawlak Z. 1991. Rough Sets: Theoretical Aspects of Reasoning about Data. Dordrecht: Kluwer Academic Publishers.

Sahu N K, Datta S, Mahapatra S S. 2012. Establishing green supplier appraisement platform using grey concepts. Grey Systems: Theory and Application, 2(3): 395-418.

Salmeron J L. 2010. Modelling grey uncertainty with Fuzzy Grey Cognitive Maps. Expert Systems with Applications, 37(12): 7581-7588.

Salmeron J L, Gutierrez E. 2012. Fuzzy Grey Cognitive Maps in reliability engineering. Applied Soft Computing, 12(12): 3818-3824.

Scarlat E, Delcea C. 2011. Complete analysis of bankruptcy syndrome using grey systems theory. Grey Systems: Theory and Application, 1(1): 19-32.

Sharma A, Aggarwal M L, Singh L. 2020. Investigation of GFRP gear accuracy and surface roughness using taguchi and grey relational analysis. Journal of Advanced Manufacturing Systems, 19(1): 147-165.

Song Z M, Xiao X P, Deng J L. 2002. The character of opposite direction AGO and class ratio. Journal of Grey System, 14(1): 9-14

Soorya Prakash K, Gopal P M, Karthik S. 2020. Multi-objective optimization using Taguchi based grey relational analysis in turning of rock dust reinforced aluminum MMC. Measurement, 157: 107664.

Tamura Y, Zhang D P, Umeda N, et al. 1992. Load forecasting using grey dynamic model. Journal of Grey System, 4(4): 49-58.

Tsaur R C. 2009. Insight of the fuzzy grey autoregressive model. Soft Computing, 13: 919-931.

Twala B. 2014. Extracting grey relational systems from incomplete road traffic accidents data: the case of Gauteng Province in South Africa. Expert Systems: the Journal of Knowledge Engineering, 31(3): 220-231.

Vallée R. 2008. Grey information: theory and practical applications. Kybernetes, 37(1): 189.

Wang W P, Wang J L, Huang X H, et al. 2011. Study on community structure characteristics of cluster network with calculation and adjustment of trust degree based on the grey correlation degree algorithm. Grey Systems: Theory and Application, 1(2): 129-137.

Wei N, Zhang T L. 2019. Quality evaluation of Tibetan highland barley by grey relational grade analysis. Bangladesh Journal of Botany, 48(3): 817-826.

Wei Y, Kong X H, Hu D H. 2011. A kind of universal constructor method for buffer operator. Grey Systems: Theory and Application, 1(2): 178-185.

Wu C C, Chang N B. 2003. Grey input–output analysis and its application for environmental cost allocation. European Journal of Operational Research, 145 (1) : 175-201.

Wu L F, Liu S F, Yang Y J. 2016. A gray model with a time varying weighted generating operator. IEEE Transactions on Systems, Man, and Cybernetics: Systems, 46 (3) : 427-433.

Wu L F, Liu S F, Yao L G, et al. 2013. Grey system model with the fractional order accumulation. Communications in Nonlinear Science and Numerical Simulation, 18 (7) : 1775-1785.

Wu L F, Liu S F, Yao L G, et al. 2015. Using fractional order accumulation to reduce errors from inverse accumulated generating operator of grey model. Soft Computing, 19 (2) : 483-488.

Xiao X. 2000. On parameters in grey models. Journal of Grey System, 11 (4) : 73-78.

Xiao X, Wen J, Xie M. 2010. Grey relational analysis and forecast of demand for scrap steel. Journal of Grey System, 22 (1) : 73-80.

Xiao X P, Chong X L. 2006. Grey relational analysis and application of hybrid index sequences. Dynamics of Continuous, Discrete and Impulsive Systems-Series B: Applications and Algorithms, 13: 915-919.

Xie N M, Liu S F. 2007. Research on the multiple and parallel properties of several grey relational models. IEEE International Conference on Grey Systems and Intelligent Services. Nanjing.

Xie N M, Liu S F, Yuan C Q, et al. 2014. Grey number sequence forecasting approach for interval analysis: a case of China's gross domestic product prediction. Journal of Grey System, 26 (1) : 45-58.

Yan S L, Liu S F, Liu J F, et al. 2015. Dynamic grey target decision making method with grey numbers based on existing state and future development trend of alternatives. Journal of Intelligent & Fuzzy Systems: Applications in Engineering and Technology, 28 (5) : 2159-2168.

Yang Y J, John R. 2012. Grey sets and greyness. Information Sciences, 185 (1) : 249-264 .

Yang Y J, Liu S F. 2013. Representation of geometrical objects with grey systems. Journal of Grey System, 25 (1) : 32-43.

Yang Y J, Liu S F, John R. 2014. Uncertainty representation of grey numbers and grey sets. IEEE Transactions on Cybernetics, 44 (9) : 1508-1517.

Zadeh L A. 1965. Fuzzy sets. Information and Control, 8 (3) : 338-353.

Zeng B, Liu S F, Meng W. 2011. Development and application of MSGT 6.0 (modeling system of grey theory 6.0) based on visual C# and XML. Journal of Grey System, 23 (2) : 145-154.

Zhang J J, Wu D S, Olson D L. 2005. The method of grey related analysis to multiple attribute decision making problems with interval numbers. Mathematical and Computer Modelling, 42 (9/10) : 991-998.

Zhang Q S, Deng J L, Fu G. 1995. On grey clustering in grey hazy set. Journal of Grey System, 7 (4) : 377-390.

Zhang Q S, Han W Y, Deng J L. 1994. Information entropy of discrete grey number. Journal of Grey System, 6 (4) : 303-314.

Zhou C S, Deng J L. 1986. The stability of the grey linear system. International Journal of Control, 43 (1) : 313-320.

Zhou C S, Deng J L. 1989. Stability analysis of grey discrete-time systems. IEEE Transactions on Automatic Control, 34 (2) : 173-175.

名词术语中英文对照

白数 (white number)

背景 (background)

波形预测 (wave form prediction)

不确定 (uncertain)

残差序列 (error sequence)

差异信息原理 (the principle of informational differences)

冲击波 (shock wave)

冲击扰动系统 (shock disturbed system)

冲击扰动项 (term of shock disturbance)

冲击扰动序列 (shock disturbed sequence)

缓冲序列 (buffered sequence)

次优 (suboptimum)

粗糙集 (rough set)

单调序列 (monotonic sequence)

单调衰减序列 (monotonic decreasing sequence)

单调增长序列 (monotonic increasing sequence)

等高线 (contour line)

等高点 (contour point)

等高时刻序列 (contour moment sequence)

等时距序列 (equal time interval sequence)

定位系数 (positioned coefficient)

灰数的定位系数 (positioned coefficient of a grey number)

同步 (synchronous)

对策 (countermeasure)

可取对策 (desirable countermeasure)

反比 (inverse ratio)

范数 (norm)

方差 (variance)

非唯一性原理 (the principle of non-uniqueness)

分辨系数 (distinguishing coefficient)

分量 (component)

最大分量 (the maximum component)

傅里叶变换 (Fourier transformation)

概估算子 (estimation operator)

关联序 (relation order)

关联因子空间 (space of relational factor)

光滑比 (smooth ratio)

准光滑序列 (quasi-smooth sequence)

归一化向量 (normalization vector)

规范性 (normativity)

黑数 (black number)

缓冲算子 (buffer operator)

r 阶算子 (rth order operator)

加权几何平均弱化缓冲算子 (weighted eometric average weakening buffer operator)

加权平均弱化缓冲算子 (weighted average weakening buffer operator)

平均弱化缓冲算子 (average weakening buffer operator)

强化算子 (strengthening operator)

弱化算子 (weakening operator)

一阶算子 (first order operator)

缓冲算子公理 (axioms for buffer operator)

不动点公理 (axiom of fixed point)

解析表达公理 (axiom of analytic representation)

信息依据公理 (axiom of information basis)

缓冲序列 (buffered sequence)

灰靶 (grey target)

s 维决策灰靶 (grey target of s-dimensional decision-making)

靶心距(bull's-eye-distance)

球形灰靶(spherical grey target)

一维决策灰靶(grey target of one-dimensional decision-making)

灰靶决策(grey target decision)

多目标加权灰靶决策(weighted multi-attribute grey target decision)

智能灰靶决策(intelligent grey target decision)

灰度(degree of greyness)

灰色代数方程(grey algebraic equation)

灰色关联度(degree of grey relation)

负灰色关联度(negative grey relational degree)

灰色接近关联度(degree of grey nearness relation)

灰色绝对关联度(degree of grey absolute relation)

灰色相对关联度(degree of grey relative relation)

灰色相似关联度(degree of grey similitude relation)

灰色综合关联度(degree of grey synthetic relation)

三维灰色关联度(degree of three-dimensional grey relation)

灰色关联分析(grey relational analysis)

灰色关联算子(grey relational operator)

灰色关联算子集(set of grey relational operator)

初值算子(initial operator)

初值像(initial image)

平均值算子(averaging operator)

平均值像(average image)

区间值算子(interval operator)

区间值像(interval value image)

灰色关联因子(grey relational factor)

灰色经济计量学组合模型(grey-econometrics combining model)

灰色矩阵(grey matrix)

上三角(upper triangular)

下三角(lower triangular)

灰色聚类(grey cluster)

变权聚类系数(variable weight clustering coefficient)

等权聚类系数(equal weight clustering coefficient)

定权聚类系数(fixed weight clustering coefficient)

关联聚类(cluster based on relational analysis)

灰色生产函数模型(grey Cobb-Douglas model)

灰色时序模型(grey timing model)

灰色微分方程(grey differential equation)

灰色系统(grey system)

灰色线性空间(grey linear space)

灰色综合测度(grey synthetic measure)

灰数(grey number)

层次型(layer type)

非同步(non-synchronous)

概念型(conceptual type)

核(kernel)

简化形式(simplified form)

离散(discrete)

连续(continuous)

零心(with zero center)

论域(domain)

同步(synchronous)

有上界(with only upper limits)

有下界(with only lower limits)

灰数白化(whitening of a grey number)

白化方程(whitened equation)

均值白化(whitened by mean)

灰数域(field of grey number)

灰数运算(operations of grey number)

乘法(multiplication)

包络区域(wrapping domain)

发展区间(development interval)

取值域(value domain)

上界函数(upper bound function)

下界函数(lower bound function)

预测区域(predicted region)

最低预测值(lowest predicted value)

最高预测值(highest predicted value)

去余控制(control by remove redundant)

扰动灰元(grey element of disturbance)

扰动项(term of disturbance)

三角可能度函数(triangular possibility function)

事件(event)

算子作用序列(sequence effected by operator)

无效预测时刻(useless predicted moment)

效果测度(effect measure)

　成本型目标效果测度(effect measure for cost type objective)

　上限效果测度(upper effect measure)

　适中型目标上限效果测度(upper effect measure for moderate objective)

　适中型目标下限效果测度(lower effect measure for moderate objective)

　下限效果测度(lower effect measure)

　效益型目标效果测度(effect measure for benefit type objective)

　一致效果测度(uniform effect measure)

　综合效果测度矩阵(synthetic effect measure matrix)

效果映射(effect mapping)

效果值(effect value)

斜率(slope)

新信息(new information)

新信息优先原理(principle of new information priority)

行为序列(behavioral sequence)

　横向序列(horizontal sequence)

　时间序列(time sequence)

指标序列(criterion sequence)

序列(sequence)

　衰减序列(decreasing sequence)

　增长序列(increasing sequence)

序列长度(length of a sequence)

序列算子(sequence operator)

　累减算子(inverse accumulating operator)

　累加生成算子(accumulating generation operator)

一般灰数(general grey number)

影子方程(image equation)

优势分析(superiority analysis)

优势类(superior class)

　最优对策(optimum countermeasure)

　最优决策方案(optimum decision scheme)

　最优事件(optimum event)

预测陷阱(trap in prediction)

原始差分 GM(1, 1)模型(original difference GM(1, 1))

折线(zigzagged line)

真实行为序列(true behavioral sequence)

真值(truth value)

振荡序列(vibration sequence)

　振幅(amplitude)

指数函数(exponential function)

　非齐次指数函数(non-homogeneous exponential function)

　齐次指数函数(homogeneous exponential function)

指数序列(exponential sequence)

　非齐次指数序列(non-homogeneous exponential sequence)

　齐次指数序列(homogeneous exponential sequence)

转折点(turning point)

准优特征(quasi-optimal character)

资金弹性(capital elasticity)

最大值准则(rule of maximum value)